普通高等教育“十一五”国家级规划教材

动画专业系列教材

二维动画创作

陈 伟 主 编

清华大学出版社
北 京

内 容 简 介

本书的任务是通过由浅入深、循序渐进地系统学习和训练，培养学生正确的思维方法和突出的表现方法以及艺术创造力。

本书主要内容包括7部分。第一部分为概述；第二部分为动画绘制技法；第三部分为动画运动规律；第四部分为原画创作技法；第五部分为动画角色设计；第六部分为动画场景设计；第七部分为动画画面技术性处理手法。这些内容都是动画创作爱好者及专业人士必须要了解并应熟练掌握的基础知识。

本书既可以作为本科和高职院校艺术类学生的教材，也可以作为动画爱好者的自学用书。

图书在版编目(CIP)数据

二维动画创作/陈伟主编. --北京：清华大学出版社，2014（2022.7重印）
动画专业系列教材
ISBN 978-7-302-35857-2

Ⅰ. ①二… Ⅱ. ①陈… Ⅲ. ①动画制作软件－高等学校－教材 Ⅳ. ①TP391.41

中国版本图书馆CIP数据核字(2014)第060941号

责任编辑：张龙卿
封面设计：徐日强
责任校对：刘 静
责任印制：朱雨萌

出版发行：清华大学出版社
网 址：http://www.tup.com.cn，http://www.wqbook.com
地 址：北京清华大学学研大厦A座 **邮 编**：100084
社 总 机：010-83470000 **邮 购**：010-62786544
投稿与读者服务：010-62776969，c-service@tup.tsinghua.edu.cn
质量反馈：010-62772015，zhiliang@tup.tsinghua.edu.cn
课件下载：http://www.tup.com.cn，010-62795764
印 装 者：涿州市京南印刷厂
经 销：全国新华书店
开 本：210mm×285mm **印 张**：17.5 **字 数**：500千字
版 次：2014年7月第1版 **印 次**：2022年7月第7次印刷
定 价：79.00元

产品编号：050480-03

序 言

山西传媒学院的前身系广播电影电视管理干部学院。依据动画专业新的人才培养目标，遵循课程目标应与专业培养目标相一致的原则，学院对课程进行了综合地探索和实践，调整了传统的课程体系和教学顺序，强化应用，形成了具有本科专业特色的新课程。本教材强化学生专业实践能力的培养，将现实与实践、基础与专业紧密结合起来，有利于学生基本素质和技术应用能力的培养。

山西传媒学院动画专业经过多年的教学积累和实践总结，逐步形成了一套行之有效、具备突出特色的课程安排和教学体系。本教材就是动画专业的教师在多年的摸索和制作实践中总结出来的一部很有价值的教材。本教材不是孤立地谈论技法，而是强调技法在动画创作实践中如何应用，并在一系列的制作实践中进一步认识到专业基础知识和基本技能训练的重要性。教材的主导思想是将动画基础技法和理论与创作实践和操作相结合。作者按照“依靠理论来指导实践，依靠实践来丰富理论”的整体思路，从如何突出整个教学体系、课程安排等角度出发编写了这本教材，并在突出教材实用性的同时，坚持“思路新、写作手法新、实例新、实例全”的观念，让学生在最新的教材中以最简单的可操作性方式获得知识和操作本领。

从大的方面讲，要振兴我国的动画产业，人才是根本，没有大批优秀的动画人才，中国动画要繁荣发展是不可能实现的。要办好动画教育，必须要有高水平的师资和高质量的教材，因此培养师资和编写实用教材是当前最迫切的任务。我衷心祝愿山西传媒学院专业的教师，为推动我国动画教育的纵深发展，促进我国动画人才的成熟壮大，开创我国动画创作更为辉煌的局面，做出更大的成绩和贡献，也为此教材编写过程中作者付出的辛勤劳动表示由衷的敬意。

上海美术电影制片厂国家一级导演　陆成法

2014 年 1 月

前　言

说起“动画”，无人不知，但很多人对“动画片”知道得比较多，而对于“动画”的概念和制作过程了解得比较少。在世界范围内，近几十年来动漫产业蓬勃发展，很多国家形成了较完善的运作模式。在这个庞大产业中，大量的动漫作品，特别是大量的动画影视作品，从少儿转向成人甚至老人。这些影视作品不断潜移默化地引导着人们的审美观念，尤其对于少年儿童，动画片伴随着他们成长，影响着他们世界观的形成。

近年来，动漫产业在我国发展迅速，全国许多大、中专院校都开设动漫类课程并不断完善着动漫专业，以便能够长期培养新生的动漫人才，振兴我国的动漫事业。我们作为长期从事动漫教学的一线教师，根据动漫教育的整体发展状况，并结合自身 20 多年来从事动画创作、制作和教学实践的经验，编写了一套动画创作各个环节的教材，为中国动画出力，为中国动画教育尽心。

我们知道，动画是一种集文学、美学、设计学、传播学、管理学等诸多学科为一体的综合性很强的艺术种类，它被列为一种特殊的电影艺术形式。动画影视艺术基本功的训练应集中在视听语言和运动规律这两门课程上，并辅以对动画造型、动画场景、动画叙事、动画大师的研究。本教材着重讲解二维动画创作方面的内容，因为二维动画创作涉及的知识原理是进行动画创作必须掌握的根本法则，具有一定的难度和很强的专业性，是目前国内外大多数动画专业院校必修的一门动画专业课。

为了适应动画专业大、中专院校的学生及具有一定基础的动漫爱好者的需要，本书从一定的理论高度将动画片创作和制作结合起来，运用中外动画大师的代表作和教学中的案例，以图文并茂的形式，有针对性地介绍了二维动画创作的技法原理，使学习者能通过实践来深入体会二维动画创作的内涵和要领，并努力符合导演和自己的设计意图，为以后进入真正的动画片创作与制作领域打下坚实的基础，给有志投身于动画事业的广大青年朋友一定的指导与启示。

本书除了作者自身总结的理论和收集的各种图片资料外，为了阐述其理论观点，还参考了大量中外著名动画运动规律作品和经典动画范例，在此作者向这些中外动画名家们表示由衷的敬意。同时在本书撰写过程中，也得到了同事和朋友们的大力支持，在此一并表示感谢。

由于时间仓促，作者水平有限，有不当之处请广大读者、专家、学者给予批评指正。

作　者

2014 年春于太原

目 录

二维动画创作

第一部分 概 述

第二部分 动画绘制技法

二维动画创作

第 9 章　人物运动规律

第 10 章　动物运动规律

二维动画创作

第五部分　动画角色设计

第 14 章　动画角色设计概述

第 15 章　动画角色设计常用的方法

第 16 章　动画角色设计

第六部分　动画场景设计

第 17 章　动画场景设计概述

第 18 章　确定和设计动画片主场景

第 19 章　动画场景的风格类型

二维动画创作

二维动画创作

第七部分　动画画面技术性处理手法

第20章　画面技术性处理手法

第21章　画面与规格的处理

第22章　推、拉、摇、移的处理

参考文献

动画片是深受人们喜欢的一种影视形式，以前属于“美术片”的范畴，因为它是以绘画为基础的。现在我们把它叫作“动画电影”，但是与电影又有着本质的区别。具体来说，动画片是一个特殊片种，是一门集文学、绘画、音乐、表演、摄影等多种艺术形式为一体的综合艺术。近年来，随着动画事业的不断发展，其形式越来越丰富，内涵越来越广博。要想成为一名出色的、技术精湛的动画设计师，首先必须搞清楚动画片的基本原理和制作流程。

在这一部分里，我们着重从这两方面介绍动画片的基本原理和制作流程。只有深入地了解这些知识，才能窥见动画片的门径，才能通过实践更好地掌握动画片的技巧，体会动画片的魅力。

第 1 章 动画片的基本原理与制作流程

1.1 动画片的基本原理

纵观历史，动画现象在古代就已经有了，只是我们没有发现。古代人很早就有使静止画面活动起来的愿望。直到电影问世以后，动画片的原理才被人们发现并掌握。比如，在古代的岩画和绘画中，常常发现奔跑的鹿有八条腿，野猪有六条腿，飞翔的燕子有六只翅膀，跳舞的人有四条腿和四只胳膊。这些都表现了古代人有让这些画面动起来的强烈愿望。再如以前的手翻书、回转器、皮影戏等。这些现象为什么能给人一种“运动”的感觉呢？其实，这些有趣现象的产生都属于我们的视觉特征。我们的视觉器官，当看到的物象消失后，仍可暂时保留视觉印象，经科学家证实，视觉印象在人的眼中大约可保持 0.1 秒之久。因此如果两个视觉印象之间的间隔不超过 0.1 秒，那么前一个视觉印象尚未消失时，后一个视觉印象就已经产生，并与前一视觉印象融合在一起，这就是视觉残留现象。由于我们的视觉具有这种特性，所以回转器中的画面才能活动起来，如图 1-1～图 1-6 所示。

图 1-1　岩画野猪

图 1-2　舞蹈纹彩陶盆

图 1-3　皮影

图 1-4　手翻书

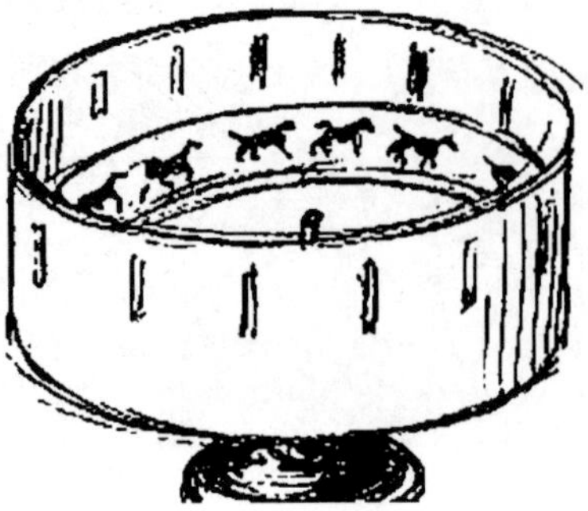

图 1-5　回转器

图 1-6　转盘

后来，照相术发明以后，人们开始尝试用一张张连续活动的照片代替图画，并根据这一原理，进一步发明了电影。在人们的不断努力下，电影技术飞速发展，透明的赛璐珞胶片、摄影机、放映机相继出现。直到 1907 年，逐格拍摄法的出现改变了动画片的命运。因此，逐格拍摄法就成了动画区别于电影艺术的本质特征。如图 1-7～图 1-9 所示。

图 1-7　老式放映机

图 1-8　赛璐珞片

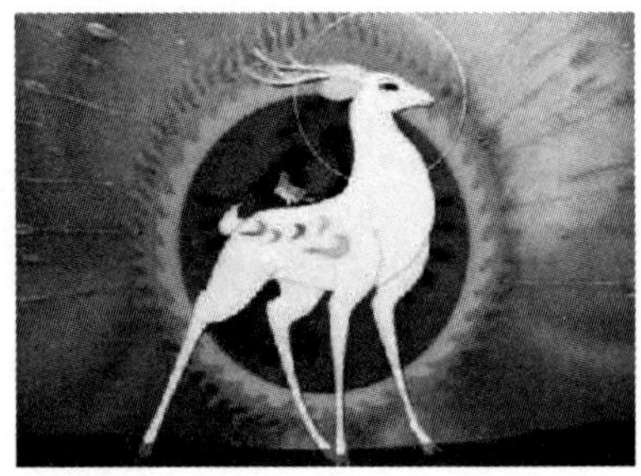

图 1-9　赛璐珞片的应用（《九色鹿》）

动画片中各种动体的活动原理与电影中动体的活动原理的基本前提是一致的。但是由于样式不同，其艺术性的概念也不一样。动画片有它不同于电影的独特创作规律，它兼有美术与电影两种艺术特点，自成一体。具体说来，其区别：第一，存在于拍摄方法上，电影一般是以每秒 24 帧连续拍摄的，而动画片是以每秒 24 帧逐格拍摄的。第二，电影是用真人的表演来完成的，而动画片是通过活动的美术造型来体现的。第三，电影的摄影机可以自由地从各种不同的角度去拍摄，它的推、拉、摇、移是通过摄影机本身的运动完成的。而动画片的摄影机是固定在机架上进行拍摄的，摄影机只能在一个角度上进行上、下、左、右等的运动，其推、拉、摇、移是通过画面的运动来完成的。第四，电影中角色动作的幅度与速度取决于角色的表演，而动画片中角色动作的幅度与速度取决于画面，这也是动画片的另一个主要特征，即极端假定性特征。当完成某一动作时，所画的张数越多，每幅图画之间的距离越小，动作就越慢、越平稳。反之，所画的张数越少，每幅图画之间的距离越大，其动作就越快、越剧烈。第五，电影中特技的表现，主要是通过后期处理。而动画片由于采用逐格拍摄，连续放映的原理，能使一切生物、非生物按照导演的意图赋予其生命力，并能随心所欲地变化，使特技变得很自然、很自由，特别善于表现一些夸张的、幻想的、神话的、虚构的题材，并能表现出独特的艺术感染力和出人意料的银幕效果，如图 1-10 ～图 1-12 所示。

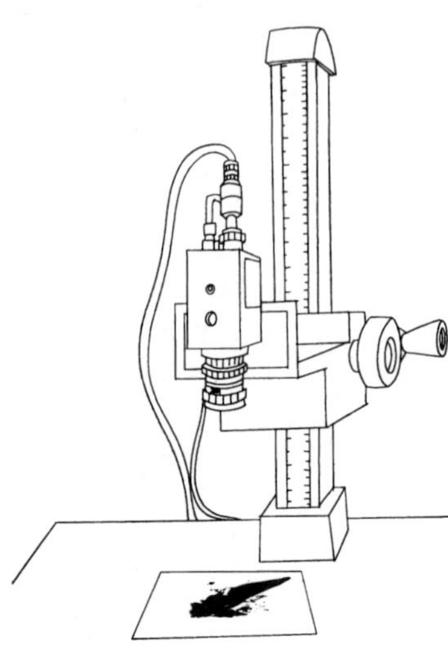

图 1-10　动画摄影机

图 1-11　孙悟空的特技变化

图 1-12　人物的特技变化

1.2　动画片的制作流程

动画电影是一种以绘画为基础的特殊片种，是一门综合艺术，需要文学、绘画、音乐、表演、摄影、合成等艺术部门共同创作完成，这就形成了动画电影不同的岗位群，每个岗位又有相应的具体任务和严格的工作条例。整部动画片的制作一般分为三个阶段，即前期创作阶段、中期制作阶段和后期合成阶段。

1.2.1　前期创作阶段

前期创作阶段主要由制片人负责。当制片人决定要制作一部动画片时，他要组织策划人、执行制片人、宣传部门共同完成整部片子的定位、制作、发行等全面的策划工作。而策划人要寻找编剧、美术设计师和导演来分头负责。这些步骤完成后，就进入前期筹备阶段。

导演从接受剧本、组成摄制组，到进入创作酝酿、准备并开始绘制，这一过程为动画制作的前期筹备阶段。主要工作内容包括以下几个方面。

1. 研究动画文学剧本

动画文学剧本是一剧之本，对于所有影视作品而言，动画文学剧本是重中之重。因此，剧本的确定是一项非常慎重的决策。动画文学剧本通常是由制片人委托专人组稿、推荐，经有关专家讨论、策划，由制片人作出录用决定。导演接受剧本后，必须组织主创人员对剧本进行反复讨论研究、归纳意见、统一认识。

2. 撰写导演阐述

导演对剧本的主题思想、时代背景、社会环境、人物性格和剧情结构进行全面的理解和构思之后，写出自己对剧本在艺术处理上的导演阐述，说明导演的创作意图，从而使摄制组的创作人员在进行创作构思时有据可依。

3. 完成文字和画面分镜头台本

分镜头台本是导演根据文学剧本提供的情节结构和艺术形象，按电影逻辑即蒙太奇把文学剧本分切成连续的镜头。每个镜头要依次编号，写出内容和处理手法。如图 1-13 所示。

图 1-13 《大话成语》画面分镜头

4. 完成人物造型和背景风格设计

在导演的带领下，由美术设计人员具体创作出动画片的造型艺术风格。美术设计在前期筹备阶段是要付出艰巨劳动的，每一角色的造型要画几种角度的姿态和不同的表情，以及全部角色的比例图和色彩稿。每一场景都要画出一张标准的气氛图，如图 1-14～图 1-17 所示。

5. 先期音乐和先期对白录音

为了更好地表现强烈的动作节奏感和音乐夸张的对白效果，可以先录音乐和对白。

6. 进行动作风格试验

动画片中往往一个角色要由好几位动画设计者共同完成，为了更准确地掌握角色的性格特征、动作幅度以及动作节奏等的具体内容，在正式绘制开始前，必须进行镜头动作试验。

图 1-14　《大闹天宫》孙悟空人物造型

图 1-15　《大闹天宫》背景设计

图 1-16　科幻怪兽造型

图 1-17　科幻场景设计

1.2.2　中期制作阶段

中期制作阶段是动画镜头绘制阶段。主要包括以下内容。

1. 导演向摄制组讲解分镜头

导演向全体工作人员讲解分镜头内容，阐述导演创作意图。

2. 原画设计

原画设计人员接受导演分配的镜头任务后，根据导演意图构思动作，分析动作。然后设计出每个镜头的关键动作，填写好摄影表，经导演审看后交给动画工作人员。

3. 加中间画

动画工作人员按照原画的设计，根据标准加出中间画。并经检查后，由导演审看镜头并最终通过。

4. 背景绘制

根据美术设计提供的背景设计稿，绘制全片所有背景。背景绘制时要注意美术风格，每场戏的色彩气氛要统一，每幅画面要保持清洁。

5. 描线

描线的任务就是逐张把画好的人物丝毫不差地复描在动画纸上，描线的要求必须做到准、挺、匀、活四个标准。目前大部分描线任务都用电脑完成。

1.2.3 后期合成阶段

后期把画好的镜头进行上色、编辑，最后到配音完成。具体有以下步骤。

1. 电脑扫描

中期把画好的镜头拿到后期进行电脑扫描，以备上色。

2. 上色

根据美术设计定出的标准色样和标出的号码在电脑上进行上色。

3. 校对

根据画面分镜头台本和摄影表的要求，对上完色的镜头进行检查校对。

4. 合成

把上好色彩的镜头进行合成，并与背景结合。

5. 编辑

把合成好的镜头，按照导演分镜头台本的要求进行编辑，如图 1-18 所示。

6. 配音

为合成好的镜头进行配音说明，如图 1-19 所示。

图 1-18 编辑

图 1-19 配音

7. 后期录音

全片剪接结束，导演就可以进行录音工作，录音包括音乐、对白和效果。

动画片创作流程总图如图 1-20 所示。

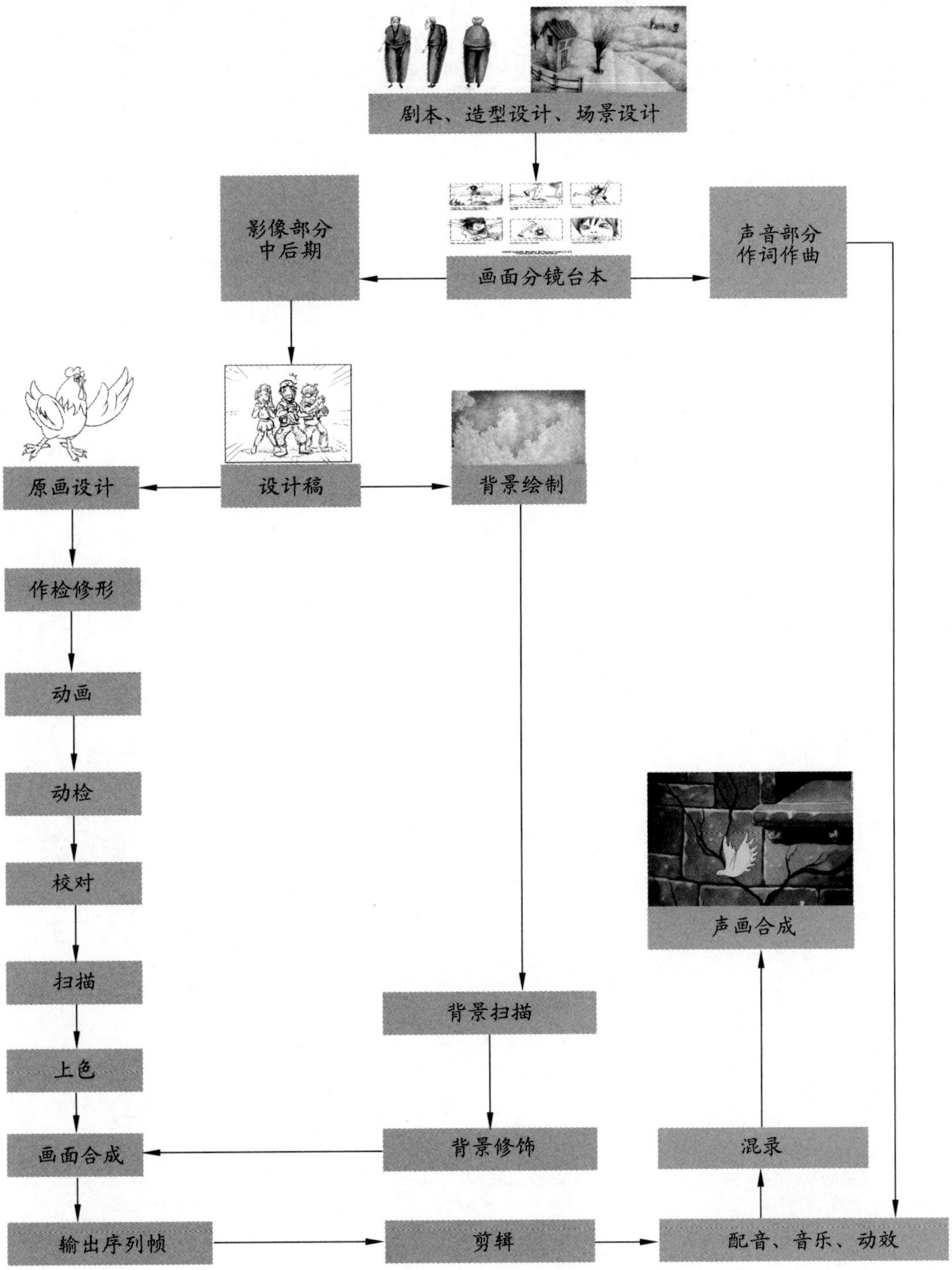

图 1-20　动画片创作流程总图

第2章 原、动画的作用和任务

动画片的制作犹如故事片的制作，都是集体创作的结晶，也就是说，一部动画片的制作包括从开始的编剧到导演、美术设计等前期工作，从原画、动画、绘景到上色、剪辑等中期制作，从配音、录音到合成、输出等后期制作。而其中的原画、动画制作就相当于电视剧和故事片中的演员，所不同的是，故事片中的演员是由演员直接表演而呈现给观众的，而动画片中的原画和动画则是用自己的画去塑造动画片里的各个形象，无论是人物或是动物，都应使他们能以各自的个性活动起来，所以，我们也常说，动画片中的原画和动画，既是画面又是演员。运用画笔绘出活生生的形象，并赋予他们鲜明的个性，使之具有喜、怒、哀、乐的表情，“演出”生动感人的故事。

2.1 原画和动画的概念

原画（也称动画设计）就是角色的运动关键动态的画面，如图 2-1 和图 2-3 所示。

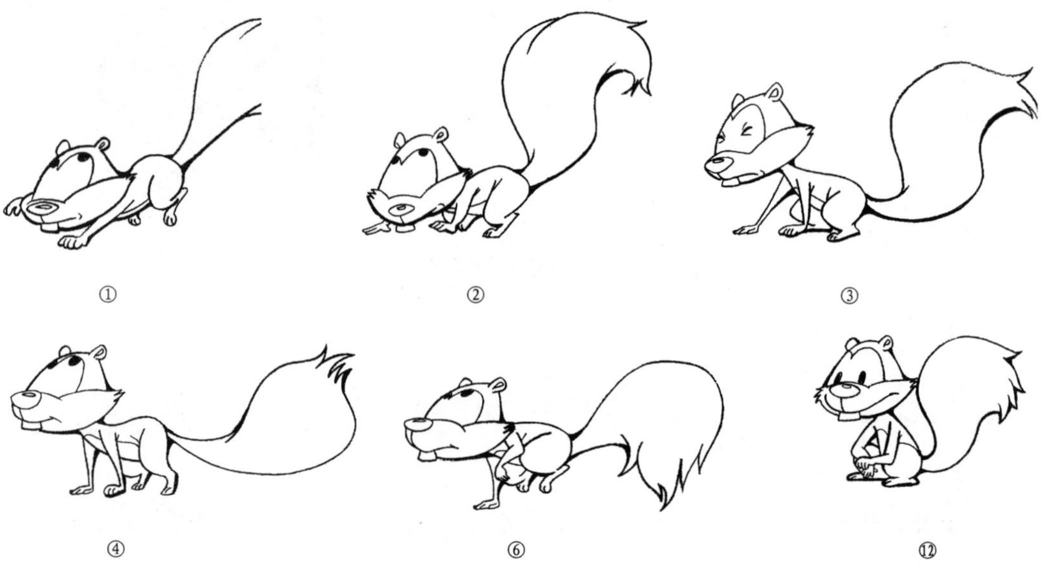

图 2-1 第一组原画

动画（也称中间画）就是角色的运动关键动态之间渐变过程的画面，如图 2-2 和图 2-4 所示。

图 2-2　第一组动画

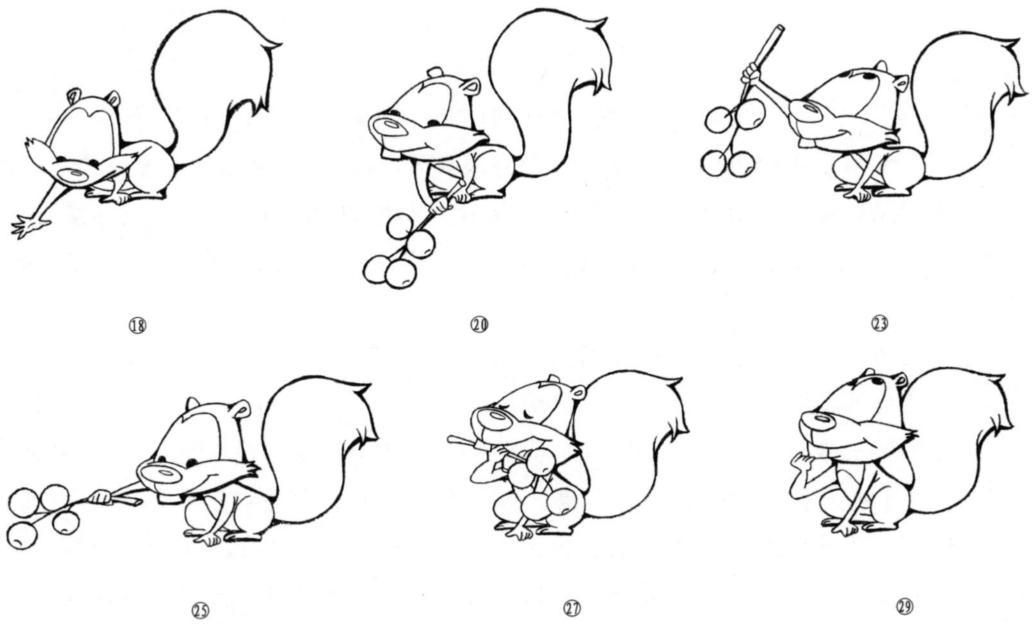

图 2-3　第二组原画

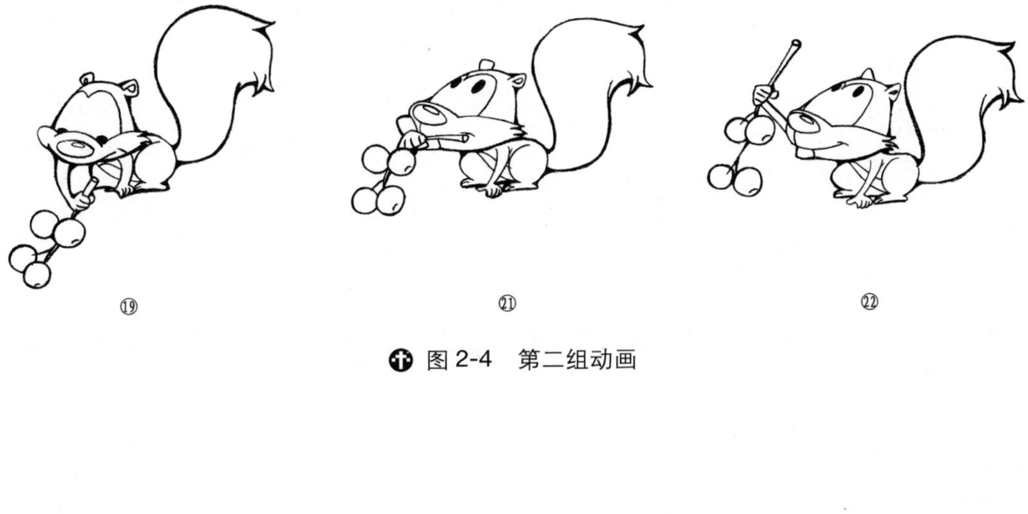

图 2-4　第二组动画

㉔ ㉖ ㉘

图 2-4（续）

2.2 原画和动画在动画片中的作用和任务

我们经常看到的动画片中的那些生动有趣的卡通人物和幽默的拟人化的动物，动作灵活生动，这些可爱的、活动的卡通人物就是由原画和动画创作人员用他们的画笔一张一张地画出来的，他们是角色的主要创作者，好比是故事片中的演员，在整个动画片的制作过程中，原画和动画创作人员要完成同一个镜头的工作，但是工序和要求不一样，原画和动画创作人员在创作上既有分工又有合作，他们有不同的职责和工作范围。原画创作人员也称为动画设计师，是动画片中每个角色的主要创作和设计者，原画创作人员的工作主要包含以下内容：必须按照剧情和导演的创作意图，正确了解导演画面台本的内容以及摄影表中的标示和各种指示，同时依据设计稿中所规定的角色运动方向和构图位置，再运用角色的运动规律，完成动画镜头中所有角色的动作设计。用画笔画出一张张角色的动作和表情的关键画面，总之，原画创作人员的主要工作就是画出角色的动作关键画面。

动画创作人员的工作范围，就是依据原画创作人员画好的角色动作关键画面，画出角色动作的全部中间过程，也就是说，动画创作人员是将原画创作人员所表现角色关键画面中的变化过程，按照原画所规定的动作范围、张数及动作运动规律，一张一张地画出中间画来。实际上，动画创作人员就是原画创作人员的助手和合作人。因此，在动画片中，每个镜头中角色的运动状态和喜、怒、哀、乐都必须经过原画和动画创作人员的紧密合作、配合才能正式完成，所以，正是由于原画和动画创作人员的密切合作，才能得以使一个一个镜头顺利完成，并最终完成全片。这是一项非常细致而又复杂的艺术创作，而且由于动画的特殊性，要了解所有角色（不管是人还是飞禽走兽）的运动规律，使各个角色在动画片中展现出喜、怒、哀、乐，从而把观众带入一个奇妙而又可爱的动画世界，如图 2-5 和图 2-6 所示。

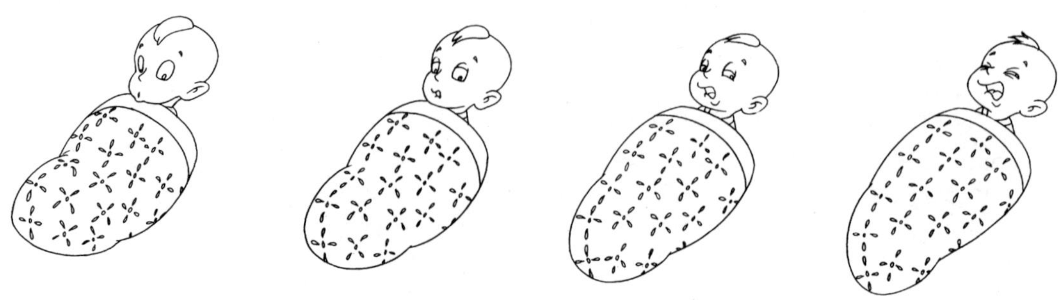

① ② ③ ④

图 2-5 小孩哭闹的一组原、动画

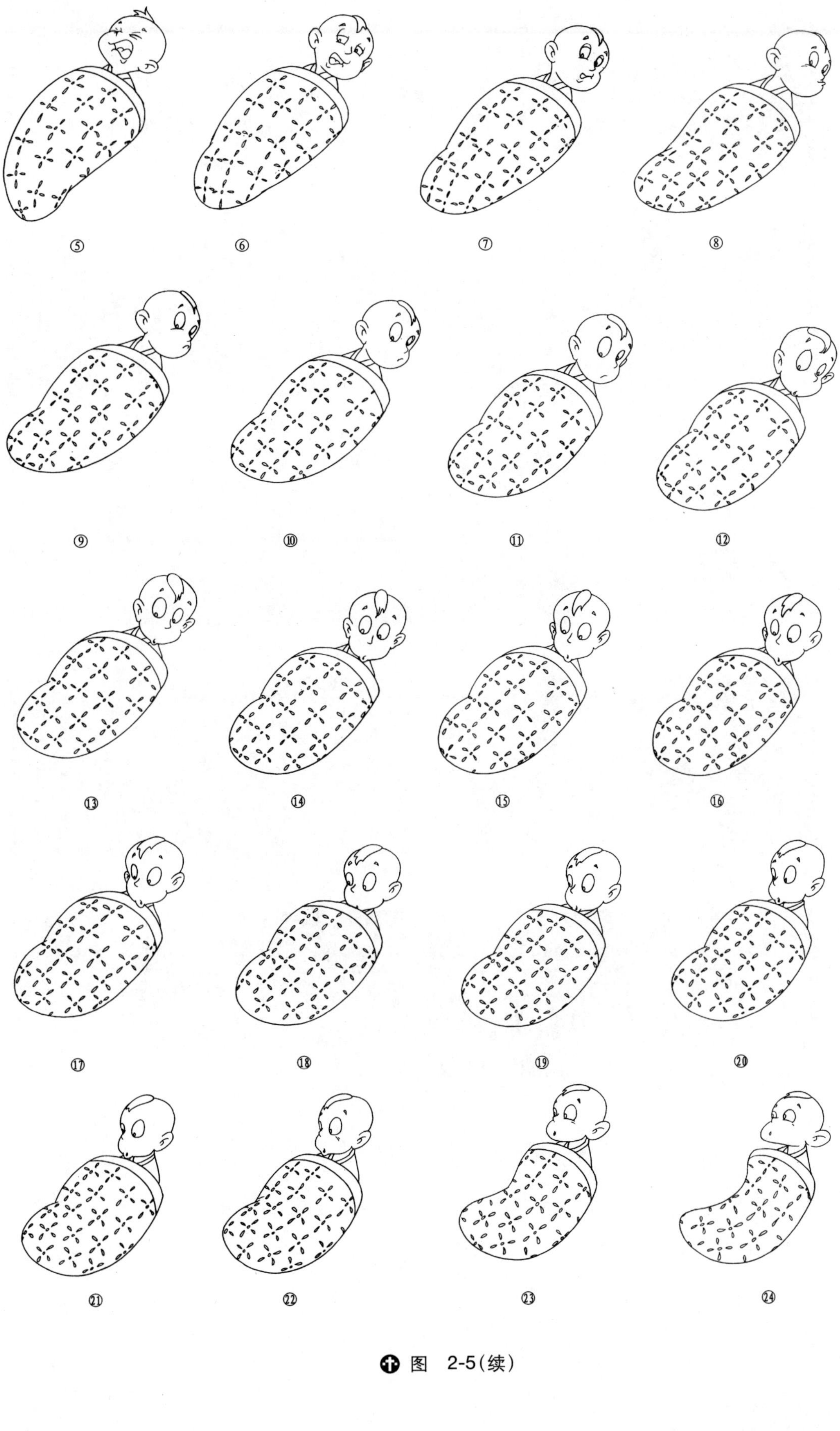

图　2-5(续)

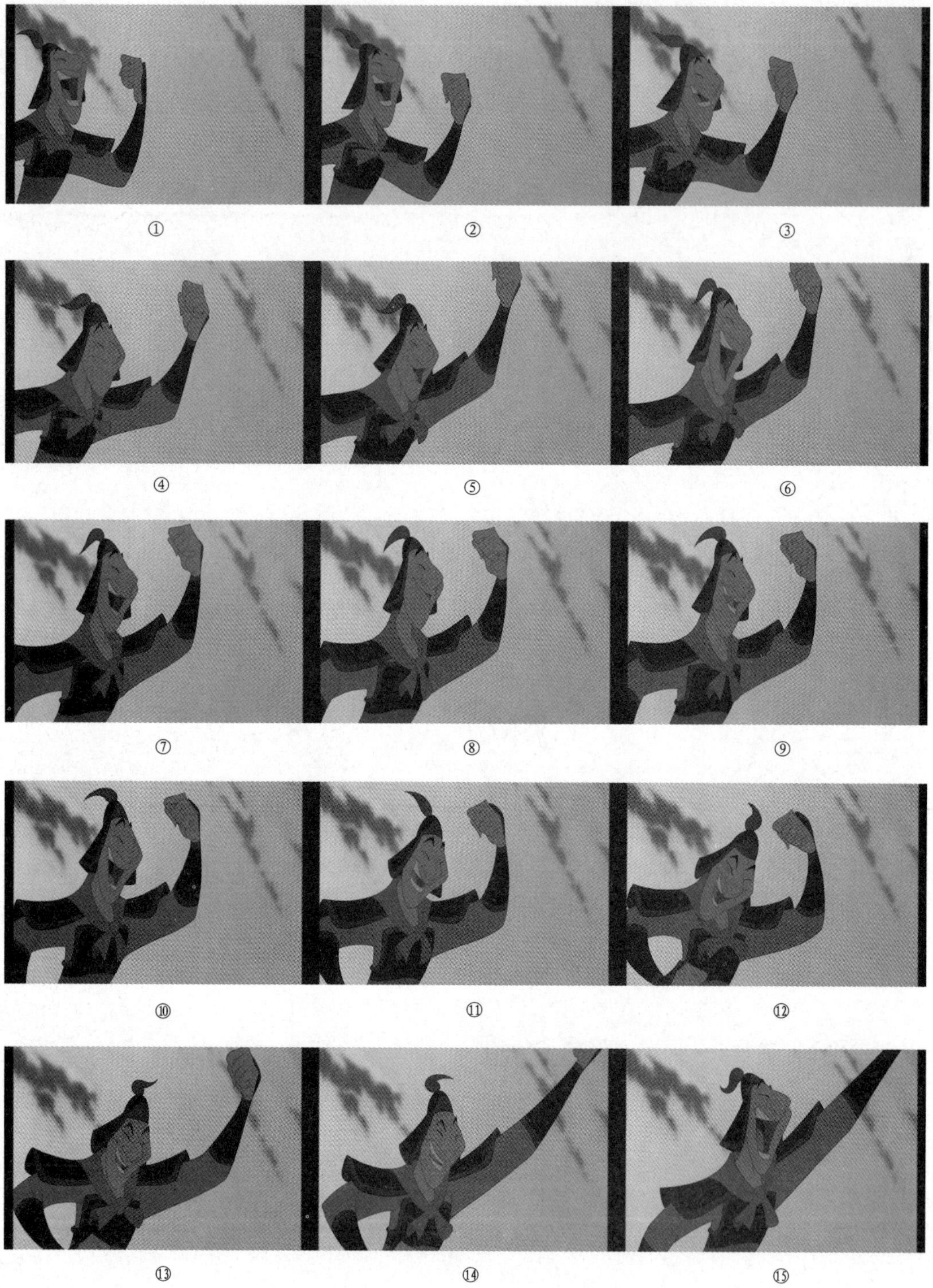

图 2-6　动画电影《花木兰》（美）——表现士兵高兴情绪的一组原、动画

第 3 章 动画绘制的基本技法

为了进一步提高自己的动画业务水平，绘画的基本训练还是要不断地进行，特别是速写，不仅需要经常地、不间断地画，逐步提高自己的造型能力，而且在讲动画基本技法之前还要做一些动画制作前的准备。

3.1 动画制作前的准备

动画绘制前要准备以下一些基本的动画工具。

1. 动画台

这是创作动画的必备工具，因为动画绘制工作是在特制的透光工作台上进行的，也就是我们说的灯箱。这是为了看清前后原画的人物位置和人物动作，有时，动画台也常与定位尺和转盘结合在一起，如图 3-1 所示。

2. 动画纸

动画所用的纸张都有规定，就是具有一定大小的统一规格，并且在每张纸上必须打上统一的三个定位孔。对纸质也有要求，不能太粗太厚，必须是三到四张纸叠在一块并能基本看清所绘的人物形象。

3. 定位尺

这是动画人员所必备的工具，旨在固定每张原、动画纸的位置，也是为了以后在进行扫描上色等工序时能使人物有一个固定的位置。

图 3-1　动画台

4. 打孔机

这也是动画人员的必备工具，专为动画纸打孔，如图 3-2 所示。

5. 铅笔和彩色铅笔

一般画动画采用 B、2B 铅笔比较好，为了方便，也可使用质量较好的活动铅笔。彩色铅笔一般使用蓝色和红、黄色来起稿，并处理阴影或画组合线。彩色铅笔的应用，方便了动画制作，因为它不影响铅笔线，如图 3-3 所示。

图 3-2　打孔机

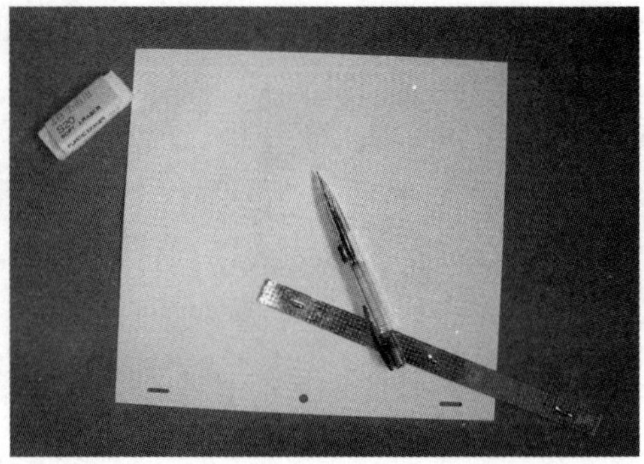

图 3-3　动画纸、定位尺、自动笔和橡皮

3.2　动画制作的基本顺序

在加动画之前，动画人员先要阅读导演台本，弄清本片的主要内容、风格、导演要求，并要反复练习直至熟悉人物造型及各个转面。当动画人员接到一个已经完成动作设计的原画镜头时，必须仔细了解这个镜头的内容，设计稿及画面规格、人物动作意图、活动轨迹、摄影表及动画张数等。如果有问题，应及时与原画创作人员进行沟通，并得到指导。当这些问题都弄清之后，即可进行动画绘制，如图 3-4 所示。

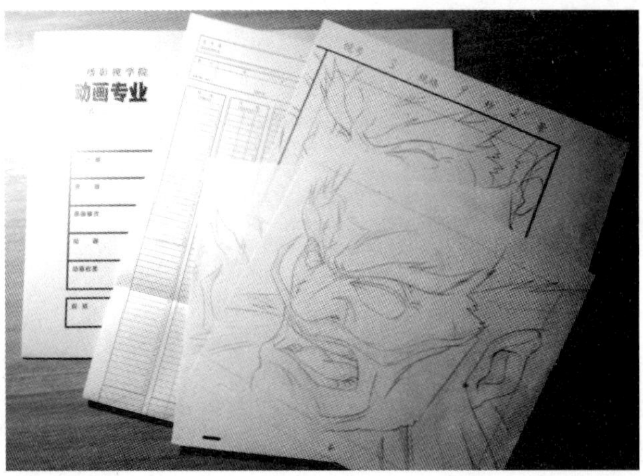

图 3-4　画面规格、摄影表、设计稿、原画

3.3　动画绘制的基本方法

动画创作人员先在配有灯箱的工作台前打开灯，随后把前后两张原画相叠在一起，在这之前，必须把原画号码理顺，并根据摄影表上原画的要求及原画边上填写的加减速度表把前后两张原画相叠后，套在固定器上，在这上面再加一张空白动画纸并套在固定器上，然后按照动作要求，画出第一张中间画，并马上标上中间画标号，在号码外打上“△”。这第一张中间画往往难度较大，所以这一张中间画也称为“一动画”。接下来，把“一动画”同第一张原画相叠，再放上空白动画纸，画出“二动画”。这样，按照原画编号及摄影表要求，逐张画出所有中间动画。这样一个镜头就画完了，同时在每张动画纸靠近固定器的旁边，写上片名、集数、镜号还有中间动画的号码，如图 3-5 和图 3-6 所示。

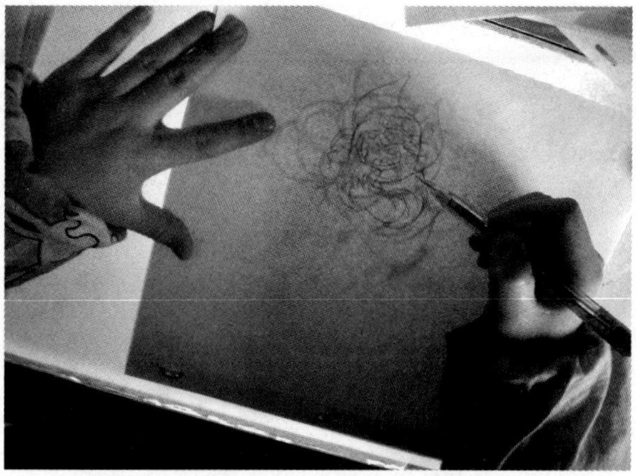

图 3-5　加中间画

图 3-6　动画绘制的基本方法

3.4　动画绘制的要求

作为一名动画创作人员，必须明确动画绘制的一些基本要求。拿到原画镜头后，首先是看清楚摄影表上所提的要求，然后对照摄影表进行动画绘制，有时为了做到镜头画面线条统一，有必要帮原画设计人员把原画稿全部誊清一遍。动画创作人员在画中间画时，所有人物的动作，必须符合运动规律，并且要有一定的创新，使人物动作更符合原画和导演的要求。

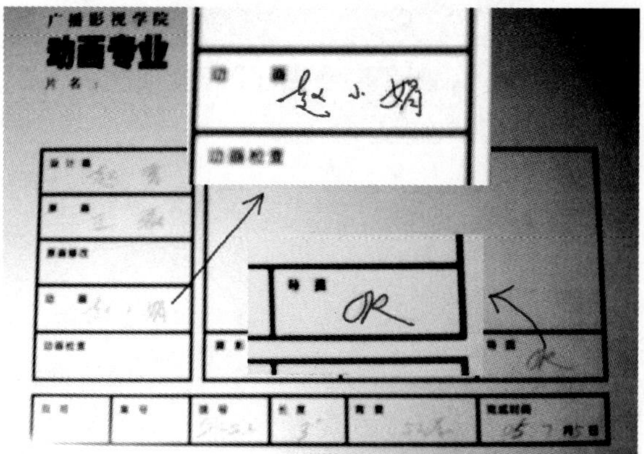

图 3-7　动画签名与导演通过

另外，所有中间画人物形象必须要准确，结构要严谨，画面线条必须清楚，做到粗细均匀、流畅，画面整洁。最后中间画全部画完以后，动画人员还应仔细地自查一遍，做到形象不走形、线条不漏线，不缺张数、号码齐全。然后在镜头袋上签名，送动画核查人员审看，直至最后导演允许通过，如图 3-7 和图 3-8 所示。

图 3-8　一组动画镜头

3.5　动画的自检与动检

自检时，已加好动画的镜头可以通过动检仪拍摄，看看动作如何。可以从以下几个方向进行，先看动作是否连贯，再确认是否准确体现了原画创作人员的动作设计意图，另外，要确认人物的结构是否准确，对人物的造型是否掌握，是否走形，还要看看动作是否符合运动规律，运动轨迹是否准确，最后看看是否有漏线，画面是否整洁，张数编号是否齐全，所以不管是自检还是动检，对提高镜头质量都有好处，如图 3-9 和图 3 -10 所示。

图 3-9　自检镜头

图 3-10　动检镜头

第 4 章
动画线条的画法与要求

动画线条画得好坏直接关系到一个动画镜头的艺术性和技术质量，因为动画一般以单线平涂为主，所以线条的重要性很明确，而对线条的要求一般还是以自然、流畅、均匀为主要原则，当然还有一些特殊风格的动画，则要求一些特殊风格的线条。

4.1 动画线条的重要性

动画中的人物形象是直接通过线条来体现的，如果线条没有达到要求，那就势必要影响人物形象及人物动作。当你具备一定美术基础，想学习和从事动画创作，那么你必须要重视铅笔线条的训练。因为线条直接影响镜头质量和人物形象。

由于科技的发展，动画片大多已采用电脑制作，替代了人工上色，这样一来，对铅笔线条的要求就更高了，因为铅笔线条将来直接在屏幕上体现出来，线条的好坏直接影响到动画片的质量，如图 4-1 所示。

图 4-1 动画线条

4.2 动画线条的要领

画好线条是画动画的一项很重要的基本功，动画线条与一般绘画中的线条有所不同，动画线条必须做到准确、坚挺、均匀、流畅。

也就是说，画的动画线条务必不能走形，准确性要高，每根线条必须肯定、有力、不能抖动、一气呵成，另外动画线条不能时粗时细，要均匀统一。用线要流畅，要有生气，这些都是画好动画线条最基本的要领，平时要多练习画线条。有的人认为一般随意画线条问题不大，都能达到要求，但要重复绘制一幅图时，那些长线条就往往感到画不好，不是跑形，就是线条抖动过多。要画好线条有一个最简单的方法：在画线条时眼睛不要老盯着铅笔头，眼睛应看着铅笔尖下方约 1cm 处，就是看着下面那张动画的线条，这样画出的线条就会变得非常流畅，画线条的速度要快，如图 4-2 和图 4-3 所示。

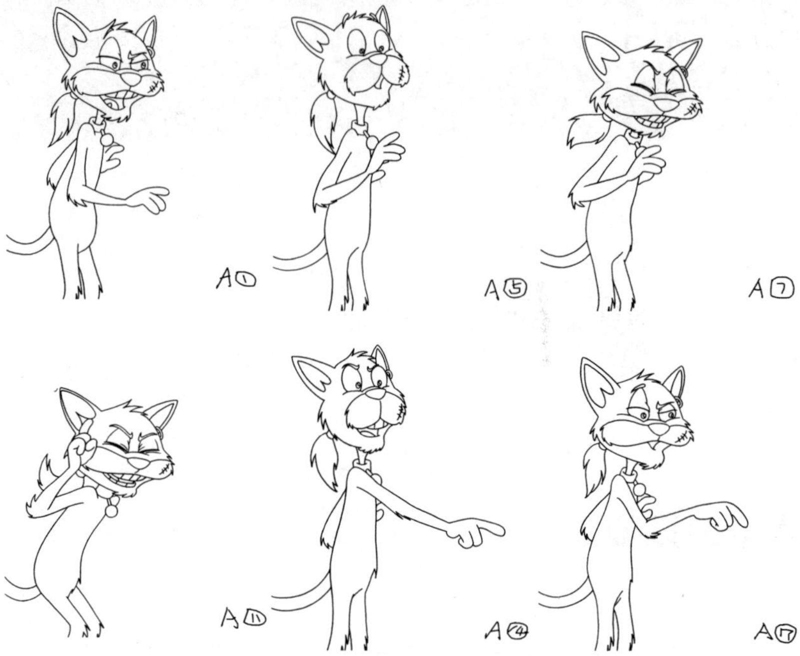

图 4-2　动画线条欣赏

图 4-3　动画线条观测

4.3　动画线条的训练

必须每天坚持训练画线条，开始可以先练手指和手腕的灵活性，在白纸上，用铅笔随意地涂画直线、横线、圆线，这样反复不断地练习各种不同线条的画法，能使画出的线条变得更流畅、均匀、挺直，做到潇洒自如地画各种线条。

另外，训练线条的衔接，由于长线条和圆形线不可能一笔画好，这就需要两根甚至三根、四根的线衔接，要在练习画线时达到衔接不露痕迹，有一气呵成的感觉，这就需要你画线时掌握用笔的轻重，线拉到需要衔接处，就要把笔轻轻提起，下一笔上去时使线条正好达到前面用笔的感觉，需要多练才能找到这种感觉。另外，线条的连接点最好选择在造型原有的接触点上或线条交接点上，这样接线就看不出痕迹。

还要经常进行拷贝训练，即进行形象复描，把一个形象用空的动画纸照描下来，如要准确无误地照描，并且要使线条达到准确、挺拔、流畅、均匀，也不是一件容易的事，需要反复不断训练。

总之，线条能画得流畅自如，也不是几天就能解决的事情，这需要经常不断地训练，否则，线条画不好会直接影响动画质量，如图 4-4 和图 4-5 所示。

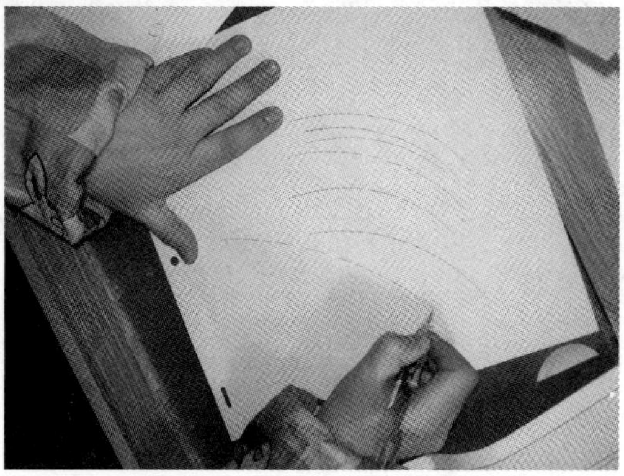

图 4-4　动画线条训练

图 4-5　动画线条欣赏

第 5 章 中间线和中间画技法

作为一名动画创作人员，除了要有熟练的线条绘制基本功以外，还需要绘制中间线和中间画的基本功，加中间画会涉及较多的方法，必须一一掌握，这样才能创作出令人满意的动画。

5.1 中间线的含义

我们所讲的中间线，就是画出两根线之间的中间位置的线条，而不管这两根线是什么形状，比如平行直线、交叉线、弧线等，如图 5-1 ~ 图 5-3 所示。

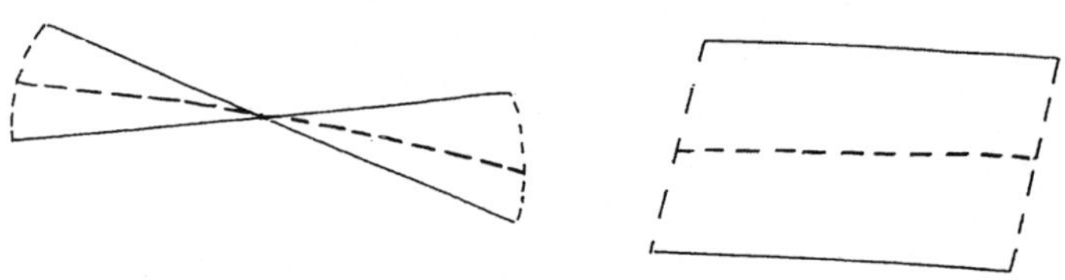

图 5-1 动画中间线（一）

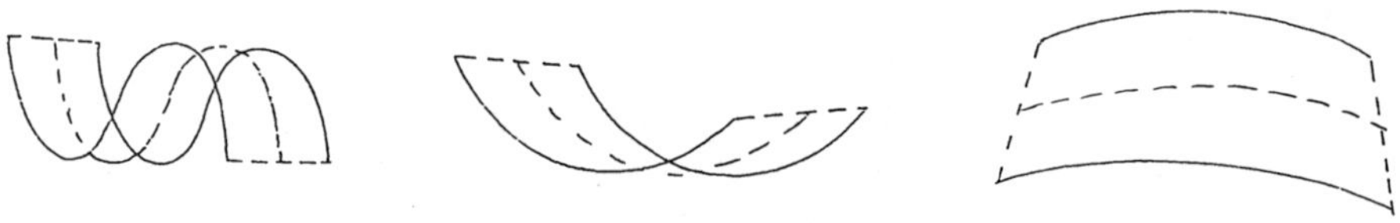

图 5-2 动画中间线（二）

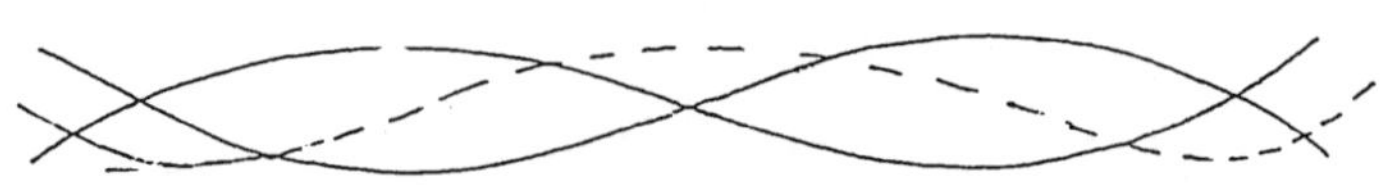

图 5-3 动画中间线（三）

5.2 中间线的训练

动画片中的形象，大都是用线条所组成的，动画创作人员必须要根据原画所画的形象和动态，在规定的两张原画中间，正确地画出它的中间过程，但要做到正确地画出中间线，需要进行反复的训练，特别是一些较为复杂的线，更要小心认真地对待。另外，我们要有意识地训练手腕及手指的力度，线条可以自上而下，也可以自下而上，自左向右或自右向左，自左下画圆或自右下画圆，进行反复的练习，逐渐使自己的手能很轻松地左右开弓画线画圆，但这需要不间断地刻苦训练。这是一项基本功，只有基本功训练过硬了，以后加中间线才会显得轻松自如，如图 5-4 和图 5-5 所示。

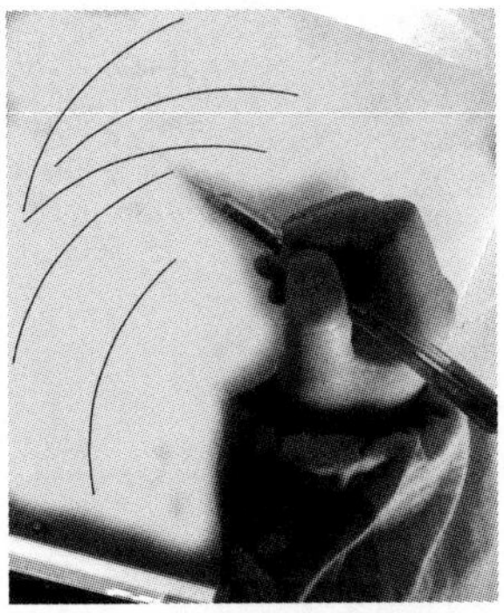

图 5-4　从下到上练习绘制动画中间线

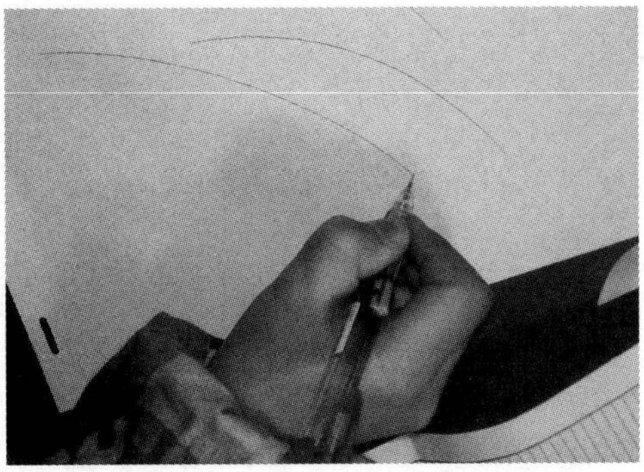

图 5-5　从左到右练习绘制动画中间线

5.3　中间线的基本画法

要完全依靠自己的眼睛，也就是用目测的办法，找准两条线之间的中间部位，就要有一定的基本方法，首先在两条线之间的中心部位先用铅笔轻轻地做个记号，特别是线条转折部分的中心部位，这样一笔勾画起来就比较轻松自如了；其次在画中间线时，眼睛尽可能看着两条线及两条线的中间部位，而视线的落点也始终在笔的走向前方部位，这样，画出的线条肯定在中间，所画的线也比较流畅、圆滑；再次有的长线条，如采用自下而上或自左向右的画法，会感到更轻松自如，画出的线也更挺匀。在画中间线时，中间线必须要准确而且挺拔。初学中间线的人往往会顾此失彼，有时只注意了中间部分画线，却忽略了线条的质量，线条变得粗劣、抖动，有时只注意了线条的质量，而忽略了中间线应在中间的概念，这需要不间断地练习，才能熟练掌握，如图 5-6 ～图 5-8 所示。

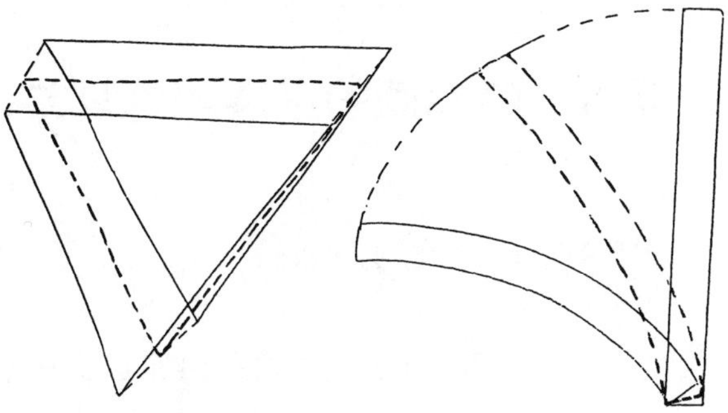

图 5-6　动画中间线练习（一）

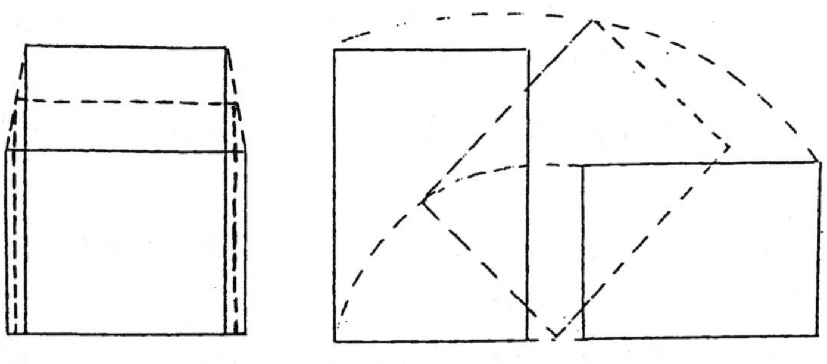

图 5-7　动画中间线练习（二）

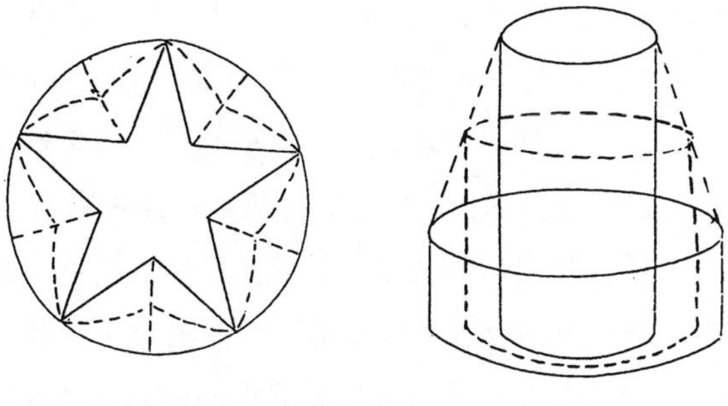

图 5-8　动画中间线练习（三）

5.4　中间画的含义

我们讲的中间画就是在两张原画的动作中间，加出一张等分的中间画，具体地说就是一个动画镜头中，那些由动画线条所组成的图像（包括人物、动物等）从一张原画到另一张原画之间进行动作和物象变化的，而且又没有其他画面加减、速度变化要求的，就必须按照等分要求画出中间画，画好中间画是动画最主要的任务，如图 5-9 所示。

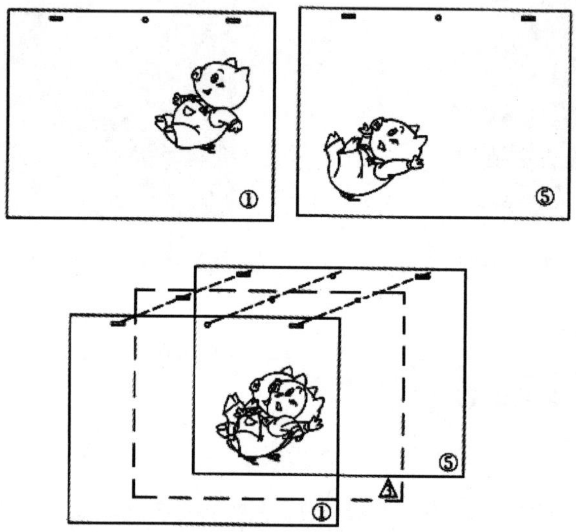

图 5-9　动画中间画

5.5　中间画的基本训练及方法

5.5.1　中间画的训练

前面已讲过画中间线的方法，而中间画也一样，首先要经常利用目测训练的方法，在两条线中间空一块“地”，找出中间位置，并正确地画出中间线，这样，每个部位都是准确的中间线，可以连接成一个图案或形象，这样的中间画就成了两张原画之间的变化过程。我们可以从简单的图形开始加中间画，慢慢地由简到繁地逐步增加难度，一直到给两个动作幅度较大的原画加画中间画，这也称为第一动画即小原画。这种难度很大的中间画，也可以采用打草稿的方法，先把两面张原画对准某相似之处叠放在一起，再在上面画出中间画草图，然后再腾清画面，如果画面比较简单，动作变化幅度也不是很大，那我们只要用目测找出中间点，这样，经过一段时间的训练，就会逐步掌握画中间画的要领。进行中间画训练的基本要领如下。

（1）观察。当拿到两张原画后，应当仔细观察，看看这张形象和动态图形变化到另一张图形时，它的中间变化过程应该是什么样的，要做到心中有数。

（2）找出中间要点。把两张图形相叠在一起，找出两张图形的中间点，在图形变化比较清楚或者转折的部位，先用铅笔轻轻地做个记号，并核对一下每个点是否都在图形的中间部分。

（3）勾画。在确定每个部分的中间点都准确无误后，就用铅笔很快地将图形勾画出来，并保持线条的匀挺和流畅。

(4) 检查。对勾画好的中间画进行核对检查，看看中间线和每个等分的中间部分是否还有偏差和不准的地方，如有就再进行调整和修改，直到满意为止。

这样，经过一段时间的目测训练，并把以上几个基本要领熟练运用后，就可以很自如地加画中间画了，如图 5-10 所示。

5.5.2 加中间画的基本方法

经过一段时间的中间画目测训练，并掌握了一些加画中间画的基本方法后，就能既快又好地画好中间画。加画中间画主要有两种基本方法。

(1) 直接加中间画。这种方法主要用于一些图形和动作变化不大，形象也不太复杂，而且形象之间距离也不大的情况，这样可以直接加画中间画，即先把两张原画和要画的白纸叠套在固定器上，再透过灯光，找出前后两个形象的中间位置，然后直接勾画出中间画即可，如图 5-11 所示。

图 5-10 动画中间画的训练方法

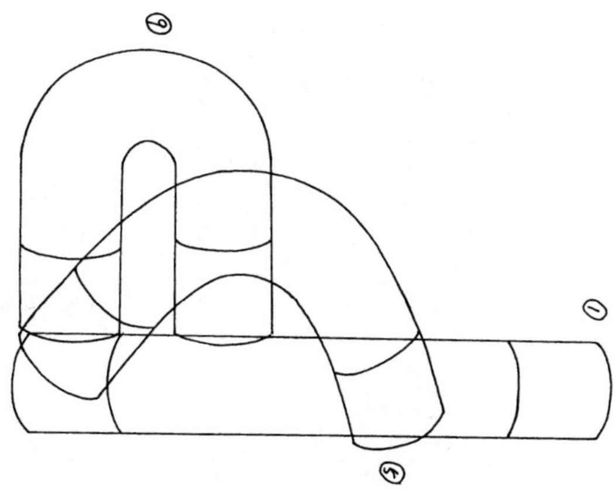

图 5-11 直接加中间画

(2) 对位加中间画。当两张原画的图形动作变化较大时，就可以采用对位法加中间画，这是一种既简便又快捷的方法，对位就是根据动画纸上固定点的位置，先把两张原画套在固定器上，加上一张空白动画纸，随后在空白动画纸上用铅笔轻轻地标出两张原画的中间几个关键部位点，然后取下原画和空白动画纸，把两张原画上的形象，找出最接近的位置叠在一起，那么，两张原画的动画纸的定位器洞眼之间就会出现距离，再把空白动画纸上的洞眼对准前两张动画纸的洞眼之间中间，并移动空白动画纸，直到空白动画纸上预先点好的铅笔点确实在两张原画的中间，然后把两张原画和空白动画纸用夹子固定住，就可以加中间画了。

第 6 章
中间画的对位技法

6.1 中间画对位画法的概念

我们通常说的对位画法也称为对洞眼，就是利用每一张动画纸上打成的三个定位孔，在两张动画纸相叠在一起时，洞眼之间就会有一定的距离，然后把空白动画纸的对位孔放在下面两张原画的对位孔中间，三孔之间会出现一个弧度，就可以加中间画了，这就是对位画法，如图 6-1 所示。

图 6-1 中间画的对位画法

6.2 中间画对位的基本画法

（1）如果两张原画动态的距离比较大，直接加中间画比较难以掌握，那么我们就可以在原画上覆盖上一张空动画纸，再透过灯光采用目测的办法找出两张原画的关键部位（例如五官、头部、手、脚等部位），然后在关键部位用铅笔轻轻点上几个标记，并检查中间标记的点是否正确。

（2）把动画纸从定位器上取下，将前后两张原画的形象，按照比较相近的部位叠放在一起，这时就发现两张动画纸的定位孔有了一定的距离，然后把做过记号点的空白动画纸放在两张原画相叠后的中间，这样空白动画纸上的三个定位孔对准了下面六个定位孔中间，并仔细核对动画纸上原先定好的点是否也在两张原画形象的中间，若有些偏差，应及时调整，直到定位孔在中间，动画纸上定位点也在两个形象中间，然后把三张动画纸用夹子固定，就可以依据两张原画相叠后的间距加出中间画，而两个形象完全重叠的部分可进行复描。

（3）加好中间画以后，再把三张动画纸套在固定器上，透过灯光进一步进行核查、确认，如有误差还需要进行修改。注意，有时由于两张原画的动作不同，动画纸张定位孔安放位置并不都是直线，有时是呈现上弧线，有时是呈现下弧线等。所以在中间画对位孔对位时，要进行反复试验后再确定才行。如果不注意这种情况，往往会造成偏差，甚至造成秃画，如图 6-2 所示。

图 6-2　中间画对位的基本画法

6.3　多次对位画法

有时我们在加中间画时会感到只是一次对位还不够，往往还需要进行两次甚至更多次的对位才能加完中间画，这就是多次对位画法。也就是说，当我们第一次对位时只是勾画了一个形象的其中一部分形象的中间点（例如人的头部形象），而另一部分手和身体等由于动作幅度比较大，那么就可以再一次采用对位画法来解决。

一般我们采用多次对位画法，主要是由于两张原画之间动态距离比较大，但其形象变化却相对较小，所以，为了使中间画加得比较精确，就采用多次对位的方法加画中间画，这是一种既简便又快速地加中间画的方法，如图 6-3 和图 6-4 所示。

图 6-3　中间画一次对位画法

图 6-4　中间画两次对位画法

第 7 章
复杂的中间画技法

我们不能把加动画简单地理解为就是加中间画，认为只要把两张原画之间的中间线画准就行，就达到要求了。其实，我们所说的中间画只是动画创作的基础，要真正创作好动画，还需要学习和掌握专业技术，这是一门相当特殊而又广泛的学问，需要通过一段相当长时间的学习和实践，才能逐步掌握自如。

动画有比较简单的平面中间画，也有十分复杂的立体运动而且透视变化比较大的中间画。在画这类比较复杂且有一定难度的动画时，应当根据任务结构各种透视变化，采用默画的方式合理准确地画出它的中间过程。当然，要画好这类难度较高的动画也是有一定的方法和规律的，只要我们认真学习和掌握好方法，就能画好。

7.1 怎样画形象转面

在动画中，不是简单的平面运动的方法就能解决创作的问题，有很多是在透视的立体运动状态中加动画，所以，我们在加这种动画时，首先要了解被加动画形象的结构、透视变化，像这种动画不是仅仅靠中间画就能解决，因为，形象是立体的。例如人物头像，第一张原画是人物头像的正面，而第二张原画人物头像是转向侧面，这样画头部转动的动画，单靠寻找中间点和中间线是画不好的，因为头部转动时，脸的外形和脸部的五官也随着发生透视变化，实际上这是一个圆弧形的转动，由于透视会产生近大远小的变化，我们可以以脸部的鼻子为中心点，转动后产生并不是纯中间的等分位置，所以，当清楚这一基本道理以后，在画转动的动画形象时，可以在人物球体上先用一根弧线轻轻确定鼻子的重心位置，并定出五官的透视弧线的位置，确定与要加的形象基本一致以后，便可以勾画转面的中间画了，如图 7-1～图 7-4 所示。

图 7-1　形象转面画法（一）

图 7-2　形象转面画法（二）

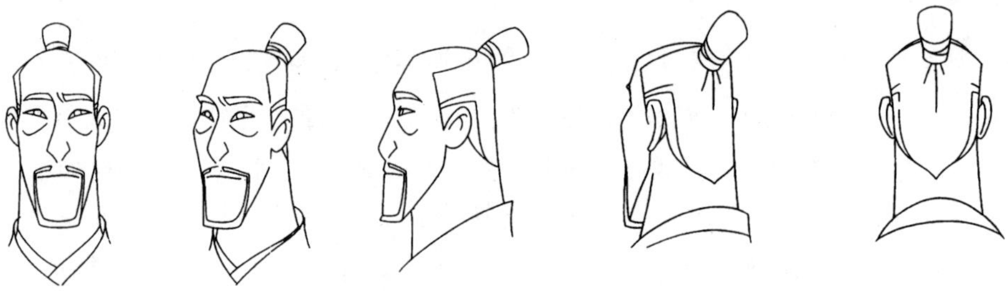

图 7-3　形象转面画法（动画片《花木兰》中花木兰父亲形象转面）（三）

图 7-4　形象转面画法（动画片《花木兰》中武士之一形象转面）（四）

7.2　全身形象转面画法

全身形象转面相对头部转动要复杂得多，其难度相对也比较大，因为全身形象转面除了头部的转动外，还有身体的转动，以及双臂和双腿的转动，一下子要考虑那么多东西，对于初学动画的人来说是比较难的，但我们只要掌握了基本的方法，慢慢会掌握全身形象转面画法的。

（1）要掌握人体结构，特别是人物造型的基本特征和结构，可以先记住这个人物造型的各个转面，再结合默画，熟记人物造型的各个基本特征和结构，做到心中有数。

（2）掌握基本人体结构透视的变化，包括头的透视变化，身躯的基本透视变化，手臂和腿的基本透视变化，并在加中间画时灵活运用，这样就会得心应手。

（3）还可以采用画草图的形式，把两张原画按较接近部位叠在一起，利用原画形象的特征、大小和比例，画出中间画的草图，然后进行整理、誊清，这样的画法可以锻炼自己以后画原画的水平，所以对基本功的要求比较高，如图 7-5～图 7-7 所示。

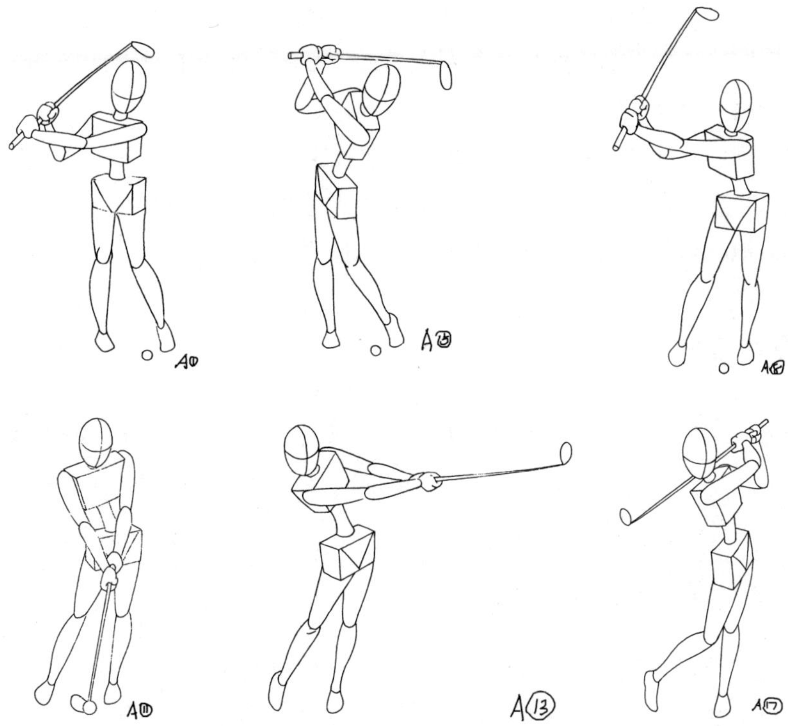

图 7-5　全身形象转面画法（一）

图 7-6　全身形象转面画法（二）

图 7-7　全身形象转面画法（动画片《宝莲灯》中小沉香的形象转面）（三）

7.3　复杂动作中间画基本技法

复杂动作中间画难度就更大了，我们除了采用多次加中间画的方法之外，还可以采用另一种较为简便的方法，即把两张原画按形象动作比较接近的地方相叠在一起，利用人体结构转面办法和透视变化画法把一张空白的草稿纸叠在上面，加出中间画，然后把两张原画套在固定器上，用草稿上已加好的中间画放在两张原画形象中间并对准中间部位，最后把动画正稿空的纸套在固定器上，把草稿上的中间画复描勾画出来，就完成了创作。这是一种加复杂动作中间画既简便又快速的办法。

还有一种办法，就是画小原画，这要求动画基本功比较扎实，即把两张原画按比较相近的地方相叠在一起，利用原画形象的特征和大小比例画出中间画，这张中间画类似小原画，要画出的人动作比较灵活，难度也比较高，但可以试试，这样对提高自己的动画水平有帮助。具体操作方法如下。

7.3.1 把握总体动势

根据两张原画的大动作进行分析，即两张原画的人物动作总体动势怎样，而中间画应是什么动势，应先做到心中有数。

7.3.2 分清动作主次

分析一下两张原画的主要动作是什么，而其他则是辅助工作或追随动作，并要看清主要动作的轨迹是怎样的弧度，是大弧度还是小弧度，是上弧还是下弧，还要看清动作的中间画透视如何。

7.3.3 不忘运动规律

作为一名动画创作人员，动画的运动规律是必须要掌握的，否则就无法加动画，所以加复杂动作前要先看清楚动作的走向及有怎样的运动规律，如同样是人物的走路，因感情不一样，走路的规律也不一样。

7.3.4 先画动态草图

根据两张原画的动作动态线，拟出中间画动态线，根据人物造型和结构及透视变化，画出人物形象的中间画动态草图，并用手连着原画迅速翻动动画纸，看看动画中间画是否舒服，如不舒服再进行调整。

正如前面已讲过的，也可以把两张原画叠放在一起，动画草稿叠放在上面，依据原画人物形象的大小、比例，在两张原画的基础上运用边起草边加中间画的画法，当草图画好后再进行调整和优化，然后再用正稿动画进行复描和组织线条。这样一张复杂动作的中间画就完成了，如图 7-8～图 7-10 所示。

图 7-8　复杂中间画画法（一）

图 7-9　复杂中间画画法（二）

图 7-10　复杂中间画画法（三）

第 8 章
动画一般运动规律

事物的一般运动规律是从物体的运动中发现、理解和总结出来的。事物的运动都与牛顿定律有关，也就是说都与力有关。自然界中存在的所有物体都有它自身的重量、结构和不同程度的柔韧性。所以当力加于其上时，每个物体都会有符合自己特性的反应。这种反应是物体的位置与时间的组合，这一组合普遍反映了自然界的运动规律。动画运动规律又有其自身的夸张性，动画运动的核心不是去夸张物体的重量，而是去夸张自然界中任何物体在力的作用下所呈现的趋向和特征。在动画运动规律学中不论是有生命的角色还是无生命的物体，它们的夸张都是动画创作人员根据力学原理而进行的艺术加工，主要有情节夸张、构思夸张、形态夸张、速度夸张、情绪的夸张。还有时间的夸张、重力的夸张、行动的夸张和方向夸张等。

动画的一般运动规律主要分为弹性、惯性、曲线三大运动规律。

8.1 速度与画面效果

8.1.1 时间、距离、张数的概念

在动画片中表现物体的规律，首先要掌握时间、距离、张数的概念。

1. 时间

时间指的是在动画片中物体完成某一动作所需的时间跨度。时间长，动作速度就慢;时间短，动作速度就快。

2. 距离

距离指的是一个动作的幅度，即一个动作从开始到终止之间的距离。完成这个动作的距离长，那么动作速度就慢；反之，动作速度就快。

3. 张数

张数指的是画面数量，也就是一张原画到另一张原画之间动画的数量。动画张数多，动作就慢、柔和；动画张数少，动作就快、激烈。

8.1.2 时间、距离、张数与速度的关系

由于动画片动作的速度与时间、距离、张数三种因素有关，而这三种因素中，距离（即动作幅度）是最关键的。动作幅度往往是构成动作节奏的基础，如果关键动作的幅度安排得不好，即使通过时间和张数的适当处理，对动作的节奏作一定调节，其结果还是不理想。

当然，我们不能因此而忽视时间和张数的作用，在关键动作幅度处理比较好的情况下，如果时间和张数安排不当，动作的节奏还是出不来，会使人感到非常别扭，不过这种修改比较容易，只要增加中间画的张数或是调整摄影表上的拍摄格数就可以了。

动画片动作的时间、距离、张数三种因素之间的不同关系，不仅对速度有影响，而且还直接影响动作节奏的变化，如图 8-1 所示。

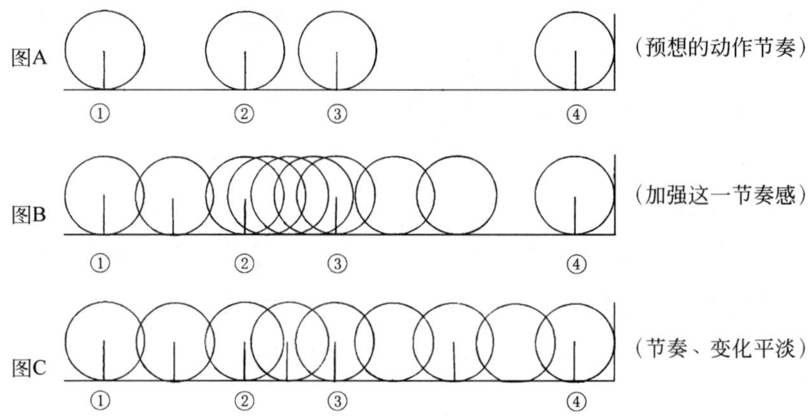

图 8-1 动作节奏示意图

8.1.3 动画运动的基本节奏

运动时间决定了运动物体的速度、方式和质感。

如：手拿一个球从空中自由下落有以下三种情况。

(1) 轻飘飘地下落，可能就是气球。

(2) 有一定加速度下落后，又弹起可能是皮球。

(3) 有大的加速度，下落后，重重地砸了一个坑，不再动可能是铁球或铅球。

从以上例子可以看出在动画片创作过程中时间的重要性。因为不同的时间节奏可以表达出不同的质感和量感。

掌握动画时间唯一的准则是：经过动画检查确认是否达到了预期的效果，如果达到了就是好的，没有达到就是不好的。

我们研究动画的时间就是要对这个动作本身或促使物体运动的内因来进行认真的分析，从而通过活动着的角色体现出内在的意志、情绪、本能等。比如要表现一个物体的运动，首先，要考虑地心引力。其次，要考虑对抗地心引力的自身动力。再次，分析产生这个动作的心理原因和主观动机因素。

作为一名动画创作人员，要想对时间理解得深、掌握得好，就必须不断地从实践中获得经验。因为，他有别于演员的表演，演员不需去体会支配他的肌肉和四肢如何来克服地心引力的变化，只要把注意力集中在表演上就可以了；而一个动画家则需费更多的心思去琢磨出他所画的平面的无重量的形象，如何能够以一种令观众信服的方式活动着，这就体现了动画创作人员对时间的理解和掌握。

物体的运动方式有以下几种。

(1) 匀速：一个物体一直以一种速度向一个方向运动，我们称之为“匀速运动”。

(2) 加速：一个物体向一个方向运动时越来越快，我们称之为“加速运动”。

(3) 减速：一个物体向一个方向运动时越来越慢，我们称之为“减速运动”。

各种速度的组合：就是一个物体在运动时综合了以上的各种速率，如果加上创作者的创作意图和表现意念，这个物体就活起来了，也可能就构成一部短片来供大家欣赏。

不同物体的速度变化分析图例如图 8-2～图 8-5 所示。

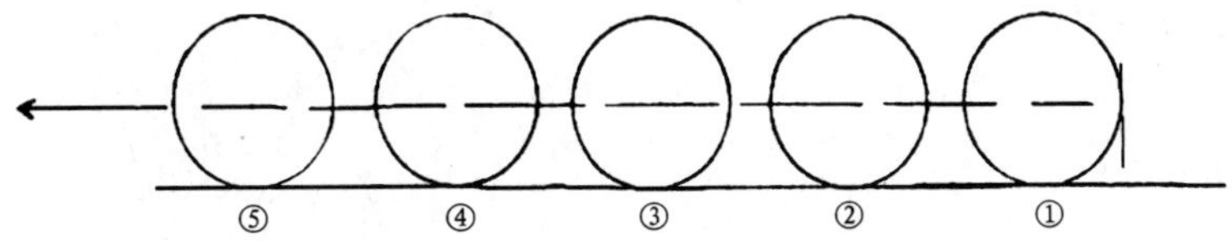

图 8-2　匀速运动示意图

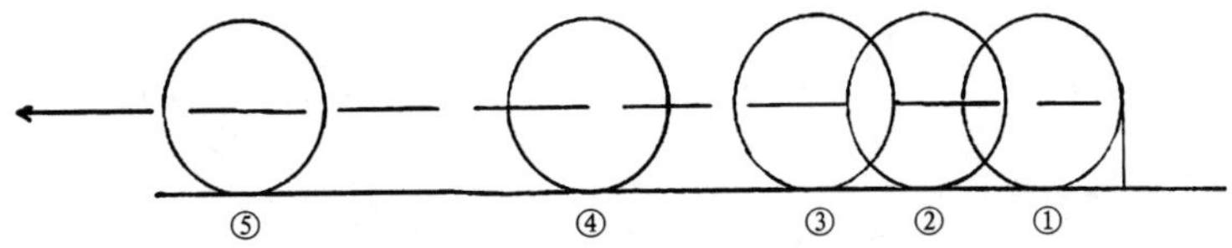

图 8-3　加速运动示意图

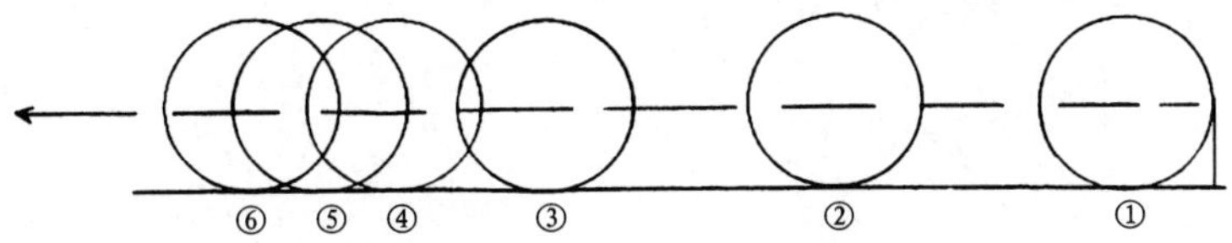

图 8-4　减速运动示意图

图 8-5　不同速度的组合运动示意图

下面对用时间关系表现物体的特性举一些例子，以供读者参考。

1. 匀速运动

人正常走路时是匀速运动，如图 8-6 所示。

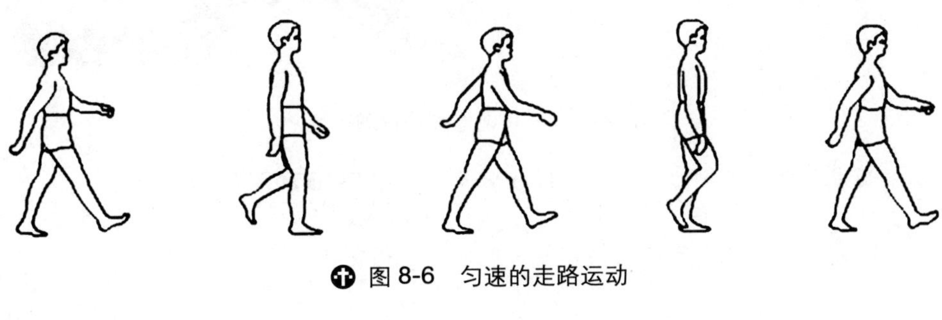

图 8-6　匀速的走路运动

2. 加速运动

有时加速运动也表现细微的表情，如图 8-7 和图 8-8 所示。

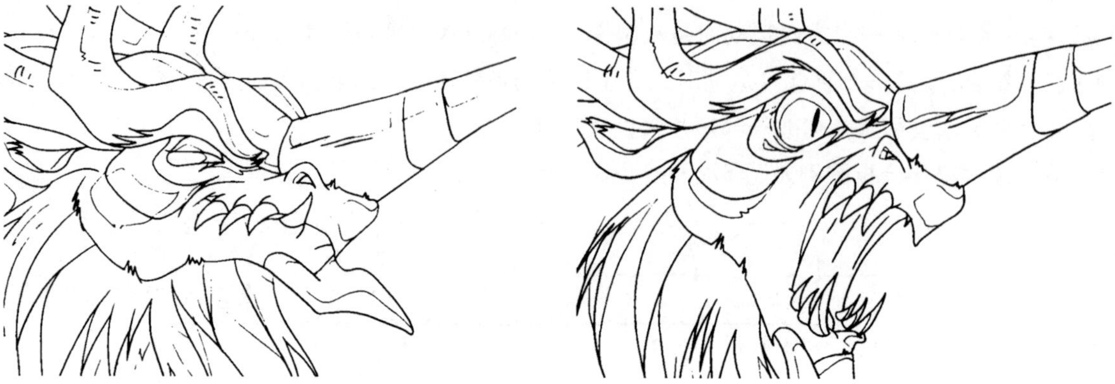

图 8-7　愤怒张嘴的加速运动

图 8-8　惊讶的表情加速运动

由于地球的引力，铁球的下落运动是加速运动，如图 8-9 所示。

图 8-9　表现重量的铁球落地

由于瞬间力量的爆发而形成的物体的运动是加速运动，如图 8-10 和图 8-11 所示。

图 8-10 爆炸的加速运动

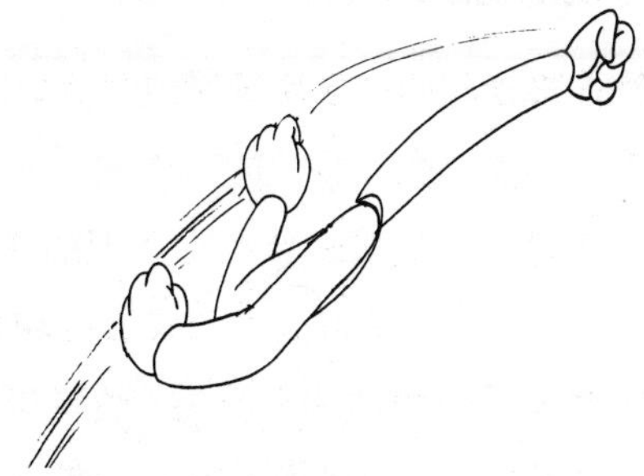

图 8-11 打拳的加速运动

由于地球引力，表现物体重量感的自由下落的运动是加速运动；由于物体受到外力的作用，物体开始的运动是加速运动，如图 8-12 和图 8-13 所示。

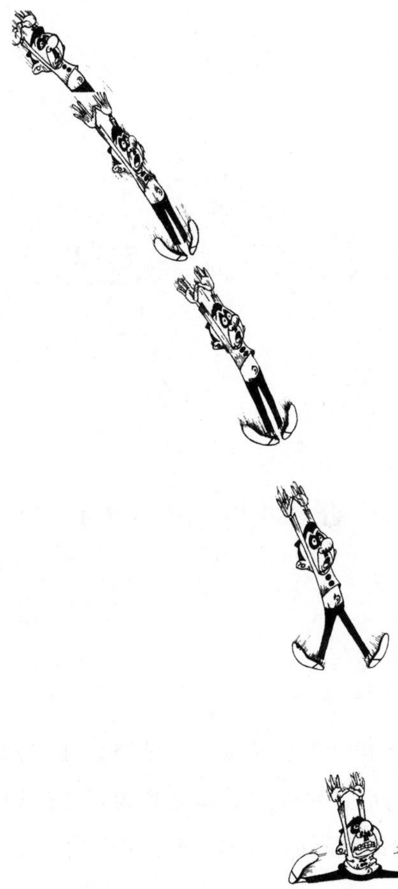

图 8-12 人下落的加速运动

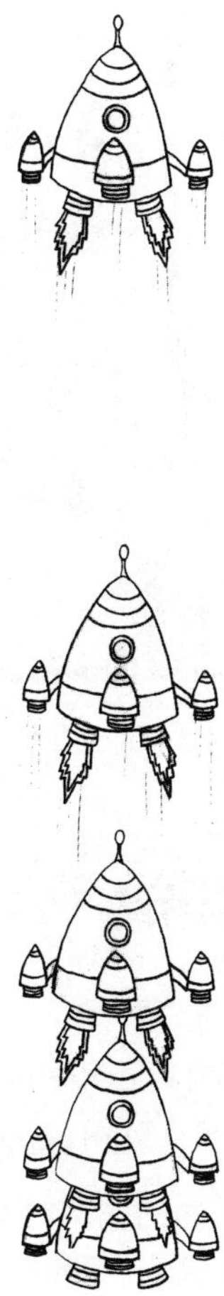

图 8-13 火箭发射时的加速运动

3. 减速运动

由于运动着的物体突然受到外力的作用，其运动是减速运动，如图 8-14 所示。

图 8-14 汽车刹车时的减速运动

4. 运动速度的组合——节奏

我们知道速度与节奏有很大的关系，无论是整个影片的节奏，还是每一具体动作的节奏。一般来说，动画片的节奏比其他类型影片的节奏要快一些，动画片动作的节奏也要比生活中的节奏夸张许多。

造成节奏感的主要原因是速度的变化，不同的速度变化会产生不同的节奏感，主要是快速、慢速和停顿的交替使用。比如，要造成比较柔和的动作节奏感，须采用静止—慢速—快速，或者快速—慢速—停止的节奏感；要造成比较强烈的动作节奏感，须采用快速—突然停止，或快速—突然停止—快速的节奏感；要造成一种“突然性”的节奏感，须采用慢速—快速—突然停止的节奏感。

当然，动作的节奏是为体现剧情、塑造人物服务的。因此我们在处理动作节奏时，就要考虑到每个镜头的剧情和人物在特定的情景下的特定的动作要求，但不能脱离具体角色的身份和性格。

物体的运动并不是单一的，在通常情况下都是交织出现的。由于时间上处理的不同，能体现出物体不同的质感和量感，如图 8-15 和图 8-16 所示。

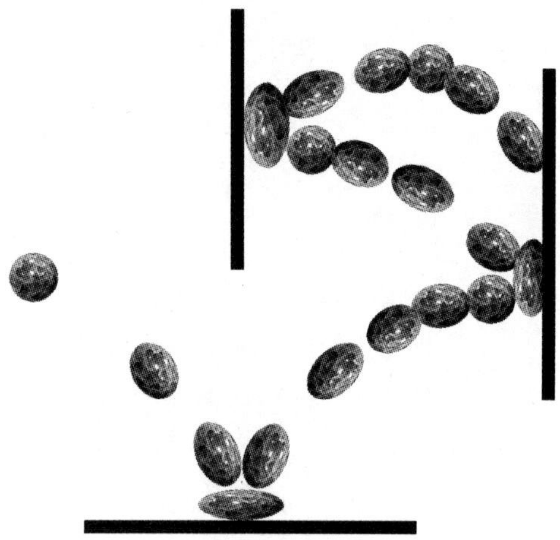

图 8-15　球的弹跳

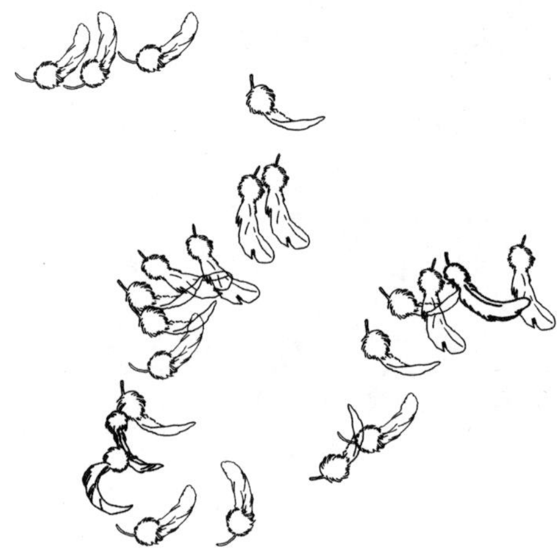

图 8-16　羽毛的飘动

8.2　弹性运动

物理学家告诉我们：由于物体在受到力的作用时，它的形态或体积会发生改变。在物体发生变形时，会产生弹力；当形变消失时，弹力也随之消失。我们把这种由物体受外力而产生变形的运动称为弹性运动。

任何物体在受到力的作用时都会发生“形变”，不发生形变的物体是不存在的。只是变形的程度不同而已，如图 8-17 和图 8-18 所示。

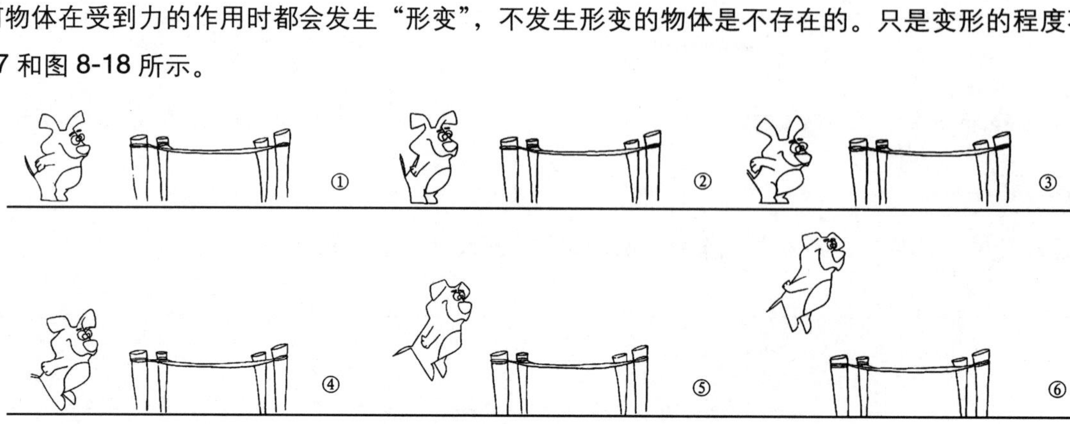

图 8-17　快乐的小狗

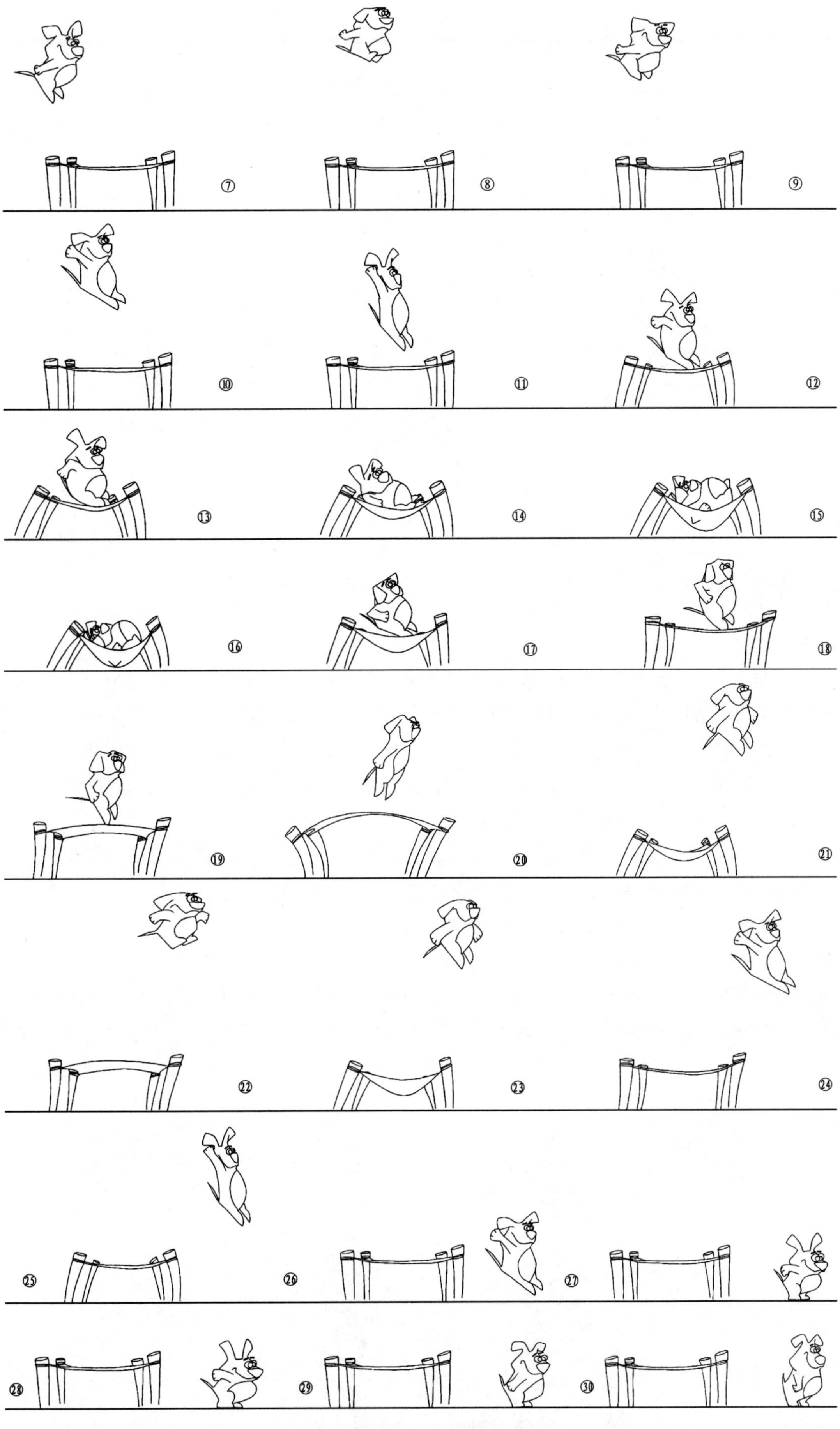

图 8-17（续）

图 8-18　人跳下的动作

8.3　惯性运动

人们在大量的生活、社会和工作实践中，经过概括而认识到：如果一个物体不受任何外力作用，它将保持静止状态和匀速直线运动状态，这就是惯性定律。由此可知，任何物体都具有一种企图保持它原来的静止状态或匀速直线运动状态的性质，这种性质就叫惯性。当体受到外力的作用时，有的物体运动状态容易改变，有的则不容易改变。容易改变的惯性小，不容易改变的惯性大。惯性的大小是由物体的质量来决定的。物体的质量越大，它的惯性越大；物体的质量越小，惯性越小。

比如小汽车刹车时，只需刹一对后轮就行了，而火车却不行。它的每个轮子都有刹车装置，这是因为它的质量比汽车的质量大，那么惯性就比汽车大，所以要改变火车原来的运动状态也就比汽车困难得多。

日常生活中，我们要经常注意观察、研究分析惯性在物体运动中的作用，掌握它的规律，并作为我们设计动作的依据。

在动画片中表现物体的惯性运动时，不能只是按照肉眼观察到的一些现象，进行简单的模拟，应该根据运动规律，充分发挥自己的想象力，运用动画片夸张变形的手法，取得更为强烈的艺术效果，如图 8-19 和图 8-20 所示。

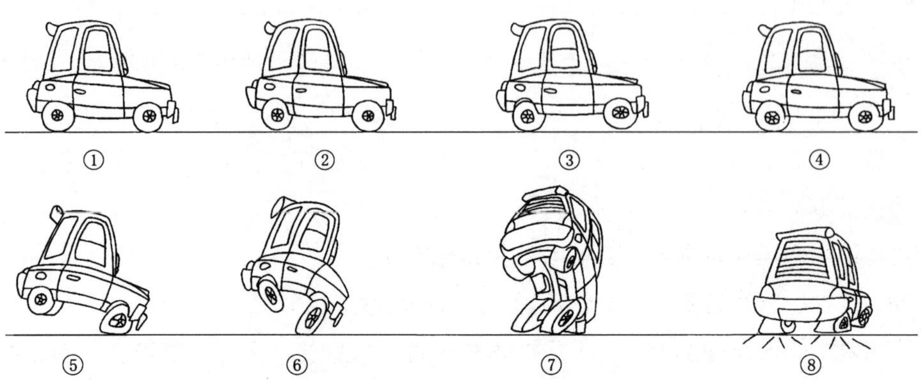

图 8-19　汽车快速刹车

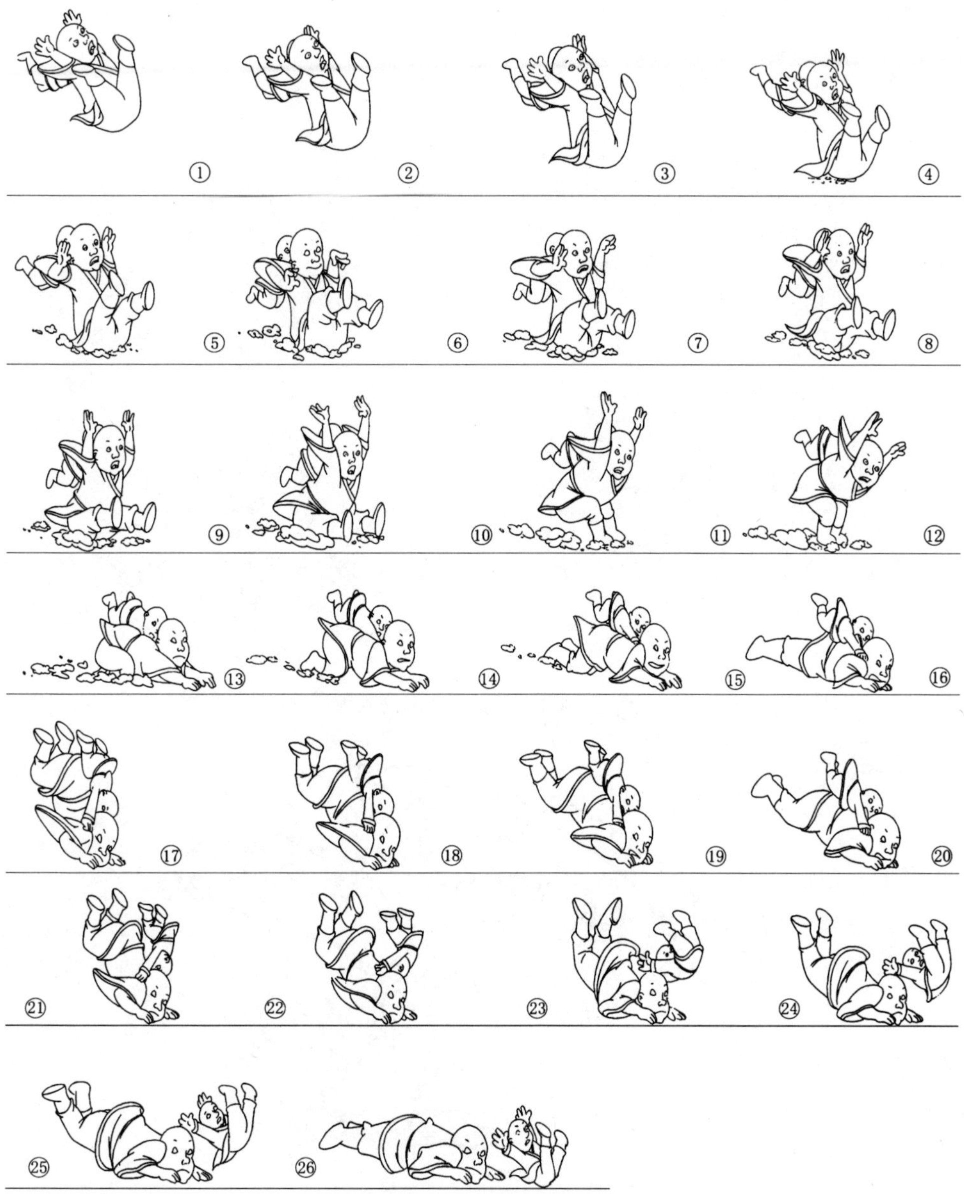

图 8-20　突然停步的动作

8.4　曲线运动

曲线运动是由于物体在运动中受到与它的速度方向成一定角度的力的作用而形成的。曲线运动是动画片绘制工作中经常运用的一种运动规律，它能使动画片中的人物、动物的动作以及自然形态的运动产生柔和、圆滑、优美的韵律感，并能帮助我们表现各种细长、轻薄、柔软以及富有韧性、弹性物体的质感。

动画片中的曲线运动大致可归纳为三种类型。

（1）弧形运动：物体的运动轨迹成弧线的都称为弧形运动。

（2）波形运动：柔软的物体在受到力的作用时，其运动曲线成波形。

（3）S 形曲线运动：S 形运动的特点，一是物体在运动时本身成 S 形；二是细长，物体在做波形运时，其尾端质点成 S 形运动。

1. 弧形运动

如图 8-21～图 8-23 所示。

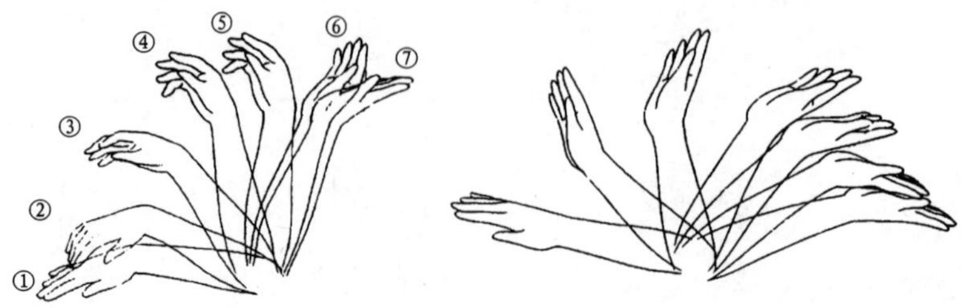

图 8-21　手的运动

图 8-22　迎风摆动的芦苇

图 8-23　抛球的弧形运动

2. 波形运动

如图 8-24 所示。

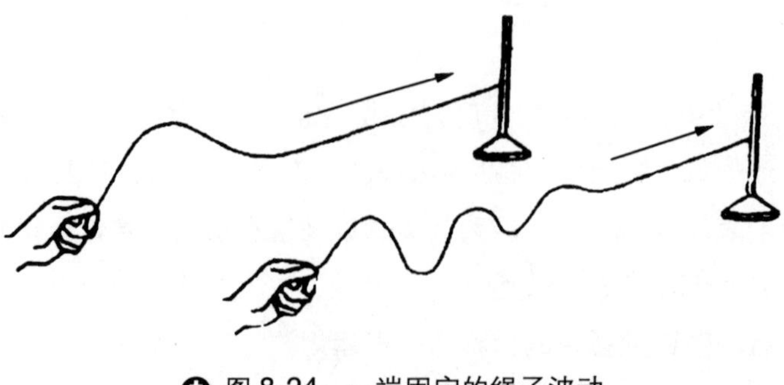

图 8-24　一端固定的绳子波动

3. S 形运动

如图 8-25 和图 8-26 所示。

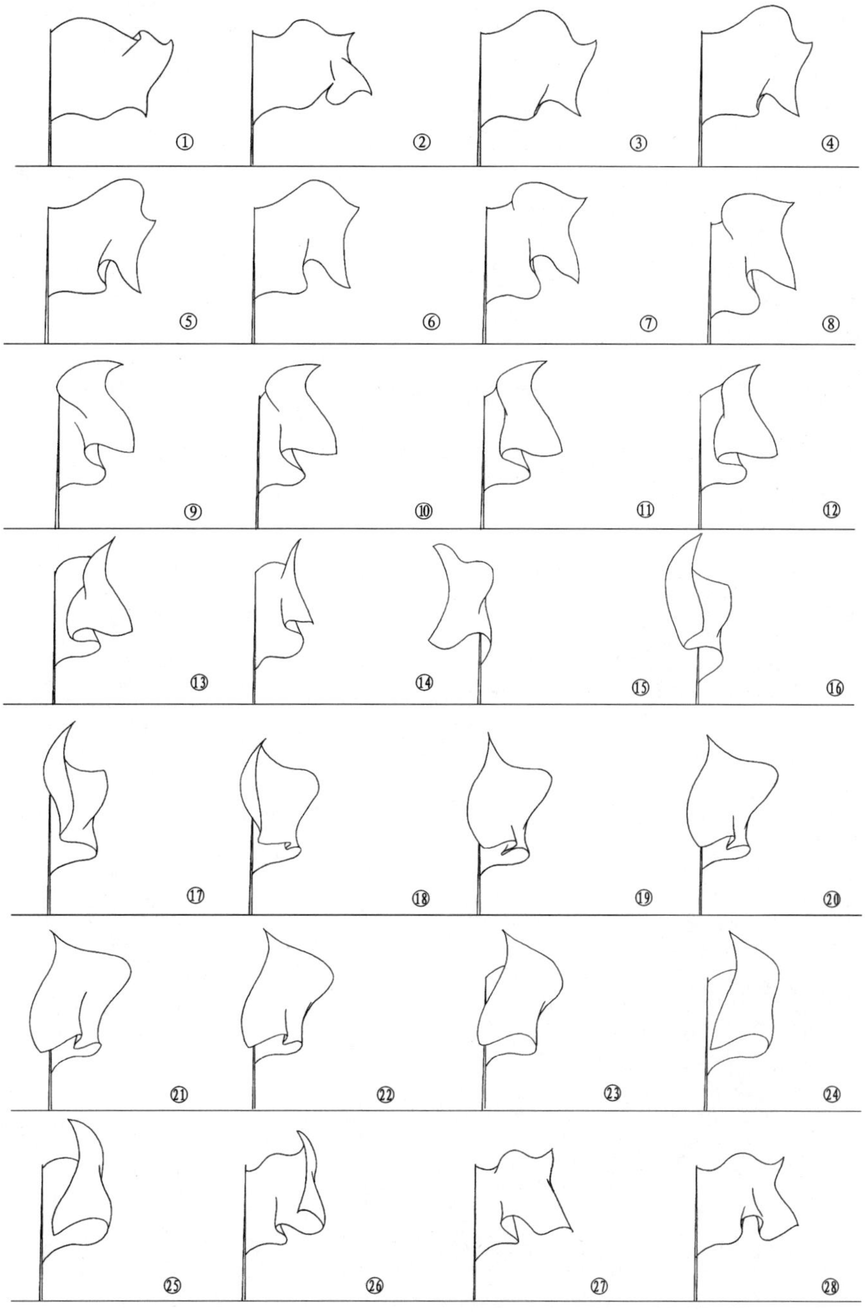

图 8-25　侧面飘动的红旗

图 8-26　老鹰翅膀的运动

图 8-26（续）

第 9 章
人物运动规律

“人物的结构与运动规律”不仅仅只局限于人本身，还包括许多拟人化的动物。其结构与运动规律是动画创作人员必须掌握的重要技能。本章学习的目的是为以后的动画表现打下良好的基础。

9.1 人的结构

人类属于脊椎动物。从进化论的角度看，人是由猿进化而来的。在漫长的历史岁月中，猿人通过劳动，逐渐使上肢与下肢得到分工。下肢专门用来走路、跑步，上肢分化出来可以从事一些劳动。这样，使得大脑也慢慢地发达了。所以说，这一转变过程，劳动起到决定作用。劳动创造了人类，劳动使人类从动物中分化出来，成为具有自觉能动性的高级动物。人类有思想，有表达思想和意志的语言能力。人类通过劳动，创造了丰富的精神文明和物质文明。所以说，人类的生活内容远比动物丰富和复杂。而要研究人的动作规律，首先要了解人的生理结构。

9.1.1 人体的骨骼

人的骨骼是动作的结构架子，是构成各种动态的基础。其骨骼系统，在结构和平衡上，是非常复杂和巧妙的，它能作出各种各样的动作。人的骨骼功能，除了维系肌肉之外，还起到保护内脏的作用。骨骼的形状多种多样，有长有短、有圆有扁、有刚有柔，所以能适应许多特殊动作，如图 9-1 所示。

我们在做任何动作时，脑子里必须有骨骼的整体印象，因为它决定着动作姿态是否正确，动态是否平衡。

9.1.2 人体的肌肉

人体的肌肉组织，是牵动骨骼完成动作任务的重要组成部分，是人产生力量的物质基础。肌肉的功能就是收缩，它的收缩牵动着骨骼运动，比如，人类的奔跑、搏斗、跳跃等，如图 9-2 所示。

9.1.3 人体的神经

人体的动作，还由一个组织严密而复杂的神经系统所指挥着。这个系统由大脑、脊髓和复杂的神经网组成，起着对身体活动的协调作用。人体有两种神经组织，一种是感觉神经；一种是运动神经。大脑通过运动神经发布命令，使肌肉收缩，牵动骨骼做出各种动作。如果没有神经系统的指挥，人就不能有条理地进行各种活动，也就做不出相应的动作来。

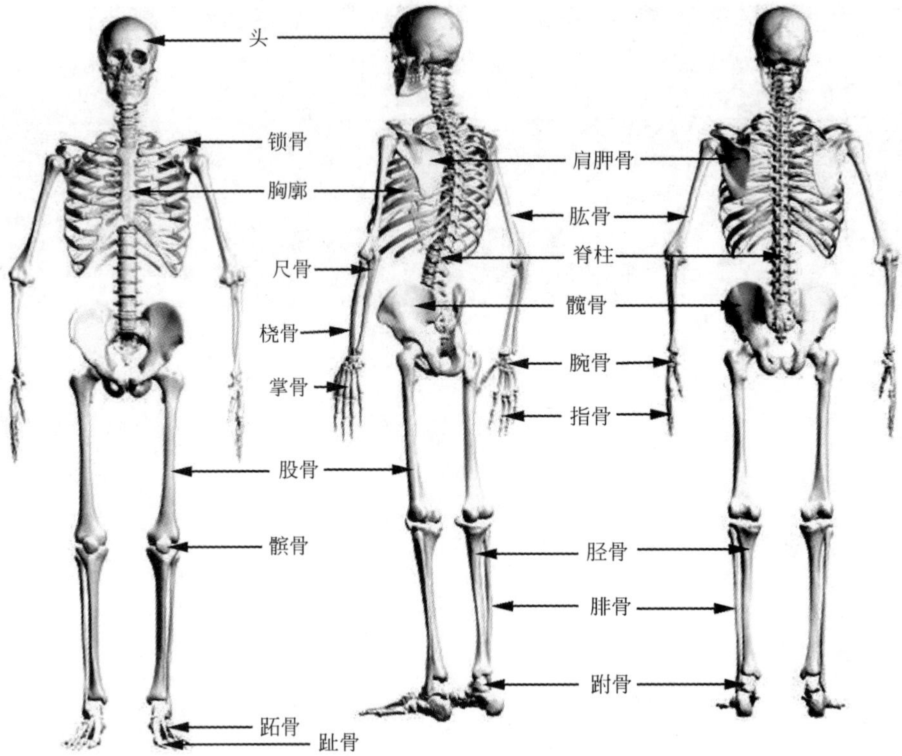

图 9-1　人体骨骼图

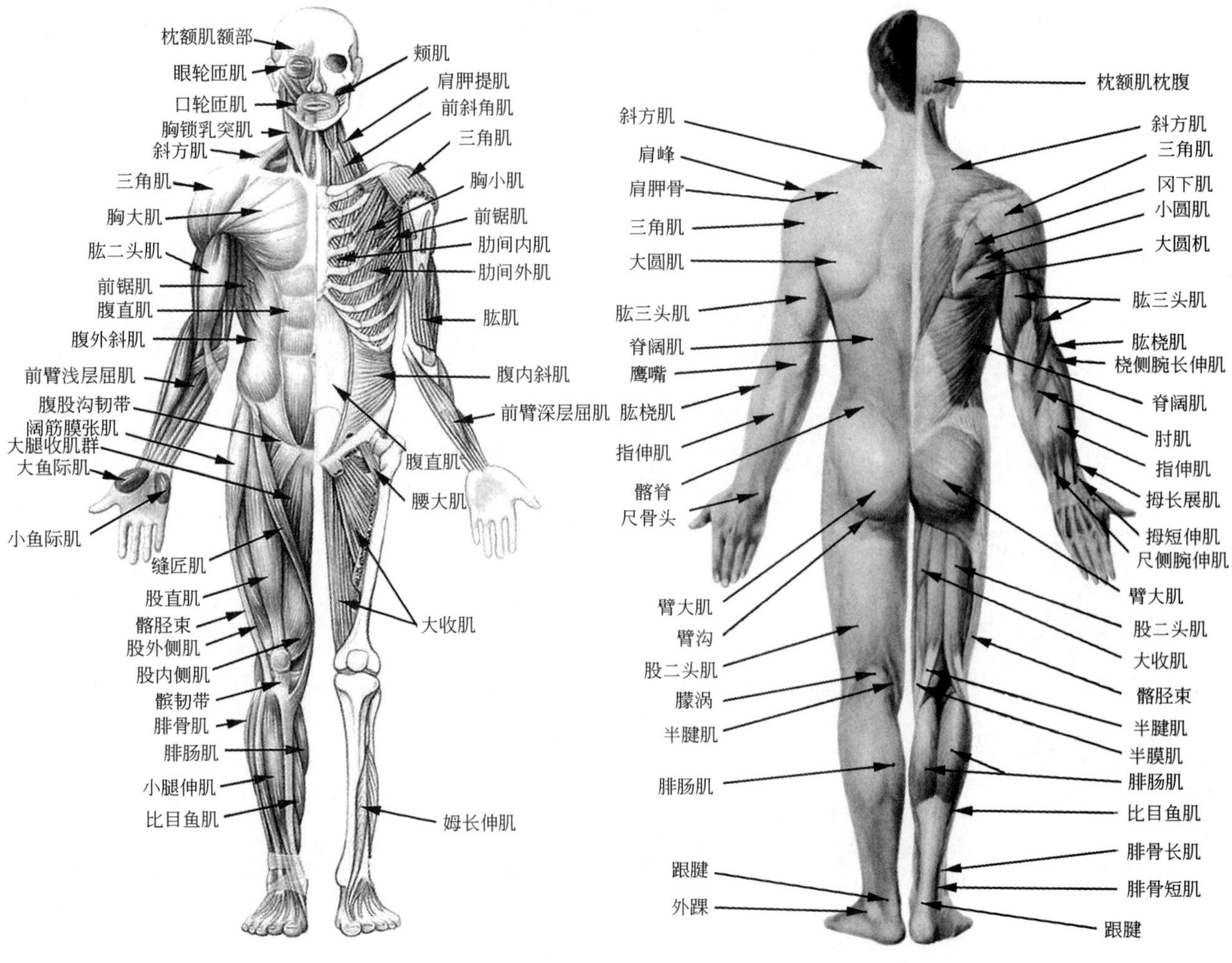

图 9-2　人体肌肉图

9.2　影响人运动的几个因素

影响人运动的因素很多，但首先要考虑到人自身的结构，找出影响运动的关节点。其次考虑好外在的因素，处理好动态与平衡、作用与反作用等几对矛盾。结合导演或自己的设计意图，才能画好每一个动作。

9.2.1　人的关节对运动的影响

人的动作幅度大小受骨骼关节的制约。人的骨骼，有许多可活动的关节，通过附在骨骼上的肌肉的收缩来牵动关节活动，从而产生各种动作。这也是我们画动画时所要注意的部位。每个关节的活动范围，受其关节结构和附在骨骼上的肌肉收缩所制约。有的关节活动幅度大，比如大腿、上臂等；有的活动幅度小，比如手腕、脚踝等。每个关节的活动，均以关节的接触点构成一个轴心并呈弧线规律而运动，如图 9-3 所示。

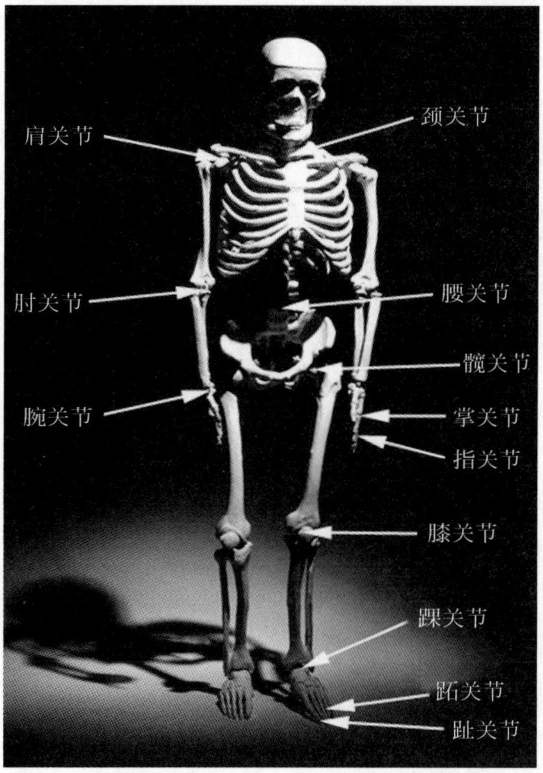

图 9-3　人体的主要关节点

1. 头部与头部的活动范围

头部包括一个颈关节，以第七颈关节为圆心，以头部高为半径作弧形运动。可前后左右移动，如图 9-4 和图 9-5 所示。

2. 腰部与腰部的活动范围

腰关节可构成躯干前仰后合、左右屈及横回旋等动作。躯干的运动会产生胸廓和骨盆在透视上的变化，这

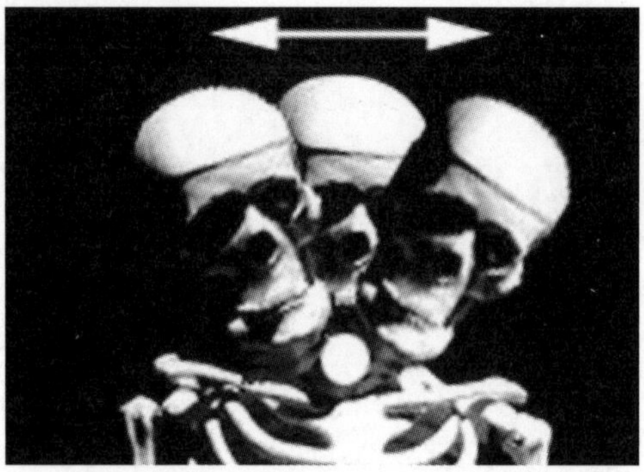

图 9-4　头部与头部的活动范围（一）

图 9-5　头部与头部的活动范围（二）

在实践中会慢慢地体会到，如图 9-6 所示。

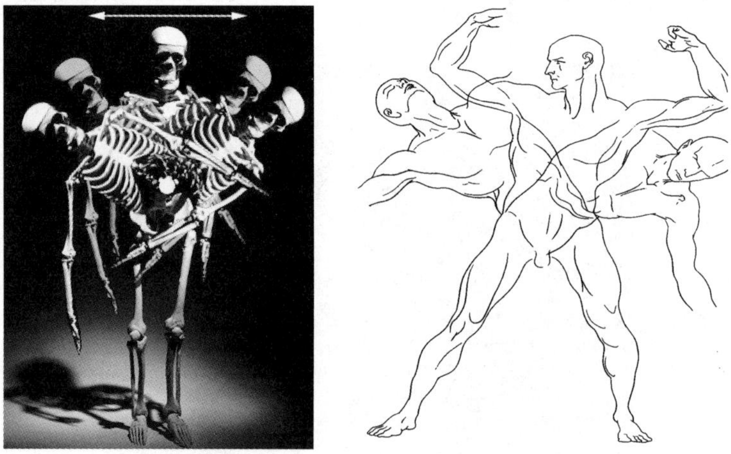

图 9-6　腰部与腰部的活动范围

3. 上肢与上肢的活动范围

上肢关节包括肩、肘、腕、指，构成上肢各部位的伸屈、旋转、扭动等动作，如图 9-7 所示。

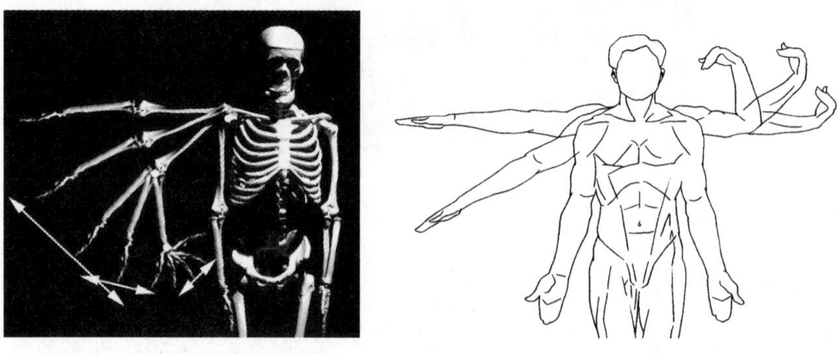

图 9-7　上肢与上肢的活动范围

4. 下肢与下肢的活动范围

下肢关节包括股、膝、踝、趾，构成下肢各部位的伸屈、旋转、扭动等动作，如图 9-8 所示。

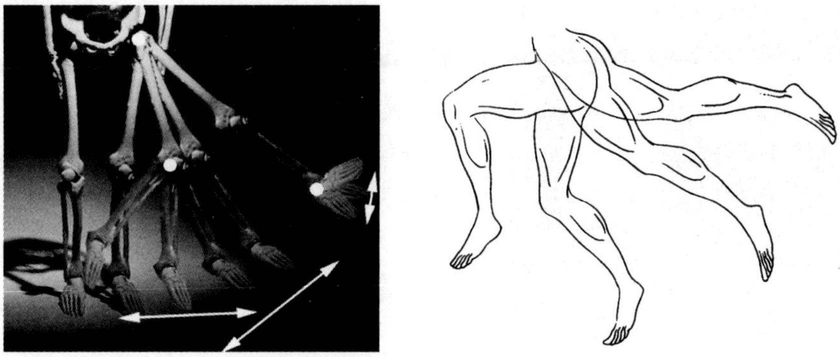

图 9-8　下肢与下肢的活动范围

以上每个主要的关节部位，是构成人的动作的有机组成部分，是表现人体动态的基础。我们不管表现什么样的动态，都要根据每个关节可能的幅度去刻画，如果违反人们的生理规律，就会让人觉得不舒服。

9.2.2　动态与平衡

在日常生活中，人们走路、跑步都要掌握好平衡，把握好重心，否则，人就会摔倒。一个动作过程，通常包括姿势变化和重心移动这两个方面，只有二者之间协调好，才能准确地表现动态。

如一个人在上、下楼梯时，他的身体重心是不同的，一般是上楼梯时重心稍为偏前，下楼梯时重心稍偏后，这样才能保持平衡，如图 9-9 所示。

图 9-9　下楼梯的小孩

如一个坐下的姿势，必须是先躬着腰部才往下坐，因为这是平衡身体重心的结果。倘若不躬身，就会失去平衡而跌倒在椅子上，如图 9-10 所示。

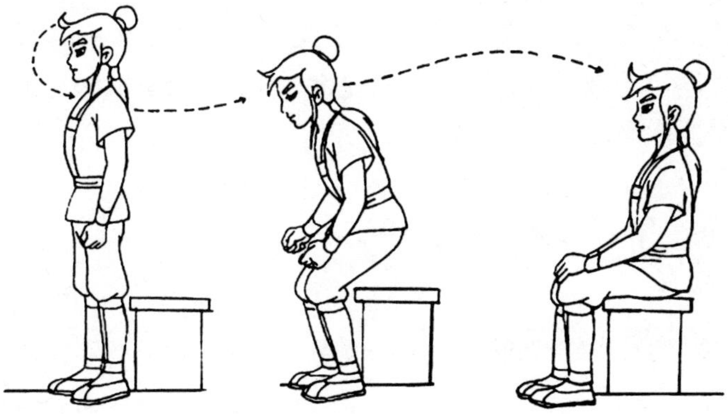

图 9-10　坐下的动作

9.2.3 作用与反作用

人体运动的速度和姿态，与作用力和反作用力有着密切的关系。作用力指肌肉收缩时产生的动力，反作用力指人体由于在运动时与空气摩擦而产生的空气阻力、地球引力、惯性形成的逆向力。因此，无论是反作用力减少或作用力加大，都会使人的动作加快；反之，速度就会减慢。

如一个人在击球时，怎样迎接来球，怎样用力把球反击回去，一连串的动作都连贯着作用力与反作用力的关系，如图 9-11 所示。

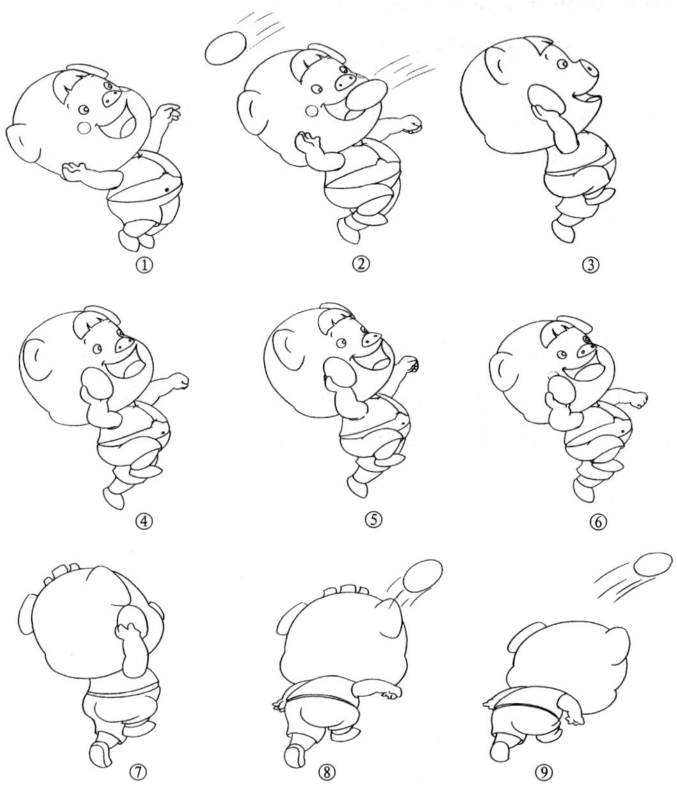

图 9-11 接球、抛球的动作

9.3 人的走路

人物的年龄、身份、工作、职业、性别的不同及不同感情的注入，所表现出来的走路姿势也是不尽相同的。人物造型及拟人化的动物的行走也是和人物行走的基本规律一样，不过类似的行走方法往往还需要与角色的个性相吻合才行。

9.3.1 人走路的基本运动规律及拍摄方法

1. 人的标准走（如图 9-12～图 9-14 所示）

（1）前进时整个站立的躯干呈上下波浪式前进，步子跨开时身体最低，单腿正立垂直支撑时身体最高。

（2）两脚交替和两手交替时的动作是相反的运动方向，因此，肩部和骨盆也是以相反的倾斜度而运动的。

（3）手的摆动是以肩胛作弧线运动。

（4）一脚作支撑另一脚提起迈步，循环交替，支撑力要随着身体前进的重心而变化，脚踝与地面是成弧线运动规律往前运动的。

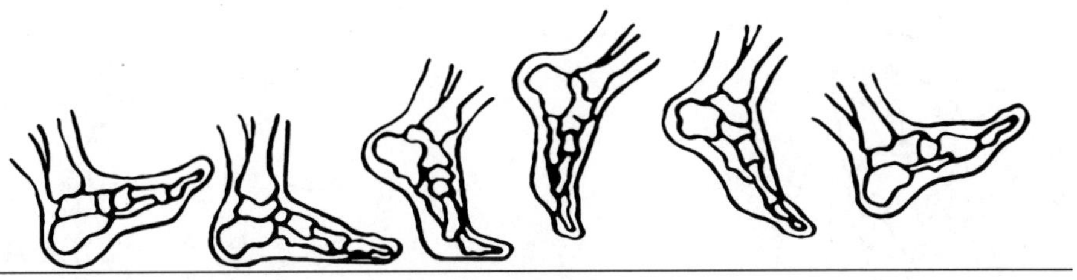

图 9-12　走路时脚的图解

图 9-13　人的标准走分解动作

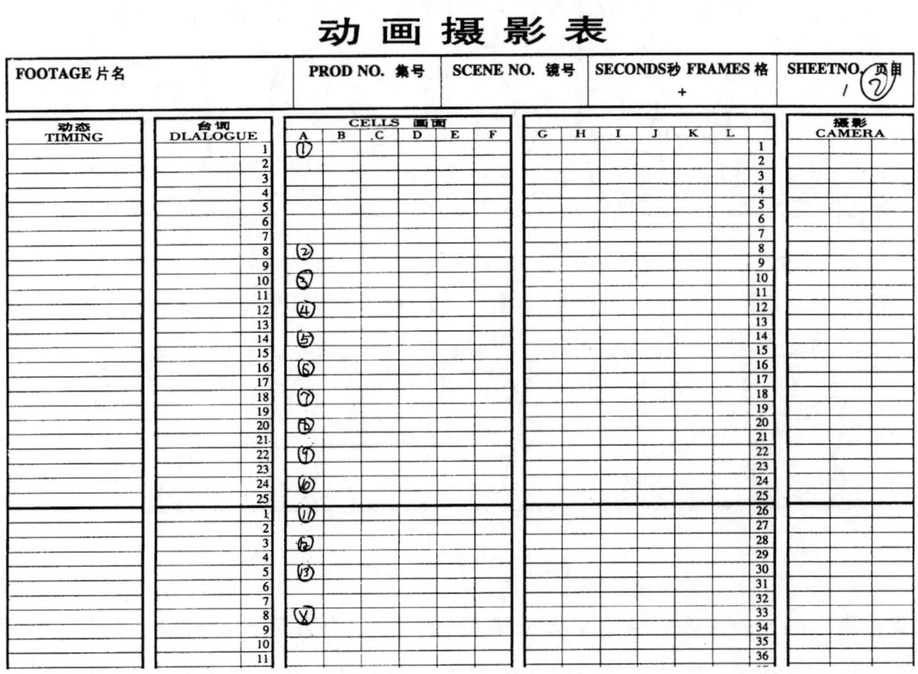

图 9-14　走路摄影表

2. 循环走（如图 9-15 和图 9-16 所示）

循环走是前后相随，即最后一张动画与第一张动画要相互衔接，不做前后运动，只做上下移动，表现出走路时的上下起伏。在画面上要表现出走的感觉，就必须向走路方向相反的方向移动背景，移动背景的速度要与走路的速度相一致。只要移动背景，就可以一直不断地运动下去。

图 9-15 循环走路方法（一）

图 9-16 循环走路方法（二）

9.3.2 人不同角度与表情的走路及拍摄方法

侧面走路要注意胳膊和腿部在交替运动时肩部与臀部的相互变化，同时应把握上下的起伏运动，要以剧情及人物性格为依据，如图 9-17 所示。

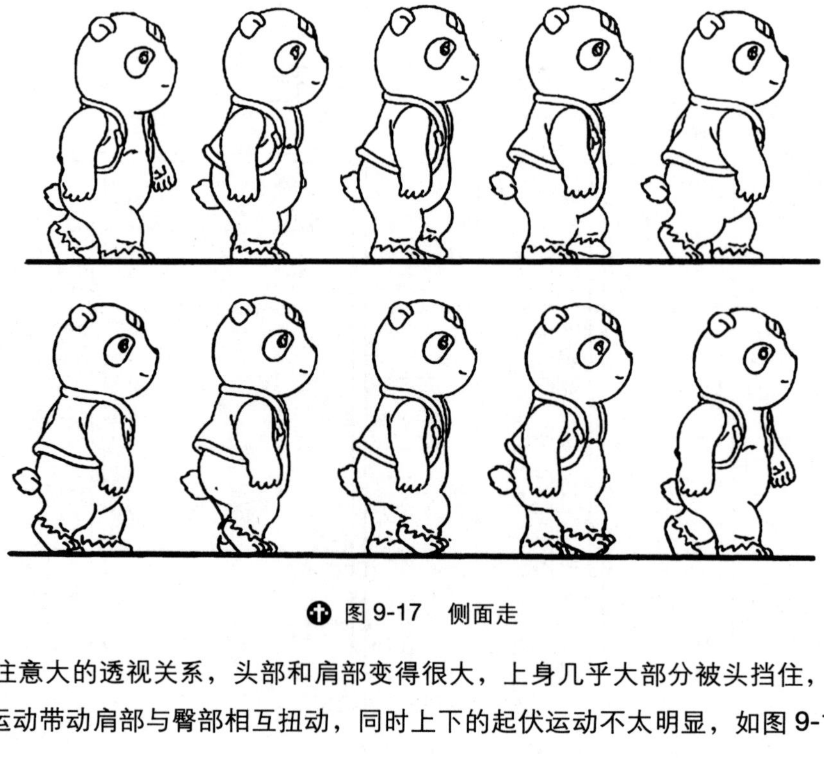

图 9-17 侧面走

正俯视走路要注意大的透视关系，头部和肩部变得很大，上身几乎大部分被头挡住，四肢变得非常明显，胳膊和腿部的交替运动带动肩部与臀部相互扭动，同时上下的起伏运动不太明显，如图 9-18 所示。

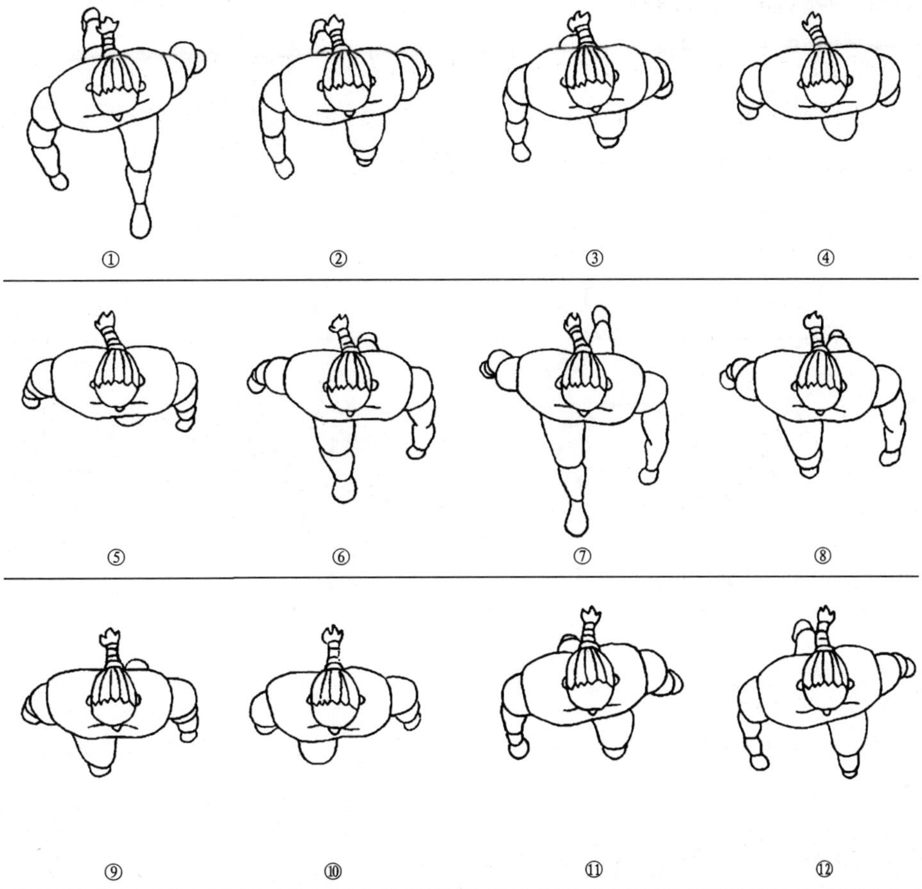

图 9-18 正俯视走

透视走路要注意整个动作应在透视线中进行，头部和肩部做相应扭动，可能增高部分没有压缩部分高，这是正常的，因为这是透视的原因，如图 9-19 所示。

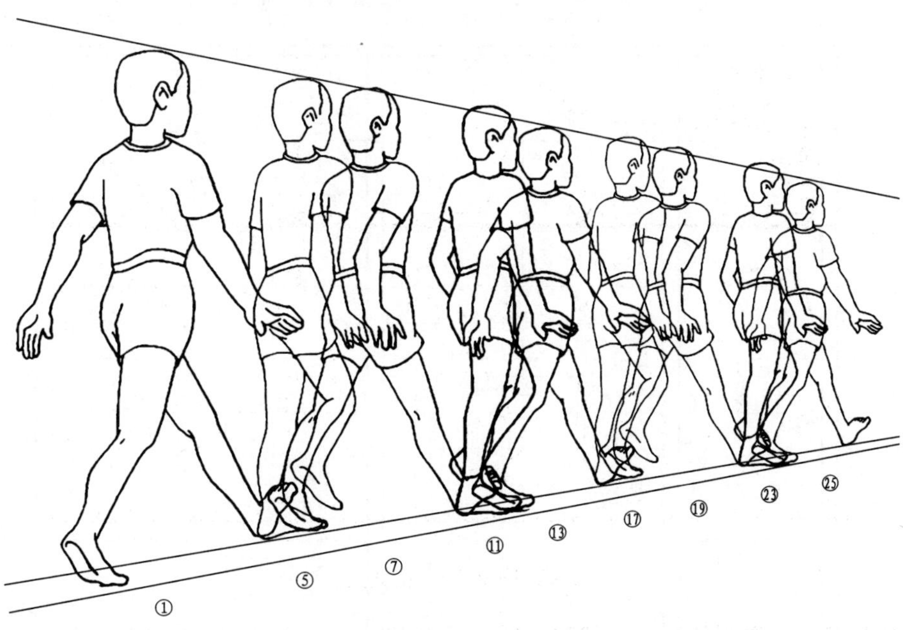

图 9-19 透视走

兴高采烈地走路时身体起伏变化很大，几乎每一个部位都动，整个身体非常放松，臀部和肩部要尽量扭动，并昂首挺胸，如图 9-20 和图 9-21 所示。

图 9-20　兴高采烈地走路

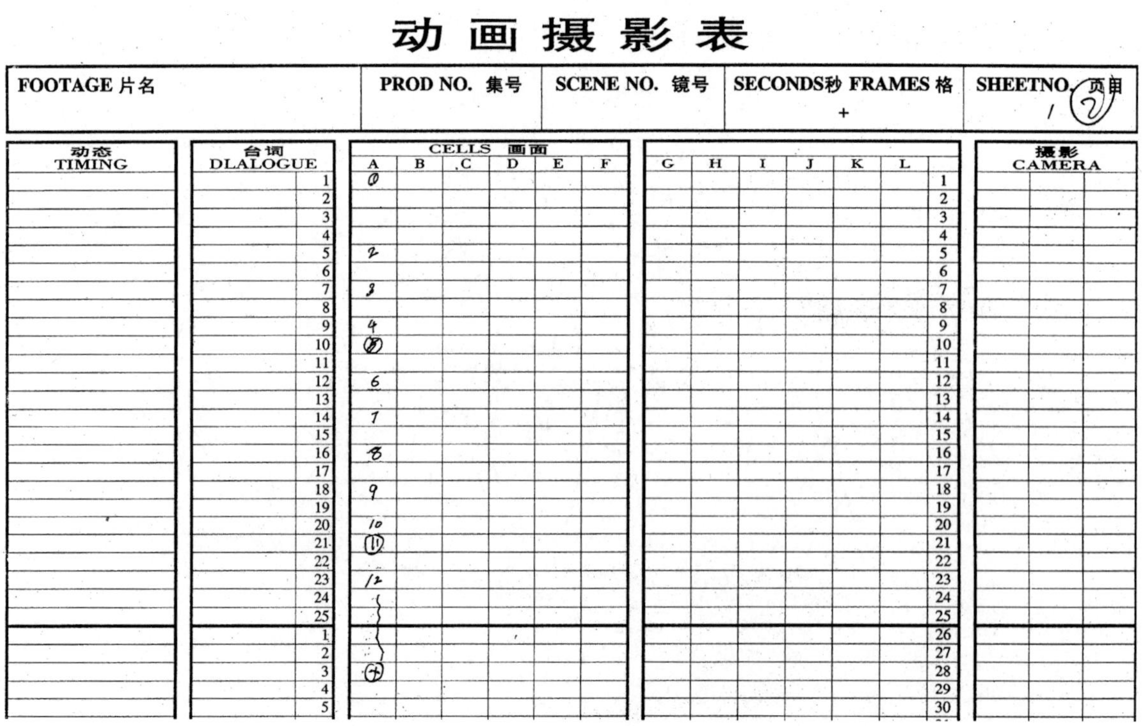

图 9-21　兴高采烈地走路时的摄影表

9.4　人的跑步

跑步是动画片中最常见的动作之一。

动画片中人物根据不同的情节、心情、状态会有不同的跑法，如小孩的跑步，基本上全靠脚尖来支撑、蹬出，尽量不让脚板贴地，这样就能有效地减少脚底和地面的接触面，增加脚尖弹跃的力量，从而获取更快的速度。不过疾速跑体力消耗大，只宜作短跑。

9.4.1　人跑步的基本运动规律

1. 人的标准跑（如图 9-22 和图 9-23 所示）

（1）跑步时，身体要略向前倾，步子要迈得大；

（2）跑步时要半捏拳头，手臂要向上弯曲前后摆动，抬得高些甩得有力些；

（3）脚的弯曲幅度要大，每步蹬出的弹力要强，步子一离地，就要弯曲起来往前运动；

（4）身体前进的波浪式运动曲线比行走时更大。

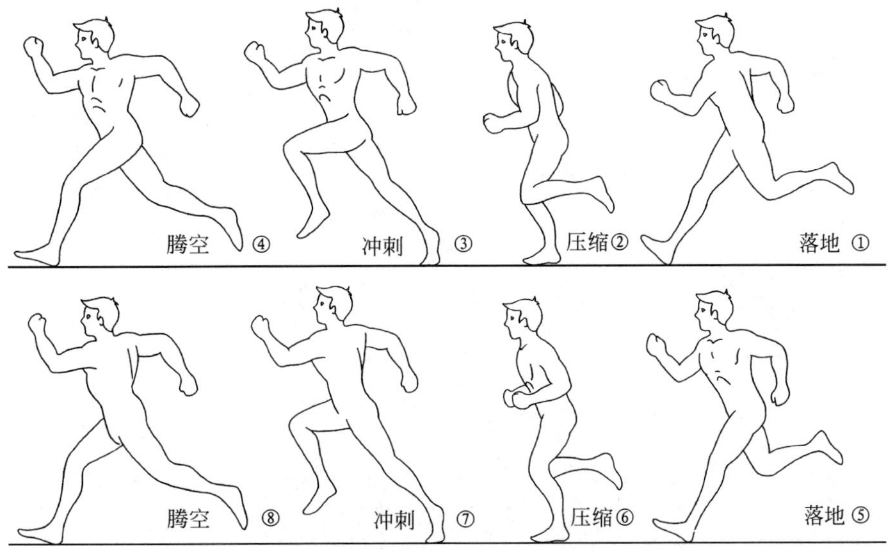

图 9-22　人的标准跑

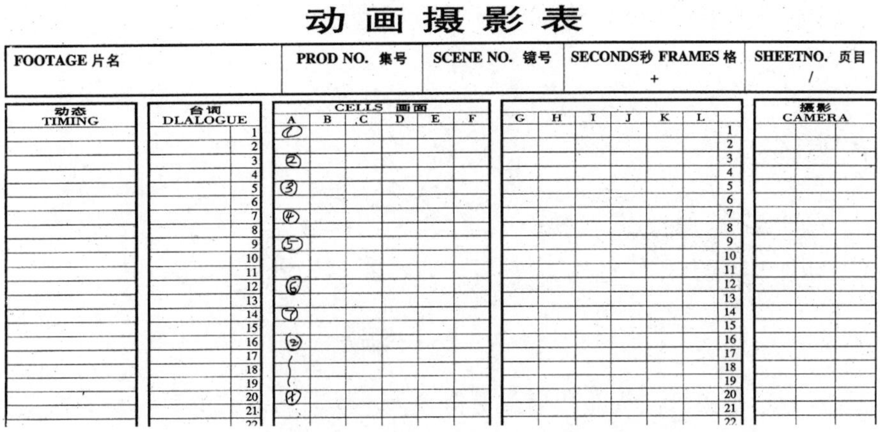
动画摄影表

FOOTAGE 片名 | PROD NO. 集号 | SCENE NO. 镜号 | SECONDS秒 FRAMES 格 | SHEETNO. 页目

动态 TIMING | 台词 DLALOGUE | CELLS 画面 A B C D E F G H I J K L | 摄影 CAMERA

图 9-23　人跑步的摄影表

2. 循环跑（如图 9-24 所示）

循环跑是前后相随，即最后一张动画与第一张动画要相互衔接，不做前后运动，只做上下移动，表现出跑步时的上下起伏。在画面上要表现出跑的感觉，就必须向跑步方向相反的方向移动背景，移动背景的速度要与跑步的速度相一致。只要移动背景，它可以一直不断地运动下去。

图 9-24 人的循环跑

9.4.2 人不同角度与表情的跑步及拍摄方法

侧面跑步要注意胳膊和腿部在交替运动时肩部与臀部的相互变化，同时应把握上下的起伏运动，四肢扭动要大，要以剧情及人物性格为依据，如图 9-25 所示。

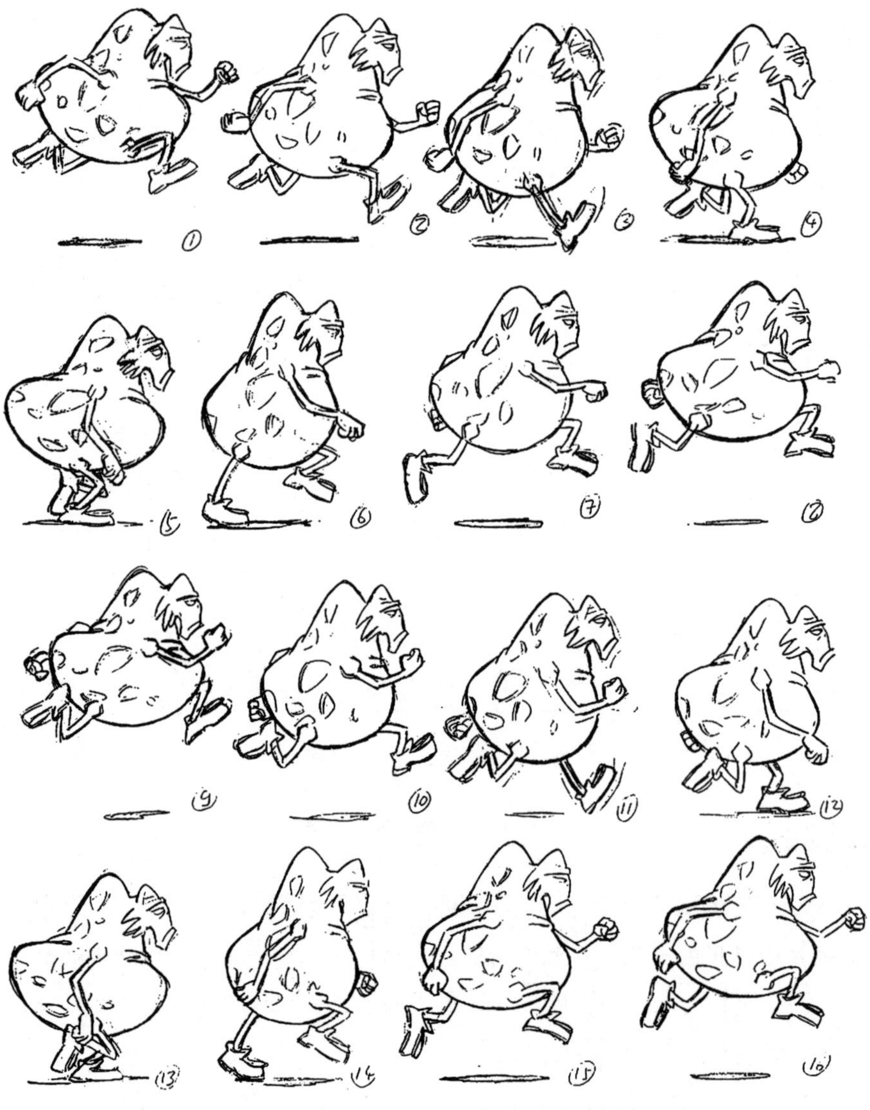

图 9-25 侧面跑

背面跑步要注意大的透视关系，头部和肩部变得很大，摆动到前面的手与脚一定要夸大，摆动到后面的手与脚一定要变小，胳膊和腿部的交替运动带动肩部与臀部相互扭动，同时上下的起伏运动非常明显，如

图 9-26 所示。

图 9-26　背面跑

透视跑步要注意整个动作应在透视线中进行，头部和肩部做相应扭动，可能增高部分没有压缩部分高，这是正常的，因为是透视的原因，如图 9-27 所示。

正侧面跑步要注意透视关系，几乎是 3/4 正侧面，头部和肩部变得较大，离观众近的一面手与脚要夸大一些，远的一面手与脚要变小一些，胳膊和腿部的交替运动带动肩部与臀部扭动幅度较大，同时上下的起伏运动比较明显，如图 9-28 所示。

图 9-27　透视跑

图 9-28　正侧跑

9.5　人的跳跃

人的跳跃也是动画片中常见的动作。在整个跳跃过程中，人的重心是以抛物线形式向前移动的，身体的重心从不稳的平衡腾空跃出，经着地后不稳定的平衡再到调整身体达到平衡稳定。姿态的变化和重心的移动一定要达到协调一致，动作要优美才行。

1. 人跳跃的基本运动规律

人的跳跃要遵循三个环节，首先是预备动作，身体屈缩，两脚向后蹬出；其次是腾空动作，在空中要掌握平衡，调整姿态；最后是落地时的缓冲动作，着地不能马上站立，要做还原等姿势，方能站稳，如图 9-29 和图 9-30 所示。

图 9-29　人的标准跳跃

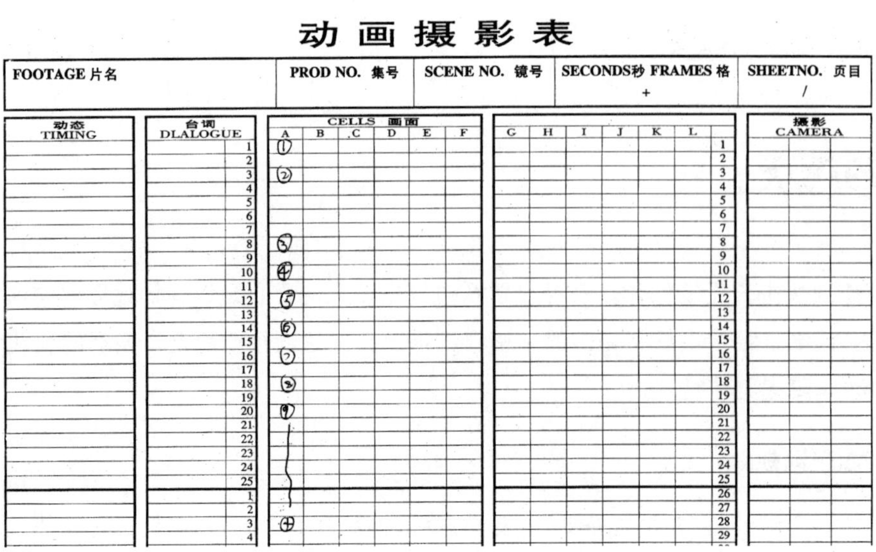

图 9-30　人标准跳跃的拍摄方法

2. 人跳跃的实例

翻跟头，特别要注意弹起、惯性运动规律，同样应注意跳跃前的准备动作、跳跃中的空中动作和落地动作。身体要不断地保持动态平衡，最后才能形成漂亮、连贯、流畅的动作，如图 9-31 所示。

图 9-31　翻跟头动作

跳水，同样包括跳跃前的准备动作、跳跃中的空中动作和落水动作。身体的重心不断调整，最后形成漂亮的落水动作，如图 9-32 所示。

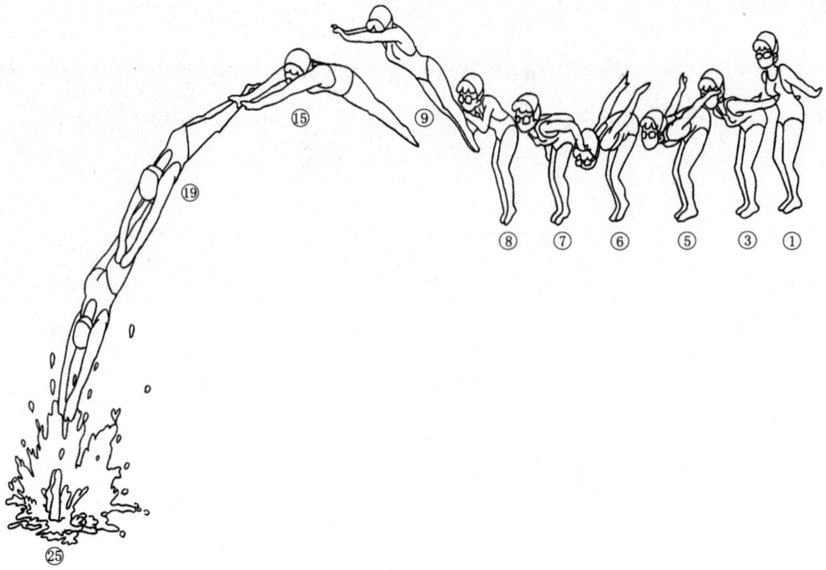

图 9-32　跳水动作

人的立定跳远，其重心是以抛物线形式向前移动的，分为跳跃前的准备动作，跳跃中的空中动作和落地时的缓冲动作。身体的重心不断调整，最后达到平衡、稳定，如图 9-33 所示。

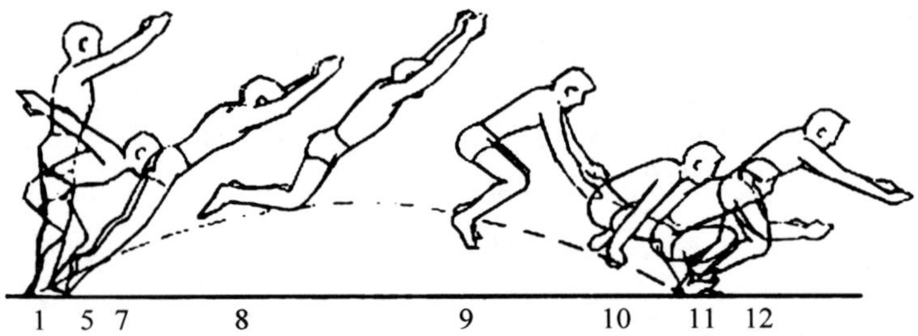

图 9-33　立定跳远

第 10 章
动物运动规律

在日常生活中，动物是我们常见到的，也是我们最好的朋友。尤其在动画片中，动物出现的频率最高，不论是作为拟人化的主角，还是作为配角，都能引起我们的注意。这就使得我们在动画制作中必须要了解动物的结构、神态和运动规律。接下来从兽类、两栖类、禽鸟类、鱼类和昆虫类等几种类型加以学习研究。

10.1 兽类

兽类属于脊椎动物。从进化论的角度看，陆地的兽类是由鱼类进化而来的，从鱼类的鳍到兽类的四肢，是动物进化的明显标志之一，如图 10-1 和图 10-2 所示。

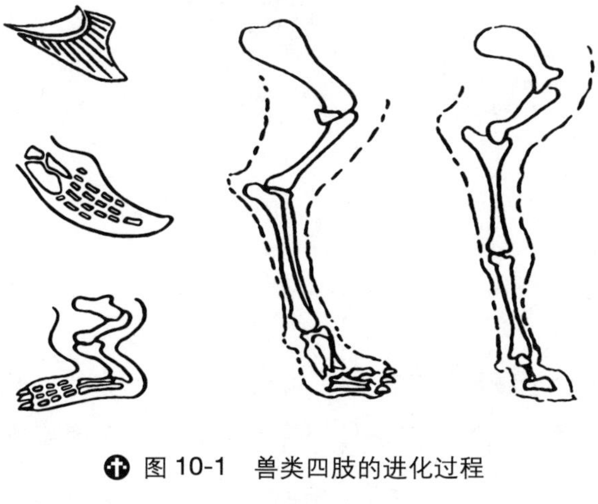

图 10-1 兽类四肢的进化过程

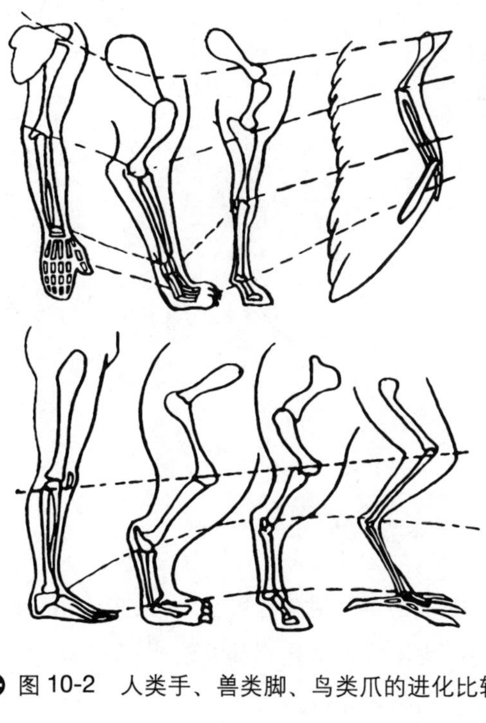

图 10-2 人类手、兽类脚、鸟类爪的进化比较

10.1.1 兽类的基本骨骼特征

兽类的行走是通过四肢的运动来完成的，但由于适应环境的需要，其四肢进化成各种不同的类型。跖行动

物的脚上都长着厚厚的肉，它们行走时脚掌全部着地，因此奔跑速度较慢。比如熊、猿猴等。趾行动物用四个脚趾行走，后肢的跖部与跟部永远是离地的，因此奔跑起来速度比较快。比如老虎、豹子、狗等。蹄行动物分为奇蹄和偶蹄两类，奇蹄类动物有马、驴、犀牛等，偶蹄类动物有牛、羊、鹿、骆驼等，它们是用变形的脚趾来行走，但由于体形和蹄行发展不同，其奔跑速度也不相同。由于马、鹿体形精干，四肢修长，因此跑得比较快。而体形比较肥胖的熊、河马却跑得比较慢，如图 10-3～图 10-5 所示。

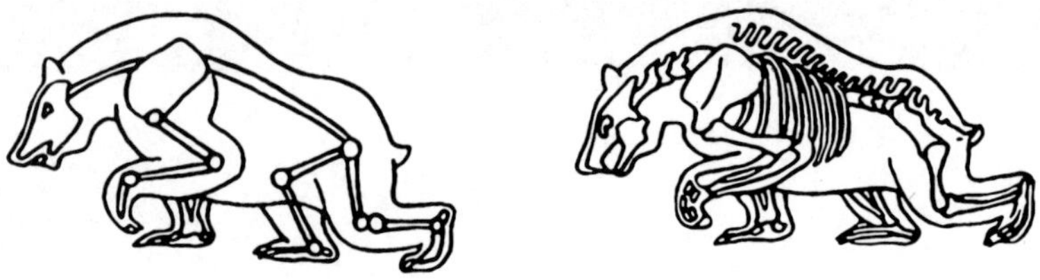

图 10-3　熊的骨骼特征

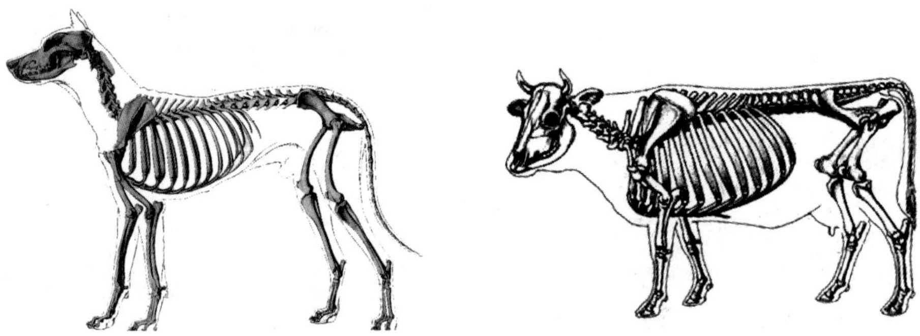

图 10-4　狗与牛的骨骼特征

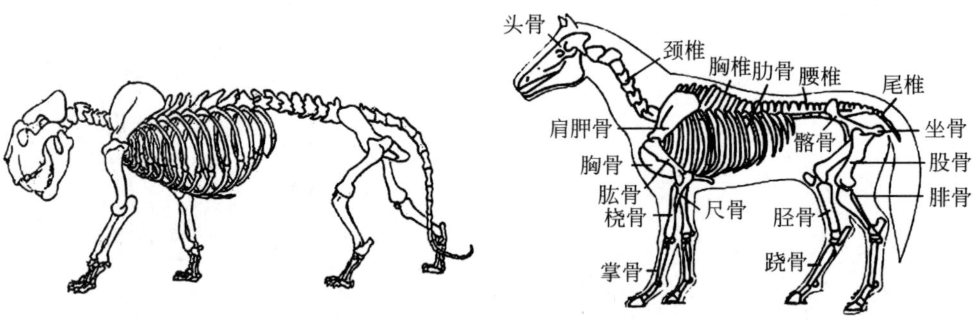

图 10-5　豹子与马的骨骼特征

10.1.2　走路

兽类的走路姿势也可参考人的走路姿势，所不同的是动物的上肢是趴下着地的，而人是直立行走的。因兽类的种类不同，其走路的方法也不一样，分为“对角线走法”和“一顺子走法”。不管如何走，还需要与角色的个性相吻合才行。

1. 基本运动规律及拍摄方法

（1）兽类对角线走路的基本运动规律

兽类大部分是用四条腿行走的“蹄行”或“趾行”的动物，如图 10-6 和图 10-7 所示。它们的运动规律可以分解为以下六点。

① 四条腿两分、两合，做左右交替并构成一个完步，即采用对角线换步的走路方式。如果开始起步的是右前足，那么对角线的左后足就要跟上，接着是左前足向前，然后是右后足向前走，这样就形成了一个完步。

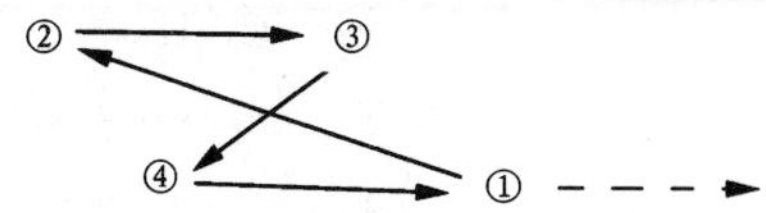

图 10-6　对角线走法

② 前腿抬起时，腕关节向后弯曲；后腿抬起时，踝关节朝前弯曲。

③ 走步时由于腿关节的屈伸运动，身体稍有高低起伏。

④ 走步时，为了配合腿部的运动，保持身体重心的平衡，头部会上下略微有点动，一般是在跨出的前脚即将落地时，头开始朝下点动。

⑤ 爪类动物因皮毛松软柔和，关节运动的轮廓不十分明显。蹄类动物关节运动就比较明显，轮廓清晰，显得硬直。

⑥ 兽类动物走路动作的运动过程中，应注意脚趾落地、离地时所产生的高低弧度。

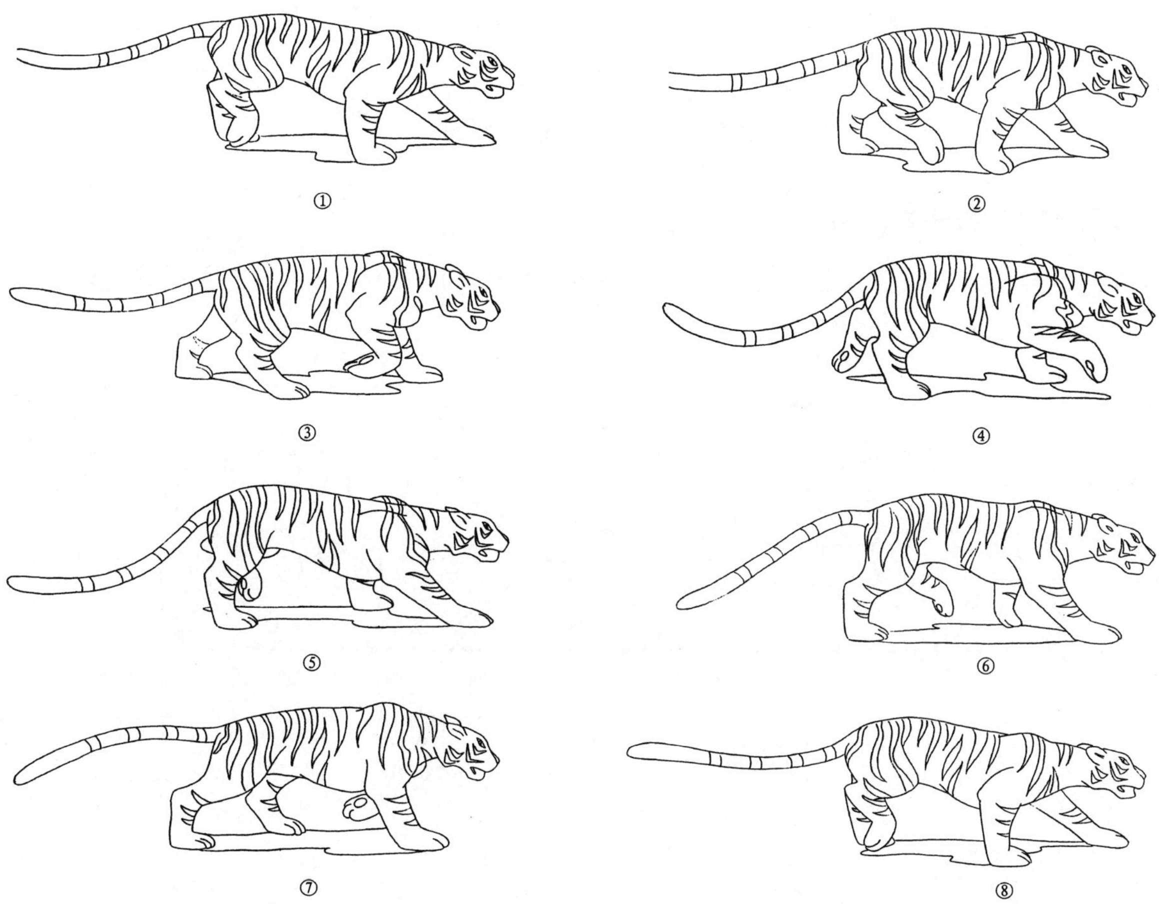

图 10-7　老虎的对角线走法

（2）兽类一顺子走路的基本运动规律

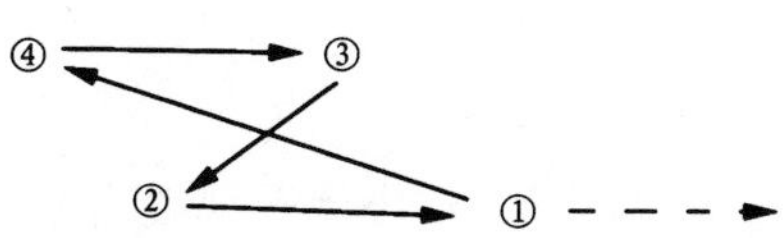

图 10-8　一顺子走法

兽类一顺子走路时，四条腿两分、两合，做左右交替，成一个完步。如果开始起步的是右前足，那么一顺子的右后足就要跟上，接着是左前足向前，然后是左后足向前走，又回到右前足，这样就形成了一个完步，如图 10-8 和图 10-9 所示。

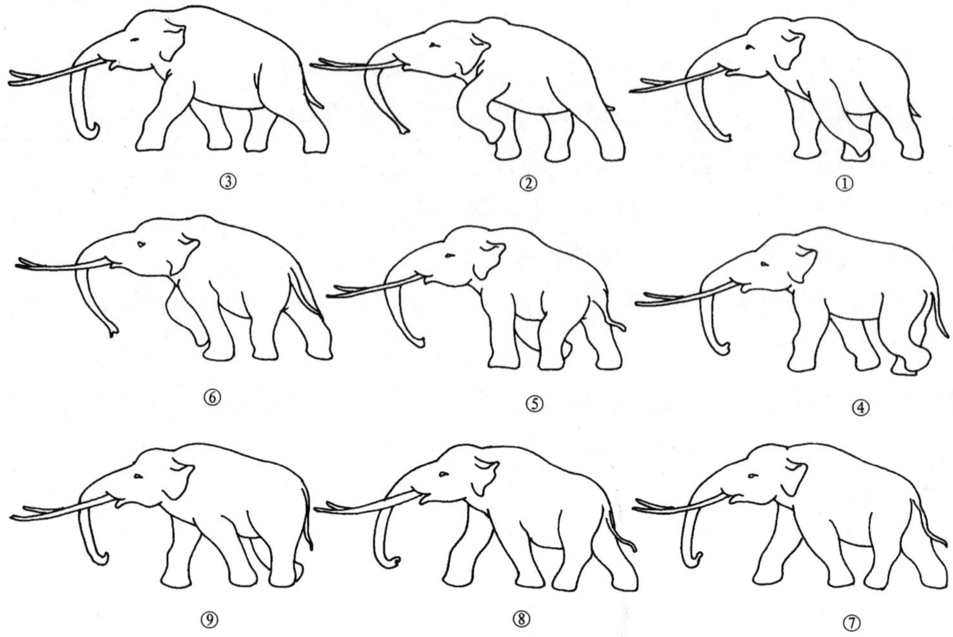

图 10-9　大象的一顺子走法

2. 不同角度的走路及拍摄方法

侧面走路要注意前腿部和后腿部在交替运动时肩部与臀部的相互变化，同时应把握上下的起伏运动，还要以剧情及角色性格为依据，如图 10-10 所示。

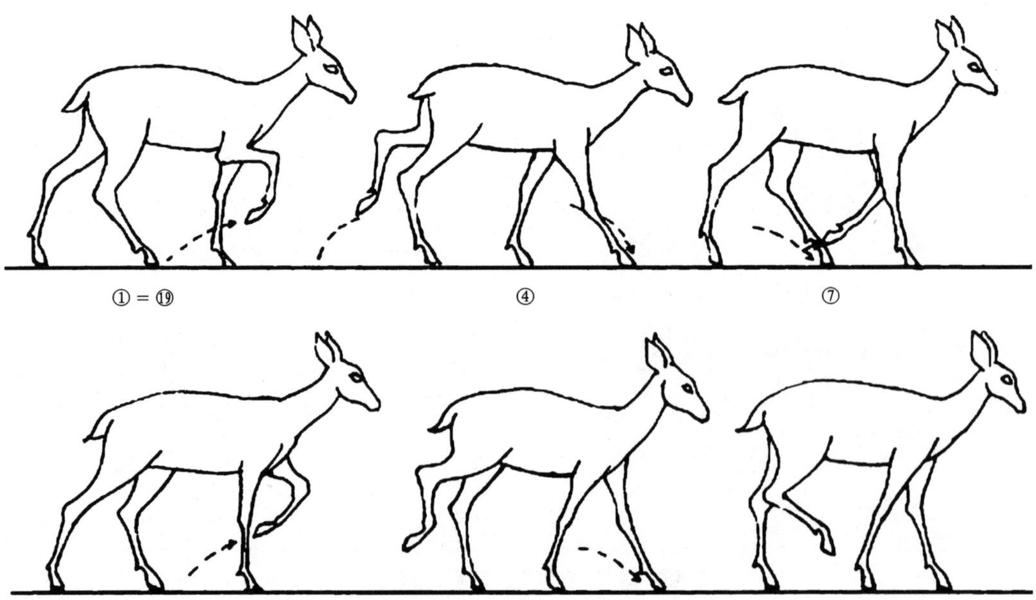

图 10-10　鹿的侧面走路

透视走路要注意整个动作应在透视线中进行，头部、肩部和臀部还应做相应的扭动，如出现透视线后面增高部分没有前面部分高的情况，这也是正常的，是由于透视的原因造成的，如图 10-11 所示。

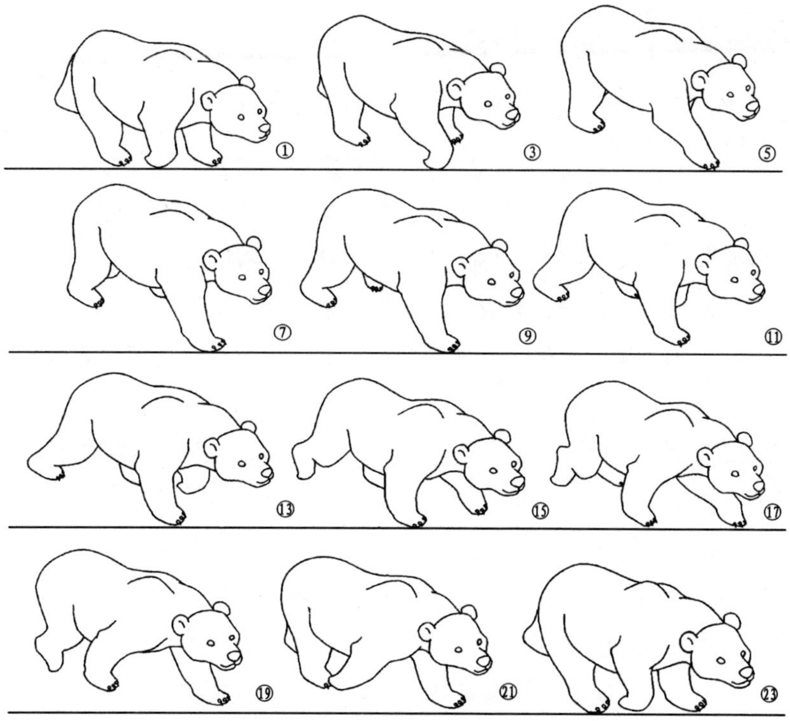

图 10-11　熊的侧面走路

背面走路要注意大的透视关系，肩部和臀部变化不大，摆动到前面的后脚一定要夸大，摆动到后面的前脚一定要变小，头部也随背面走而变小，同时上下的起伏运动比较明显，如图 10-12 所示。

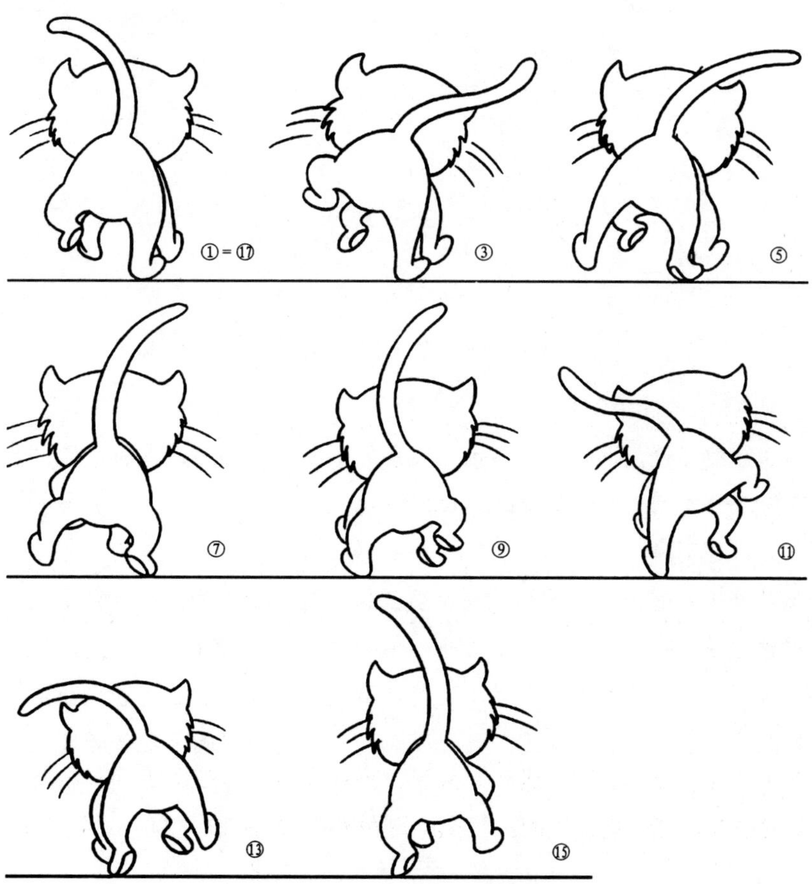

图 10-12　小猫的背面走路

10.1.3 跑步

1. 基本运动规律及拍摄方法

兽类动物在追逐捕食目标或逃避猛兽的追捕时，快速奔跑运动的基本规律可以分解成以下四点。

（1）动物奔跑运动基本规律与走步时四条腿的交替分合相似。但是，跑得越快，四条腿的交替分合就越不明显。有时就会变成前后各两条腿同时屈伸，四脚离地时只差一到两格。

（2）奔跑过程中，身体的伸展（拉长）和收缩（缩短）姿态变化明显（尤其是爪类动物）。

（3）在快速奔跑过程中，四条腿有时呈腾空跳跃状态，身体上下起伏的弧度较大。但在极度快速奔跑的情况下，身体起伏的弧度又会减小。

（4）奔跑的动作速度。一般快跑中间需要 11 ～ 13 张动画（如拍两格张数减半），快速奔跑为 8 ～ 11 张动画拍一格，特别快速飞奔为 5 ～ 7 张动画拍一格。

① 兽类小跑的运动规律（以鹿为例）

鹿的骨骼结构突出，体态轻盈优美。它在行走时，依照右前—左后—左前—右后的对角线换步规律。与慢走稍微不同的是，对角线的两足是同时离地、同时落地。四足向前运动时提得高，特别是前足提得较高一些。身躯前进时要有弹性，对角两足运动成垂直线时身躯最高，成倾斜线时身躯最低。动作的节奏是两头快中间慢，如图 10-13 所示。

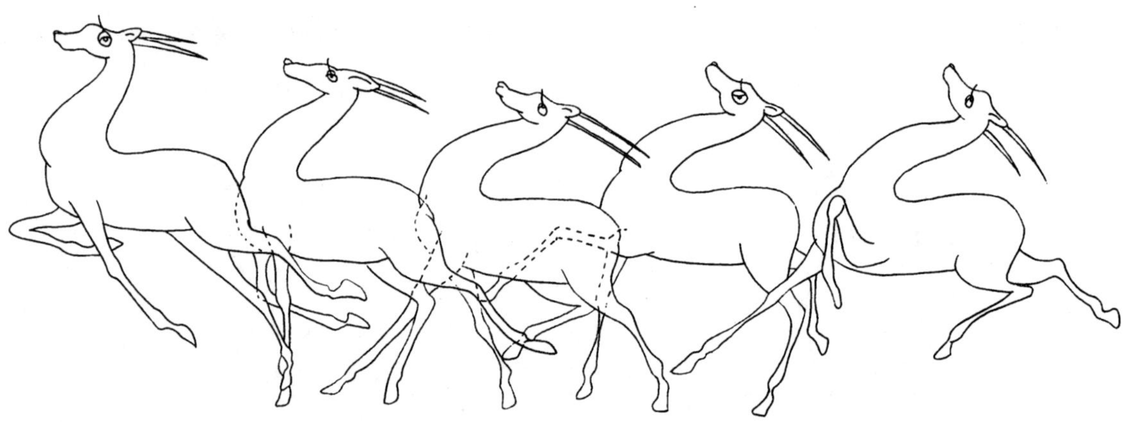

图 10-13　小鹿的小跑

② 兽类大跑的运动规律（以鹿为例）

大跑的步法不用对角线的步法，而是左前右前，左后右后交换的步法。这种大跑的步法，步子跨出的幅度比较大，第一个起点与第二个落点之间的距离比较长，时间是每秒两个完步，如图 10-14 所示。

③ 奔跑的运动规律（以鹿为例）

鹿在奔跑时，极具节奏感，躯干的收缩与伸展幅度变化明显。由于鹿比马身体更轻，弹跳能力也更好，所以在奔跑的过程中鹿的速度更快，滞空的时间也更长。由于速度快，鹿在奔跑的过程中，四足的交替不明显，通常表现为前足短暂交替，落地后身体收缩至最小，前足离地的瞬间，后足迅速交替落地发力，前足抬起至最高点时前伸，身体随即充分伸展，后足蹬地腾空至最高点，下落时前足向下准备着地如此往复，速度大约是每秒三个循环，如图 10-15 所示。

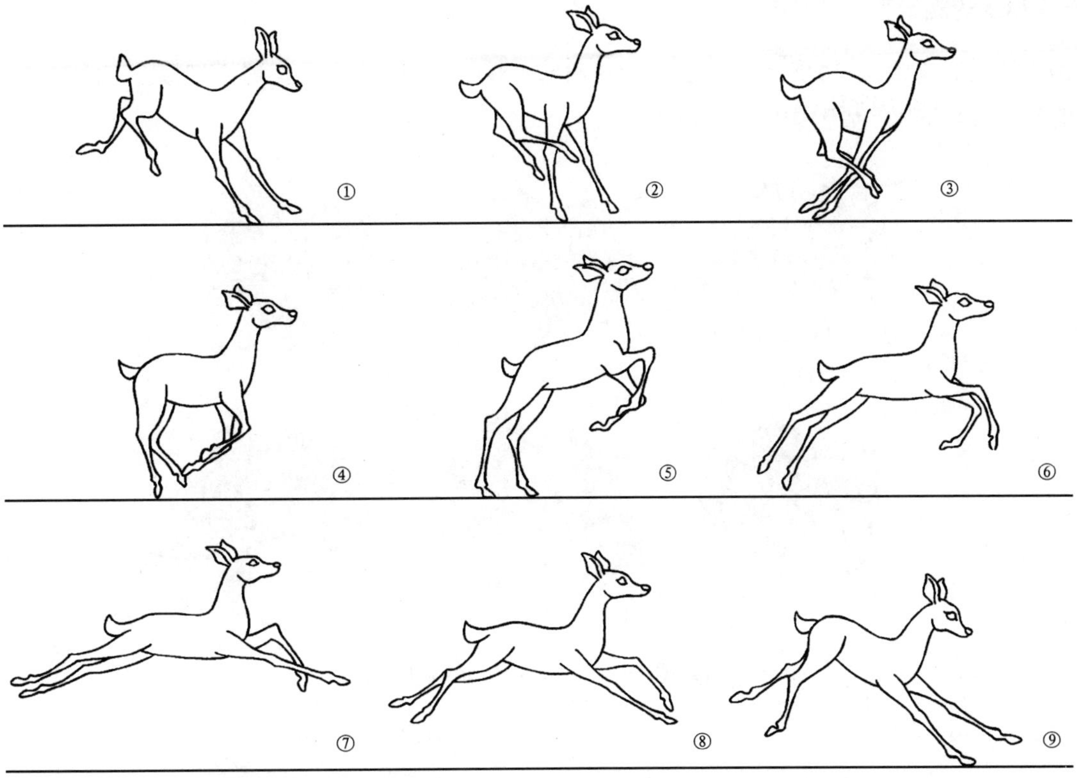

图 10-14　小鹿的大跑

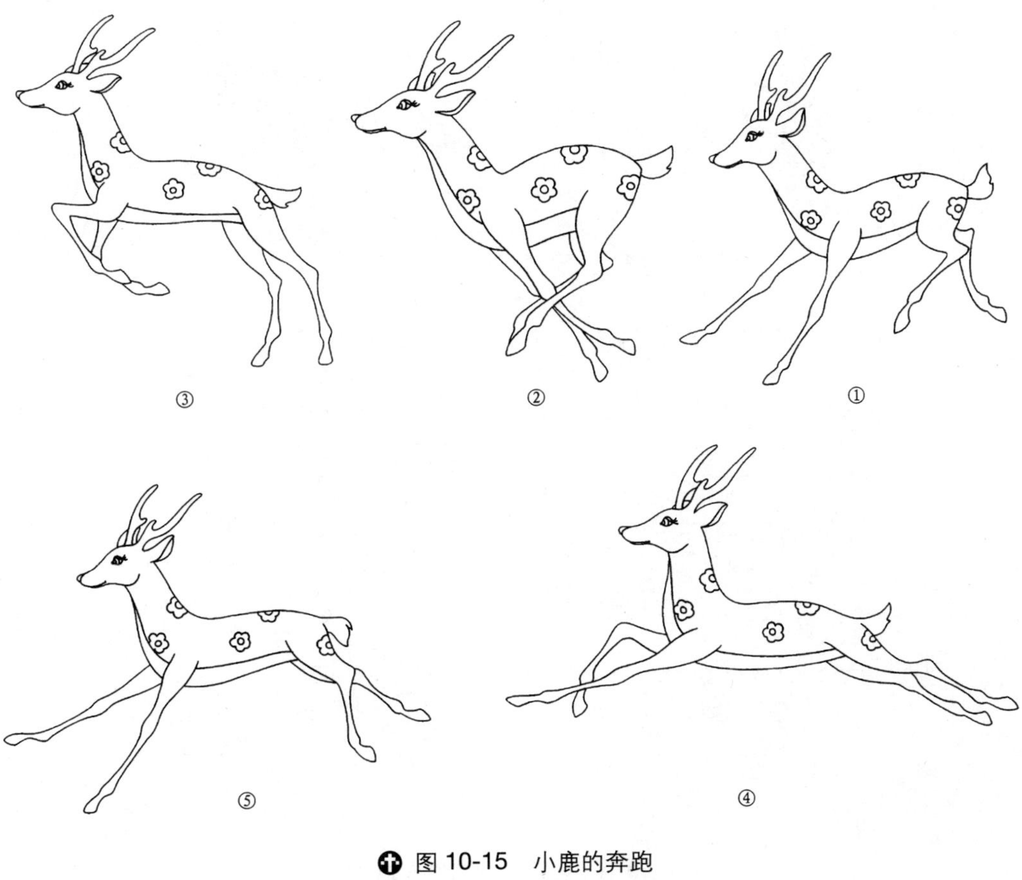

图 10-15　小鹿的奔跑

2．不同角度的跑步及拍摄方法

侧面跑步要注意前腿部和后腿部在交替运动时肩部与臀部的相互变化，同时应把握上下的起伏运动，还要以剧情及角色性格为依据，如图 10-16 和图 10-17 所示。

图 10-16　犀牛的 3/4 侧面跑

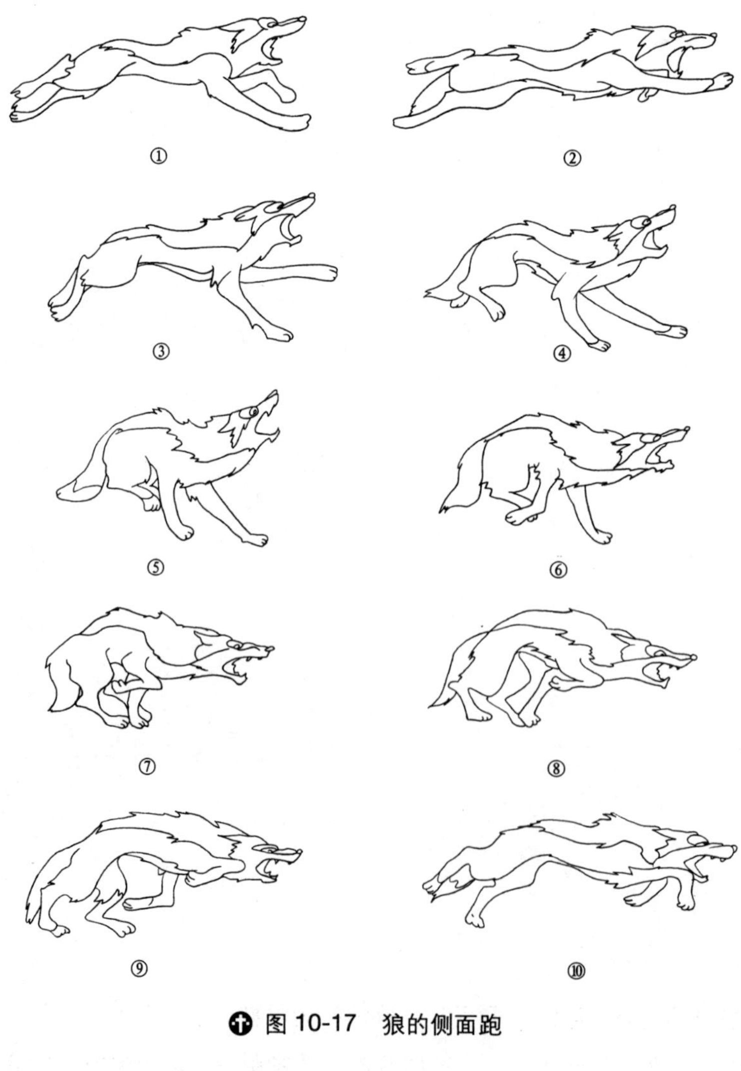

图 10-17　狼的侧面跑

正面跑步要注意大的透视关系，运动到前面的脚一定要放大，运动到后面的脚一定要变小，由前腿部与后腿部的交替运动来带动肩部与臀部相互扭动，同时上下的起伏运动比较明显，有极强的冲击力，如图 10-18 所示。

图 10-18　狗的正面跑

透视跑步要注意整个动作应在透视线中进行，头部、肩部和臀部要做相应的大幅度扭动，可能出现透视线后面增高部分没有前面部分高的现象，这也是正常的，是由于透视的原因造成的，如图 10-19 所示。

图 10-19　狼的透视跑

10.1.4　跳跃

兽类动物的腿部有很强的力量，可以跳得很高。着地时为保持重心，头和脖子需向后移，跳跃时，身体的重心向前，头向前弯与身体几乎成为一条直线，前腿收起，呈发射状，后腿发力，像弹簧一样离开地面。

1. 基本运动规律及拍摄方法

兽类的跳跃要遵循三个环节，首先是预备动作，身体屈缩后腿向后蹬出；其次是腾空动作，在空中要掌握平衡，调整姿态；最后是落地时的缓冲动作，着地不能马上站立，要做还原等姿势方能站稳，如图 10-20 和图 10-21 所示。

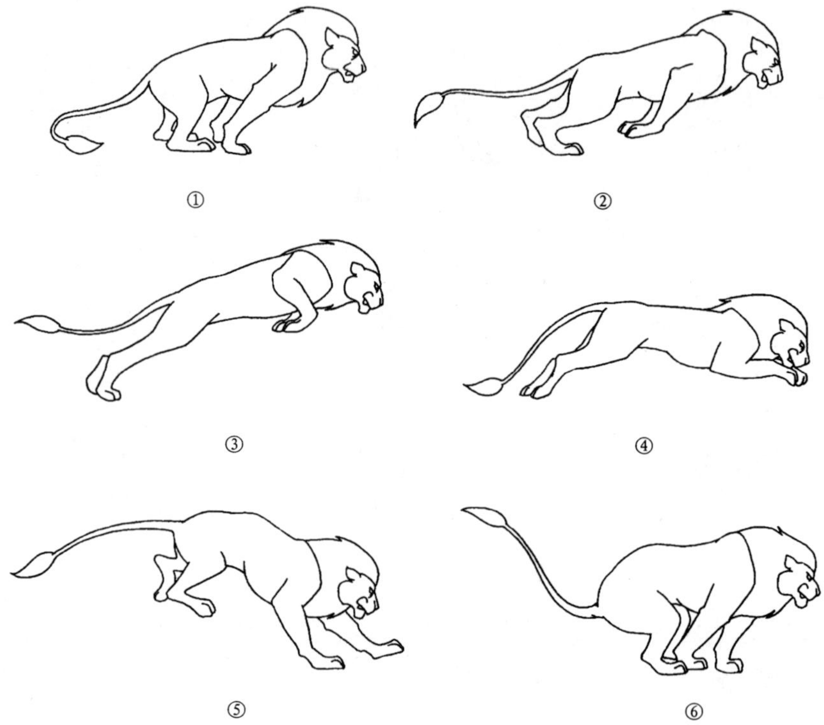

图 10-20 狮子的跳跃

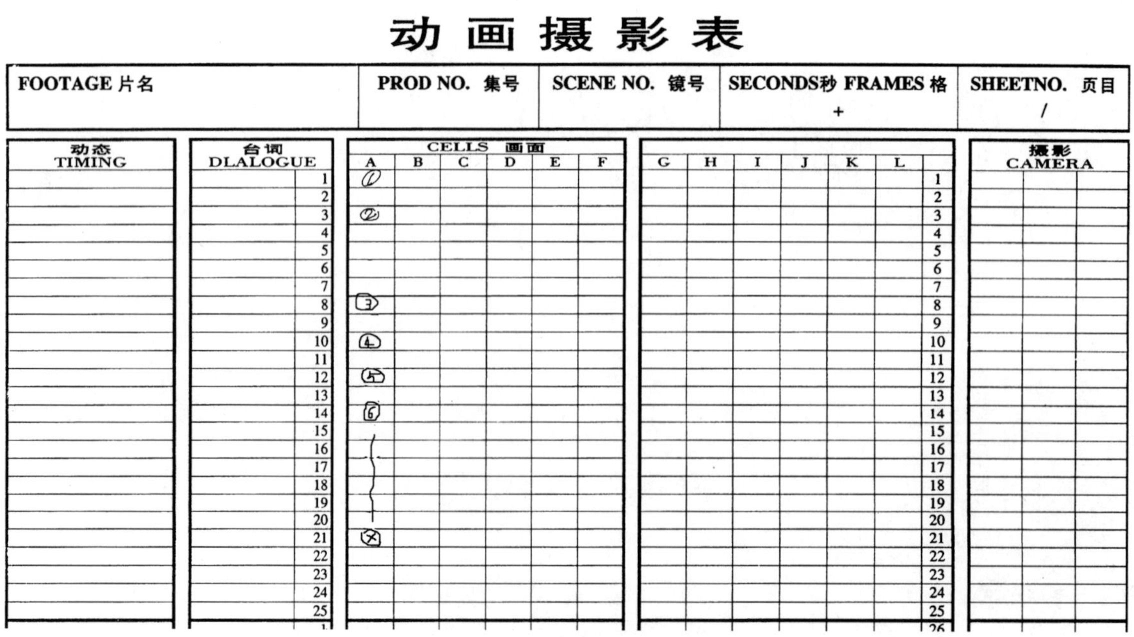

图 10-21 狮子跳跃的摄影表

2. 不同动物的跳跃

在动画片中，不同的动物有不同的性格特征，根据剧情和导演的意图会有不同的跳跃方法，这要在具体实践中加以体会，如图 10-22 和图 10-23 所示。

图 10-22 猫扑食的跳跃动作

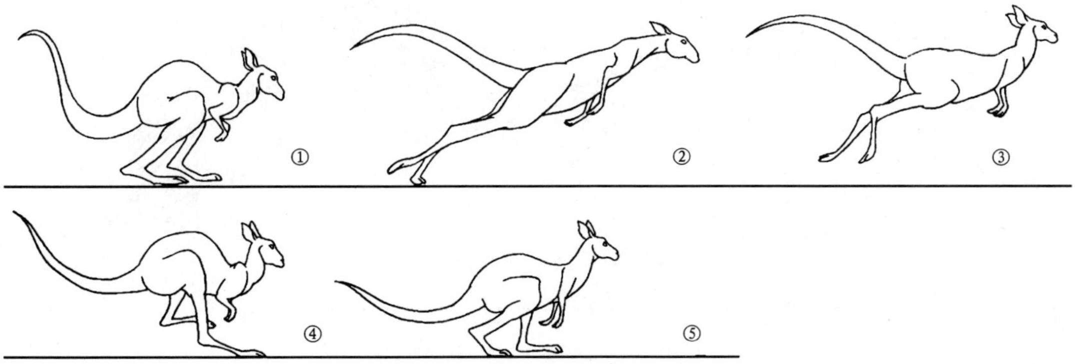

图 10-23 袋鼠的跳跃

10.2 禽鸟类

考古学认为，鸟类是由爬行动物进化而来的，现已遍布全球，凡是适宜动物生存的地方都可找到鸟类的踪迹。全世界的鸟类有八千多种。鸟类的共同特征是“会飞”，但“会飞”的不一定都是鸟类，许多昆虫都能飞，甚至有些哺乳动物也能飞。在不断的进化过程中，有些鸟类已丧失了翼的功能，比如鸵鸟、企鹅等。有些鸟类经过人类长期的饲养，逐渐变成家禽，比如鸡、鸭、鹅等。

10.2.1 禽鸟的基本结构特征

鸟类的飞行活动，是它们赖以适应环境、维持生命的重要手段。鸟类能够飞行，是由于它们有一个特殊构造的身体。

1. 羽毛

羽毛是构成鸟类飞行的重要因素，一根羽毛的重量很轻，却非常光滑坚韧。主轴两旁斜长着两排平行的羽枝，羽枝的两旁又长着许多长纤毛，纤毛的两旁又有许多微细的小钩相互勾连，这样就使得羽枝可分可合，成为能够调节气流的特殊材料，如图 10-24 所示。

图 10-24 鸟的羽毛

2. 羽翼

羽翼是前圆后薄，为鸟的飞行制造了动力。所有的主要羽翼都重叠起来，用力下划时，能压迫空气产生推力。向上回收时，主要羽翼松散开来，又使空气易于流过，如图 10-25 所示。

图 10-25 鸟的羽翼

3. 骨骼

鸟的全身骨骼的重量是相当轻的，鸟骨中间是空的，表面看起来很脆弱，其实是非常坚硬结实的，如图 10-26 所示。

图 10-26　鸟的骨骼

4. 气囊

鸟类的气囊是其他动物所没有的。这些像小气泡一样的气囊能在体内各个部位活动，甚至能通到中空的骨头里，这就使得鸟在飞行时能够利用吸入的空气来增加浮力，因此，鸟飞翔起来就非常容易，如图 10-27 所示。

图 10-27　鸟的飞行

10.2.2　禽鸟的运动规律

1. 飞翔

鸟类是一个复杂奇妙的物种，能够在天空中飞翔是它们的一大特征。鸟在飞行过程中身体保持流线型，腿部紧贴身体。翅膀上下扇动，身体随之起伏变化，翅膀向下时两翅羽毛之间逐渐紧密闭拢，获得最大的上升力，身体依靠气流向上；翅膀向上时，翅膀部分折叠，两翅羽毛像叶片似的逐渐分开，让空气从间隙穿过，身体开始向下，如图 10-28 和图 10-29 所示。

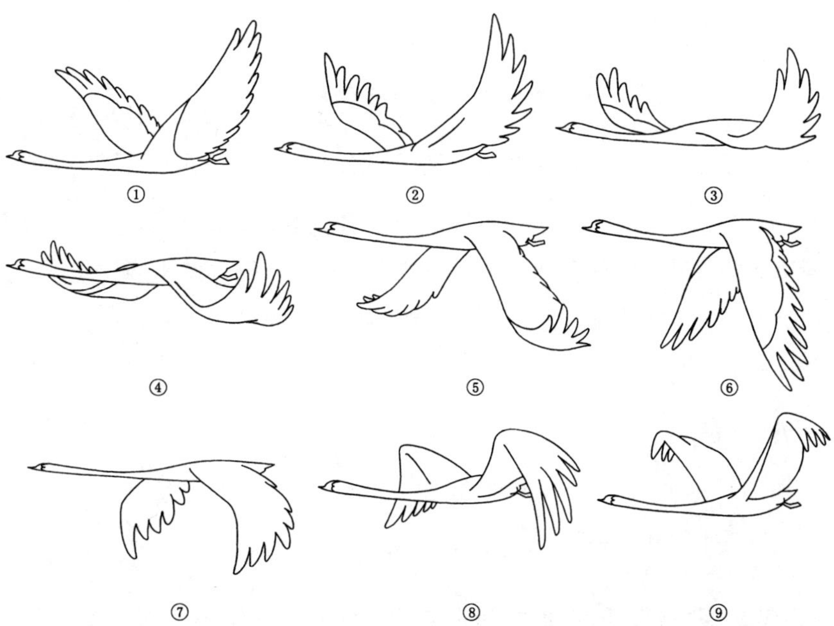

图 10-28　天鹅的飞翔（一）

图 10-29　天鹅的飞翔（二）

2. 滑翔

体形较大的鸟，例如鹰、仙鹤等，由于它们两翅较大，扇翅动作缓慢，所以会依靠风力和借助气流来飞行，多数体形较大的鸟几乎不震动翅膀即可在天空滑翔，迎风上升，缓慢地滑翔下降，然后借助气流再上升来实现飞行，如图 10-30 所示。

图 10-30　大雁的滑翔

3. 振翼

体形较小的鸟，例如鸽子、麻雀等，由于翅膀较小，它们不像大鸟那样能靠巨大的翅膀利用空气的阻力来飞行，所以翅膀扇动频率较快，动作快而急促，有时还会有短暂的停顿，由于扇动动作快，往往不容易看清翅膀的动作过程，它们在空中常是夹翅飞蹿，如图 10-31 所示。

图 10-31　鸽子落地时的振翼

4. 走、跳

鸟类行走型（如仙鹤）走路缓慢和跳跃型（如麻雀）是靠双脚跳跃前进的。

有的鸟类经过人类长期饲养后逐渐变成了家禽。家禽的生理特征与鸟类大体相同，但是它们飞翔的能力已经基本退化，只能作短距离飞行，如图 10-32 和图 10-33 所示。

图 10-32　公鸡走路的动作

图 10-33　麻雀跳的动作

10.3 鱼类

鱼是一种生活在水中、靠鳃来呼吸、用鳍来行动的脊椎动物。同样，鱼类也是我们的好朋友，并在动画片中经常出现。

10.3.1 鱼类的基本结构特征

鱼类的体型是适应水下环境的一个非常重要的条件，也是决定不同鱼类不同运动方式的一个关键因素，如图 10-34 所示。

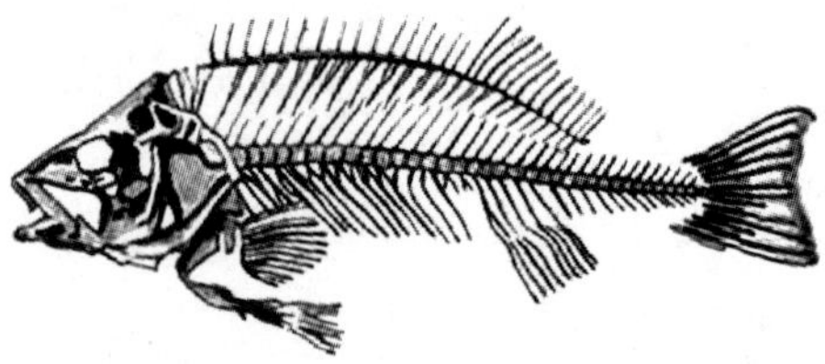

图 10-34 鱼的结构特征

鱼的体型是根据鱼体的三个体轴的长短比例来确定的，从头到尾称为头尾轴，从背到腹称为背腹轴，从左到右称为左右轴。以这三个体轴的长短比例来划分，可分为四种类型，即纺锤形、侧扁形、平扁形和棍棒形。

纺锤形是鱼类的标准体型。整个鱼体中间大、两头尖，这种鱼体基本上是流线型的，能经得起水的压力，在水中游时阻力小，因此游泳速度快、动作灵活，如图 10-35 所示。

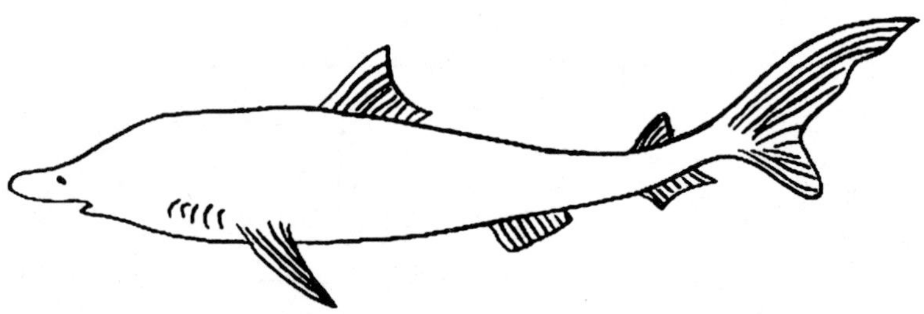

图 10-35 纺锤形鱼的结构特征

侧扁形鱼的头尾轴较短，背腹轴较长，左右轴最短。这类鱼体的动作迟钝、速度较慢，如图 10-36 所示。

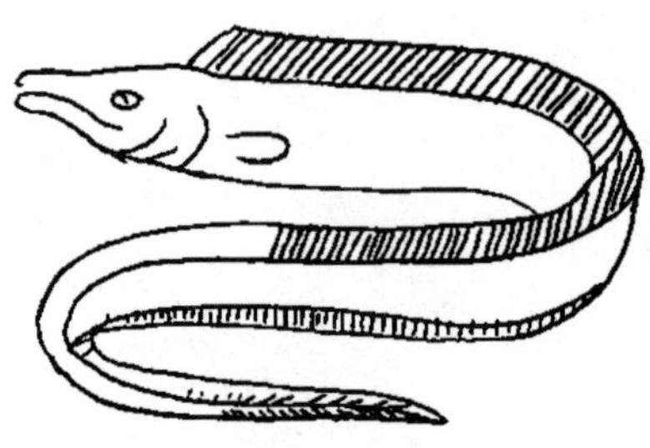

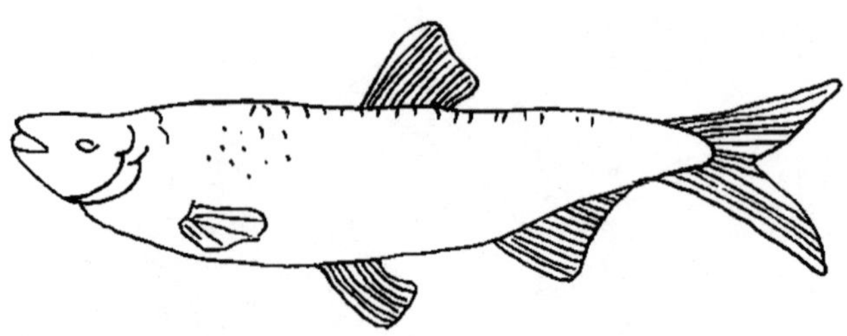

图 10-36 侧扁形鱼的结构特征

平扁形鱼的背腹轴很近，左右轴较长，两侧有连在一起的体盘，游动缓慢，如图 10-37 所示。

棍棒形鱼的头尾轴特别长，背腹轴和左右轴较短。体型呈圆棍形，这类鱼无鳞，身上特别黏滑，适合于钻泥入穴，动作较慢，如图 10-38 所示。

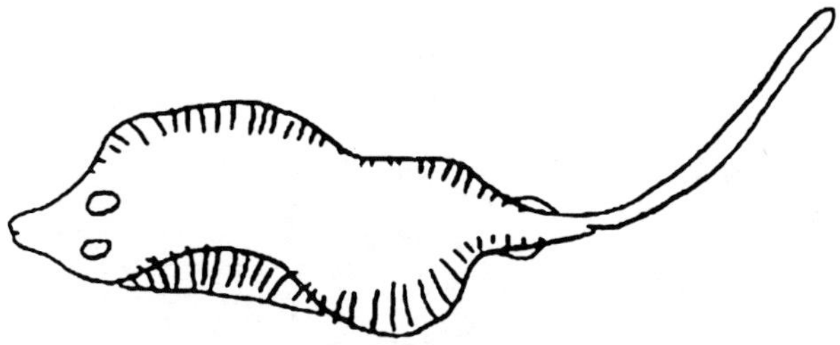

图 10-37 平扁形鱼的结构特征

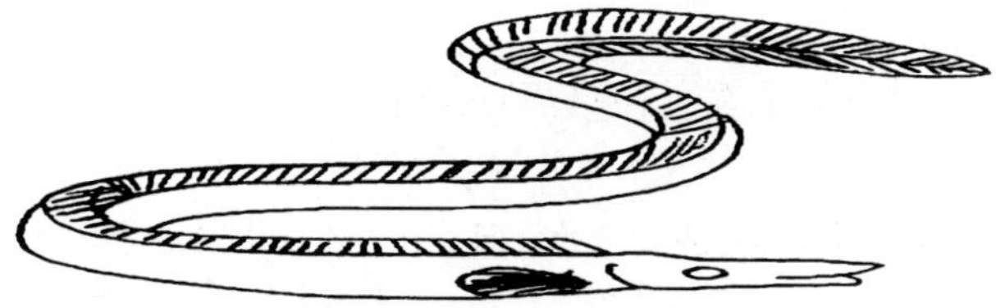

图 10-38 棍棒形鱼的结构特征

10.3.2 鱼类的运动规律

1. 影响鱼类运动的几种因素

（1）肌肉交替伸缩使身体左右摆动

鱼在开始游动的时候，首先是身体前部一侧的肌肉先行收缩，使头部偏向另一侧，这样身体两侧有规律的交替伸缩运动所产生的力向鱼的身体躯干、尾部传递过去，就形成了一个波浪式的运动方式，它属于曲线的运动规律。头部的轻微摆动，就能促成尾部有力的摆动，从而产生一种推力，动作持续循环下去，鱼体就能向前游动，如图 10-39 所示。

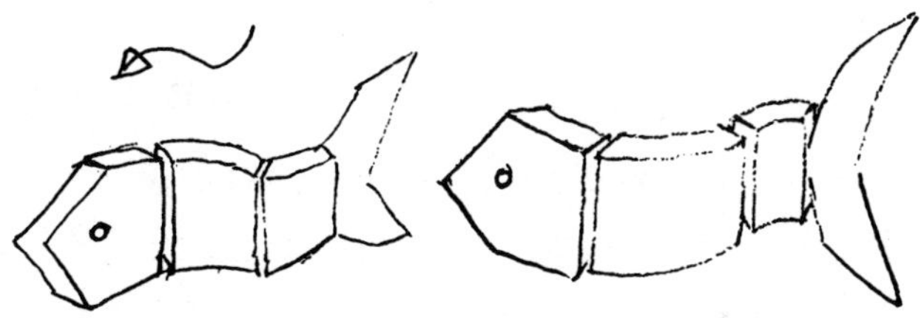

图 10-39 鱼的肌肉交替伸缩使身体左右摆动

（2）鳍的摆动

鱼的鳍在鱼游动时起着平衡稳定的作用，有些长体鱼类的长行背鳍和臀鳍的前后波浪运动，也可以推进躯体缓慢前进。

尾鳍常和尾部肌肉左右交替收缩相配合，起推动鱼的身体前进和掌握游动方向的作用。胸鳍和腹鳍的作用是保持平衡，还配合鱼体转身，调整鱼体的升降。另外胸鳍还能像双桨一样摆动，可以使鱼体缓慢前进。

（3）腮孔向后喷水

鱼的腮长在头部，除了呼吸作用外，还起着推动鱼的身体前进的作用。

2. 几种鱼类的运动方式

如图 10-40 ～图 10-42 所示。

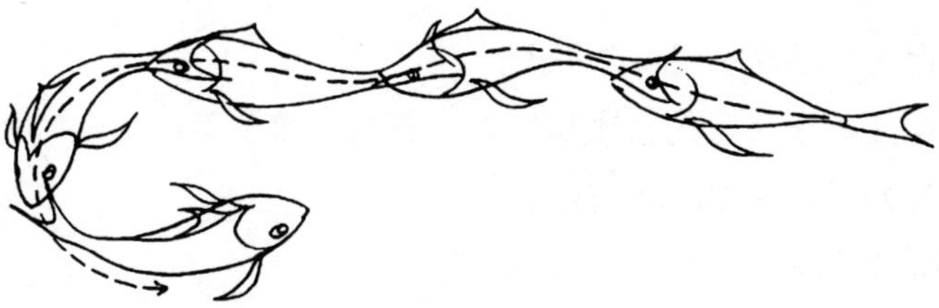

图 10-40 鲤鱼的游动

图 10-41 青鱼的游动

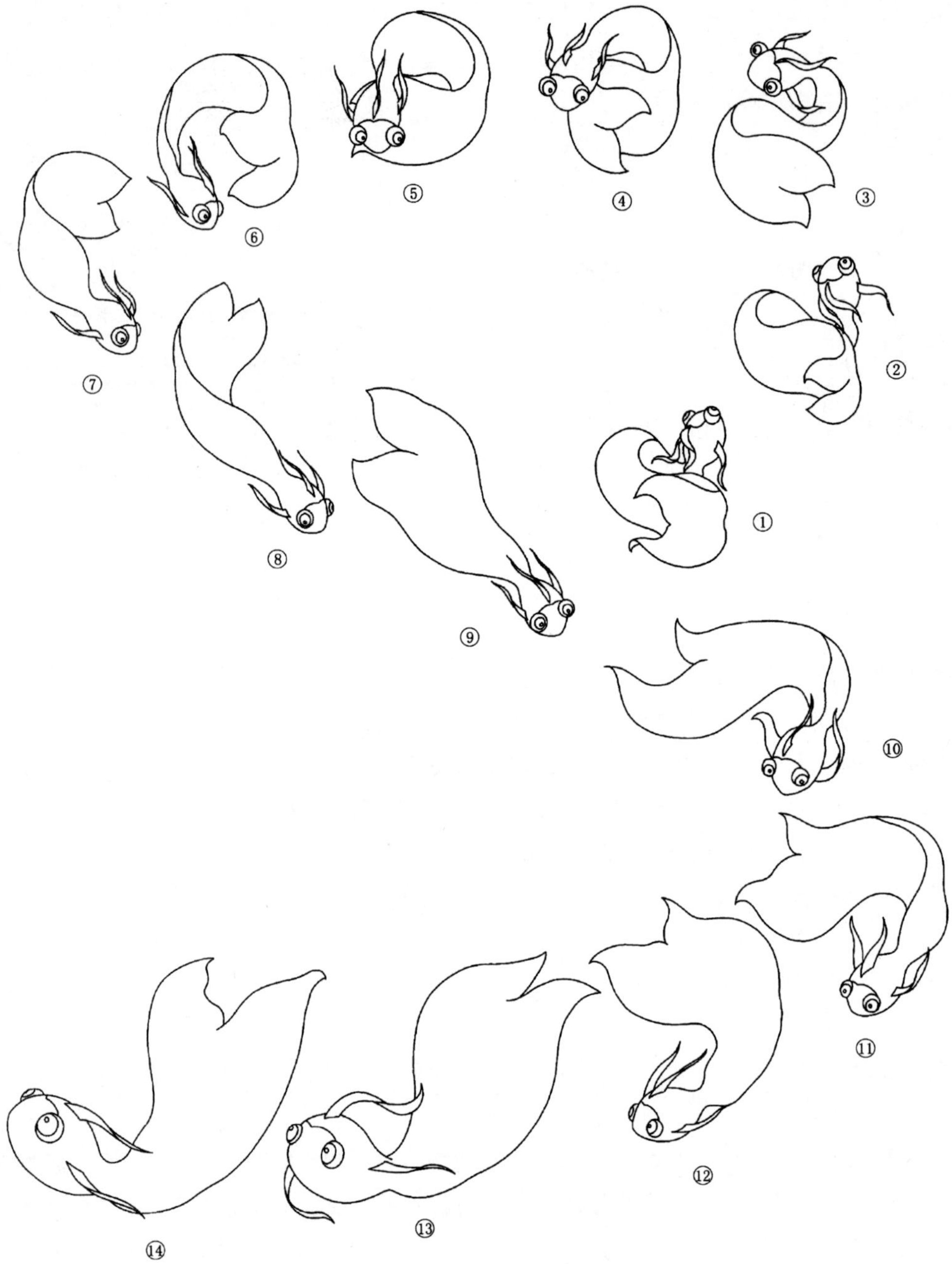

图 10-42　金鱼的游动

10.4　昆虫类

昆虫属于无骨骼的节肢动物，日常生活中较常见，但在动画片中用得并不多。

昆虫种类繁多，我们常见的昆虫可分为两大类：一类是善于飞行的，比如蝴蝶、苍蝇、蚊子等；另一类是不善于飞行的，以爬行为主的，比如蚂蚁、甲虫等，如图 10-43 图 10-44 所示。

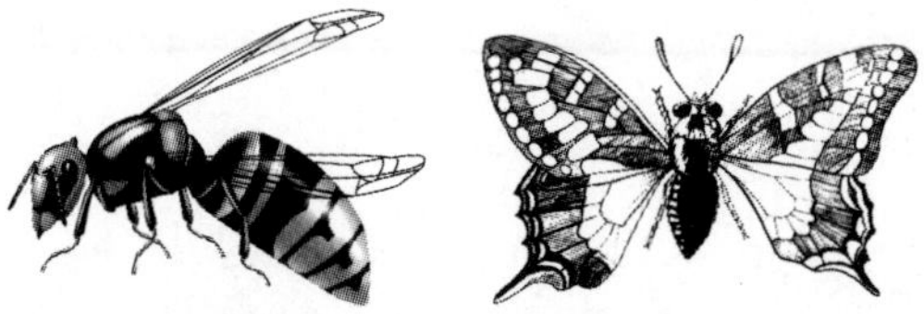

图 10-43 飞行类昆虫

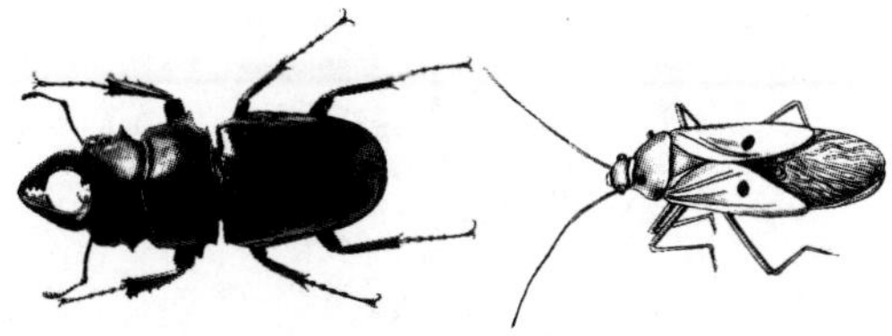

图 10-44 爬行类昆虫

10.4.1 飞行类昆虫的特征及运动规律

1. 飞行类昆虫的特征

飞行类昆虫的共同特征是振翅飞行。飞行时振翅频率快，速度也快。在动画中，翅膀运动一般用残影虚线来表现，如图 10-45 所示。

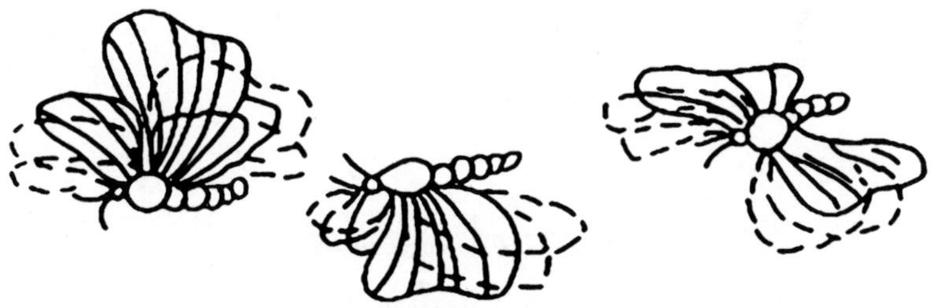

图 10-45 飞行类昆虫的振翅运动

2. 飞行类昆虫的运动规律

有的昆虫飞如射箭，也有的飞若飘摇，还有的飞在空中时，翅膀会处于不动状态。如蝴蝶，由于支撑翅膀的身体很轻、很小，在飞行中会随风飘荡，翅膀的阻力很大，风大时翅膀不动，飞行路线多弯曲，每当它上下扇翅时特别激烈，感觉像是翩翩起舞的样子。而苍蝇的飞行路线却弯曲较少，较平直，速度也很快。

飞蛾的身体比较大而重，翅膀的振动次数比蝴蝶多。蜜蜂在飞行时人们是观察不到它的翅膀的清晰形貌的，呈现于眼前的只是出于振幅范围的虚影。在绘制此类动画时，只需画出一张开翅和一张落翅的逐个连续动作，翅内着白色或透明，翅外加虚影流线即可。

由于蜻蜓、蜜蜂的翅膀是一种膜，而且扇动频率很快，所以我们在画这类动画时，只需画两张翅膀的上、下运动再加虚影线即可，如图 10-46 和图 10-47 所示。

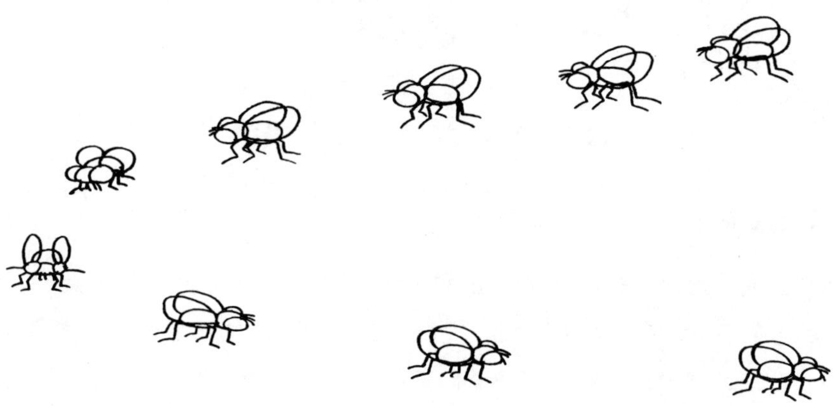

图 10-46 苍蝇的运动

图 10-47 蚊子的运动

10.4.2 爬行类昆虫的特征及运动规律

1. 爬行类昆虫的特征

爬行类昆虫一般不善飞行，它们大多生有六足，有些没有翅膀，只能靠六足爬行来移动。由于它们的六足都长在胸廓下部，每爬一步都要以中足作为支点稍加转动，因此，它们爬行时一般不按直线前进，而是曲折前进的。有些昆虫是善跳的，比如蟋蟀、蚱蜢、螳螂等，这类昆虫，它们的六足是不平衡的，前四足较小，后两足特别粗壮而有力，非常善于跳跃。它们的跳跃一般是呈抛物线运动，如图 10-48 所示。

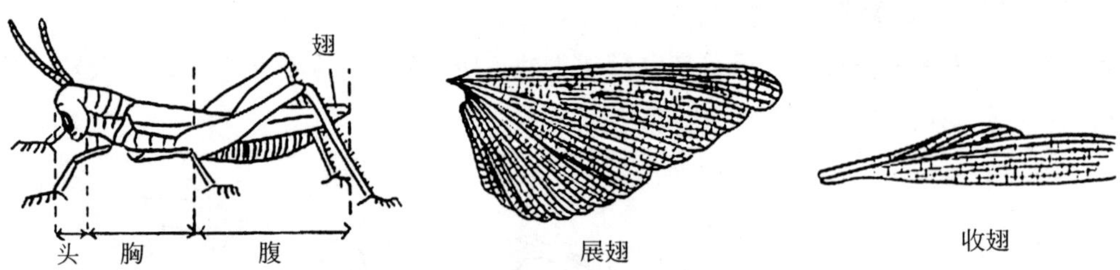

图 10-48 蝗虫的运动结构特征

2. 爬行类昆虫的运动规律

爬行类昆虫的运动方式是把六只胸足分成两组互换步法进行的，是按三角形分组的，即左前足，右中足，左后足为一组；右前足，左中足，右后足为一组。每爬一步，由一组的三足形成三脚架把身体支撑着，另一组的三足同时向前迈步，左、右两组不断地交换着向前移动。如甲壳虫生有六足，爬行时，六足的跨步次序是分对轮换交替而行。当第一对跨步完，接着是第二对，再是第三对，然后又是第二对，如此循环进行，如图 10-49 ～图 10-53 所示。

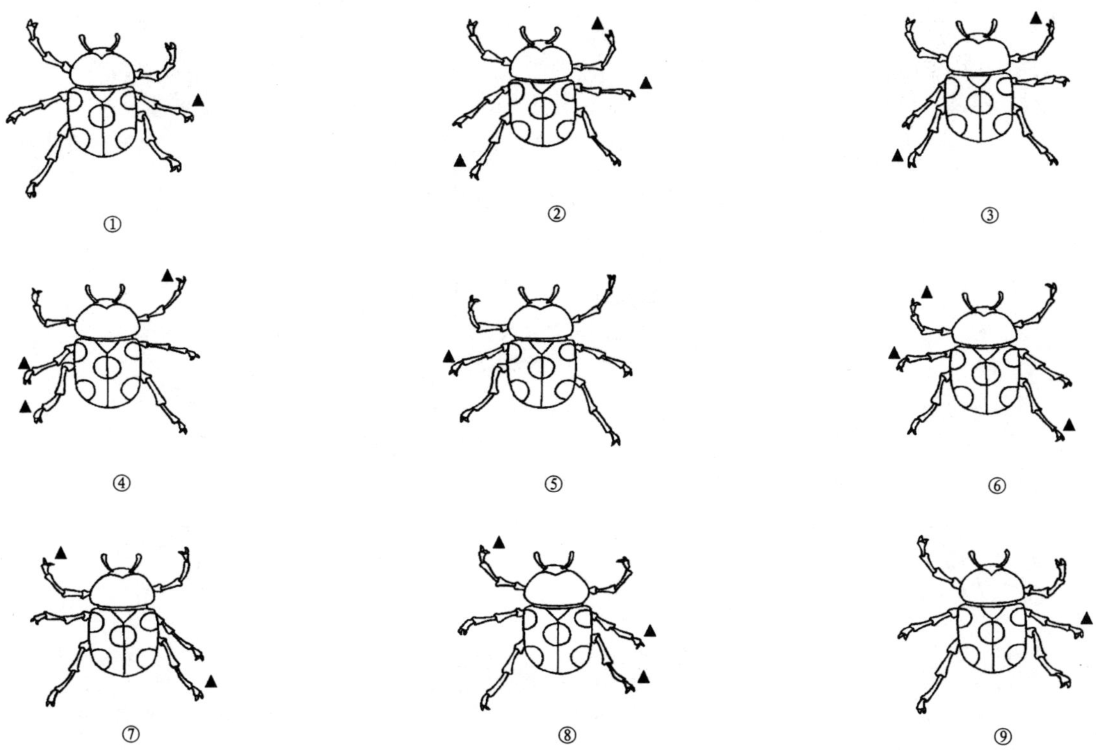

图 10-49　甲虫的运动规律

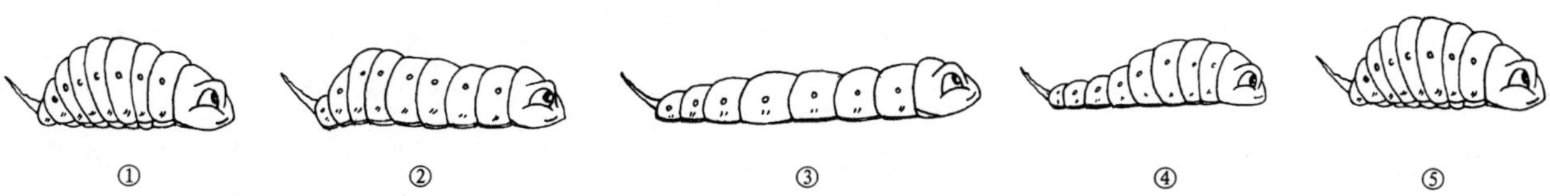

图 10-50　毛毛虫的运动规律

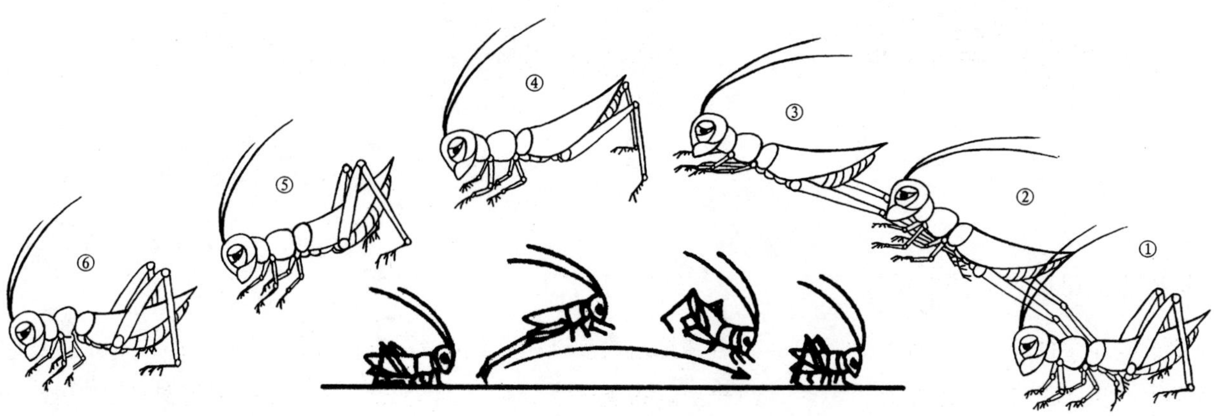

图 10-51　蚱蜢的运动规律

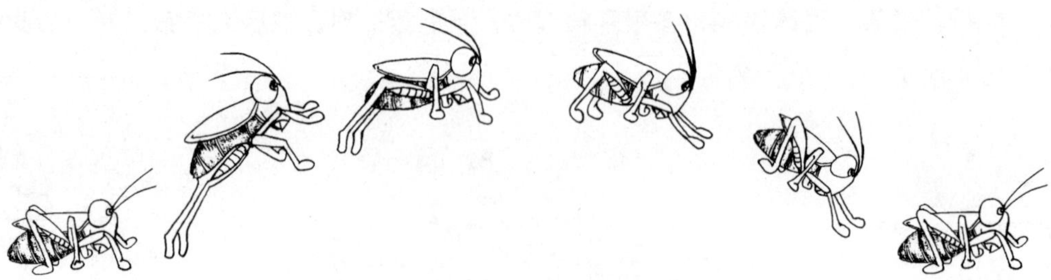

图 10-52　蟋蟀的运动规律

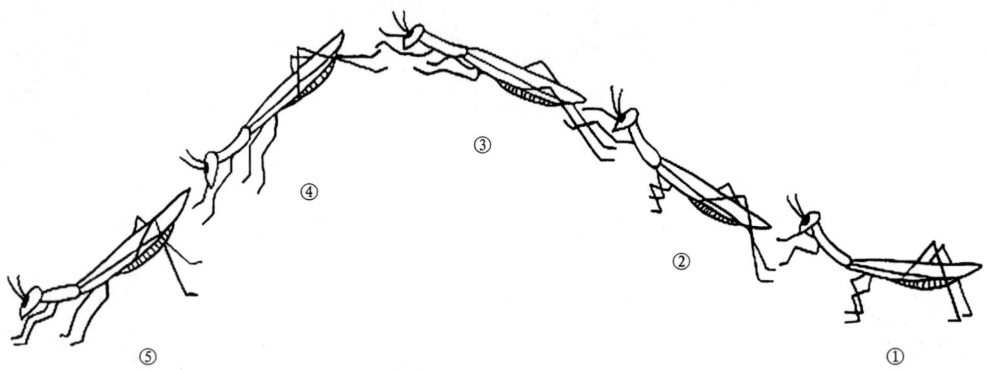

图 10-53　螳螂的运动规律

第 11 章 自然现象运动规律

在日常生活中，自然现象是我们经常见到的，也是现实生活中不可缺少的事物。尤其在动画片中，出现的频率很高，不论是烘托气氛、表现情绪还是作为拟人化的角色，它都能引起我们的注意，并起到伏笔的作用。这就使我们在动画制作时必须要掌握自然现象的运动规律。接下来就着重学习研究几种常见的自然现象。

11.1 自然现象在动画片中的作用

动画片中出现的自然现象包括刮风、打雷、下雨、烟、火和云雾等，少数自然现象可以采用特技和电脑特技的办法来处理，大多数还需要原、动画人员一张张画出来。那么，自然现象在动画片中的作用表现在哪两个方面呢？一方面是表现特定的环境气氛，以烘托片中人物的性格特征和各种心理活动。它们作为背景对剧情起着毋庸置疑的衬托作用。比如，神话题材中经常会出现腾云驾雾、雷鸣闪电的景象；现代题材中，主人公喜怒哀乐的各种情绪也往往借助风、雨来渲染表现。像用狂风暴雨、乌云翻滚来表现环境变化的同时，也预示着主人公有什么危险和不幸的事情要发生。而风和日丽、红日当空同样也表现了一种环境气氛，但这种环境给人一种心情舒畅、愉快之感，从而预示着主人公心情不错或有什么意想不到的好事要发生。自然现象这种对环境和人物心理活动的烘托作用，如果用得好，可使观众在心理上产生一种感觉，这种感觉是内在的，从本质上能抓住观众的心；如用得不好，则会适得其反，使观众产生反感的情绪。另一方面，是用在童话、寓言故事和动画小品中的自然现象，它们往往是作为一种拟人化的角色出现。不仅对剧情起着烘托作用，而且可塑造成有生命的东西。跟人的感情一样，有喜怒哀乐。这种情况下，它们就被赋予了人的性格和动作特征，而不再受其本身运动规律的限制，可以有更大的发挥想象和夸张的余地。如图 11-1 所示。

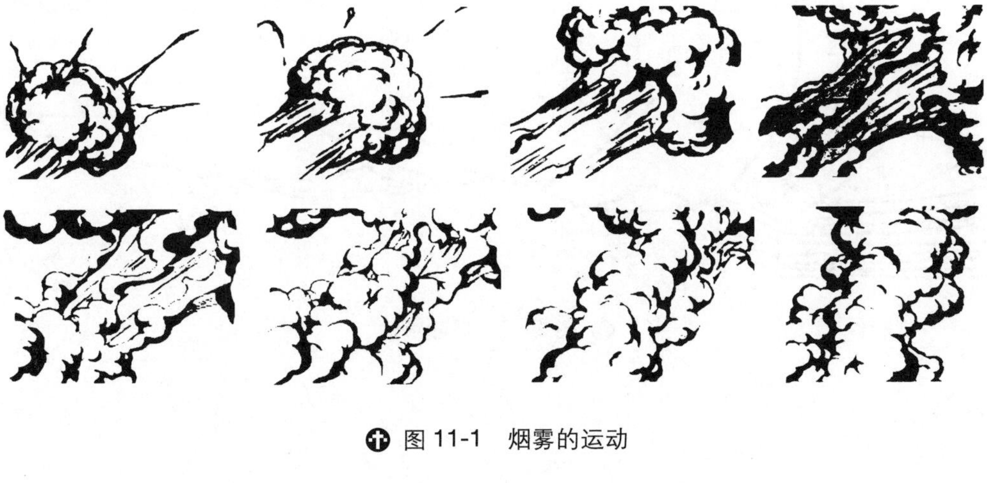

图 11-1 烟雾的运动

图 11-1（续）

11.2 各种自然现象的运动规律及拍摄方法

动画片中经常出现的自然现象大致可分为九种，即风、火、水、云、烟与气、雨与雪、闪电、爆炸等。

11.2.1 风

风是日常生活中很普遍的一种自然现象，空气的流动就行成了风，它是一种无形的气流。一般来说，我们肉眼无法识别风的形态和大小。必须通过被风吹动的物体所产生的运动来辨别风的大小。在动画片中我们用一些实际上并不存在的画出来的流线符号去表现风的强弱与大小。在一般情况下，还是通过被风吹动的各种物体的运动方向和动势来表现风的。因此，我们研究风的运动规律和画法，也就是在研究如何用被风吹动着的各种不同物体的差异运动规律来表现风的方法。

在动画片中，表现自然形态的风，大体上有四种手法：运动线表现法、曲线运动表现法、流线运动表现法和拟人化表现法。

1. 运动线表现法

凡是被风吹起的质地比较轻薄的物体，脱离了它原来固定的位置，便会在空中随风飘扬。这时我们可以用运动线表现法来表现风的感觉。比如，脱落的羽毛，吹起的纸张等。

在设计这类风的感觉时，要考虑到以下几个因素。第一，风力强弱的变化。第二，物体与运动方向之间角度的变化，迎风时上升，反之则下降。第三，物体与地面之间角度的变化，接近平行时下降速度慢，接近垂直时下降速度快。第四，要画出随风飘散的轻薄物的运动轨迹。由于这些原因，我们表现物体在空中飘荡时，其动作就会有姿态、运动方向以及速度上的变化，不能太过死板，如图 11-2 和图 11-3 所示。

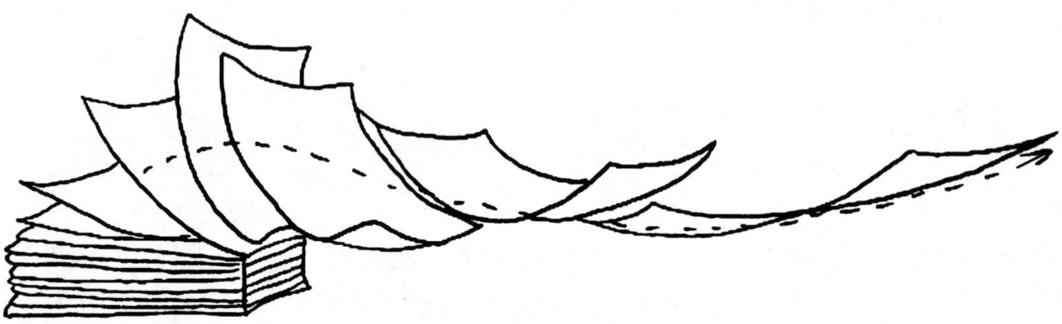

图 11-2 风吹纸散

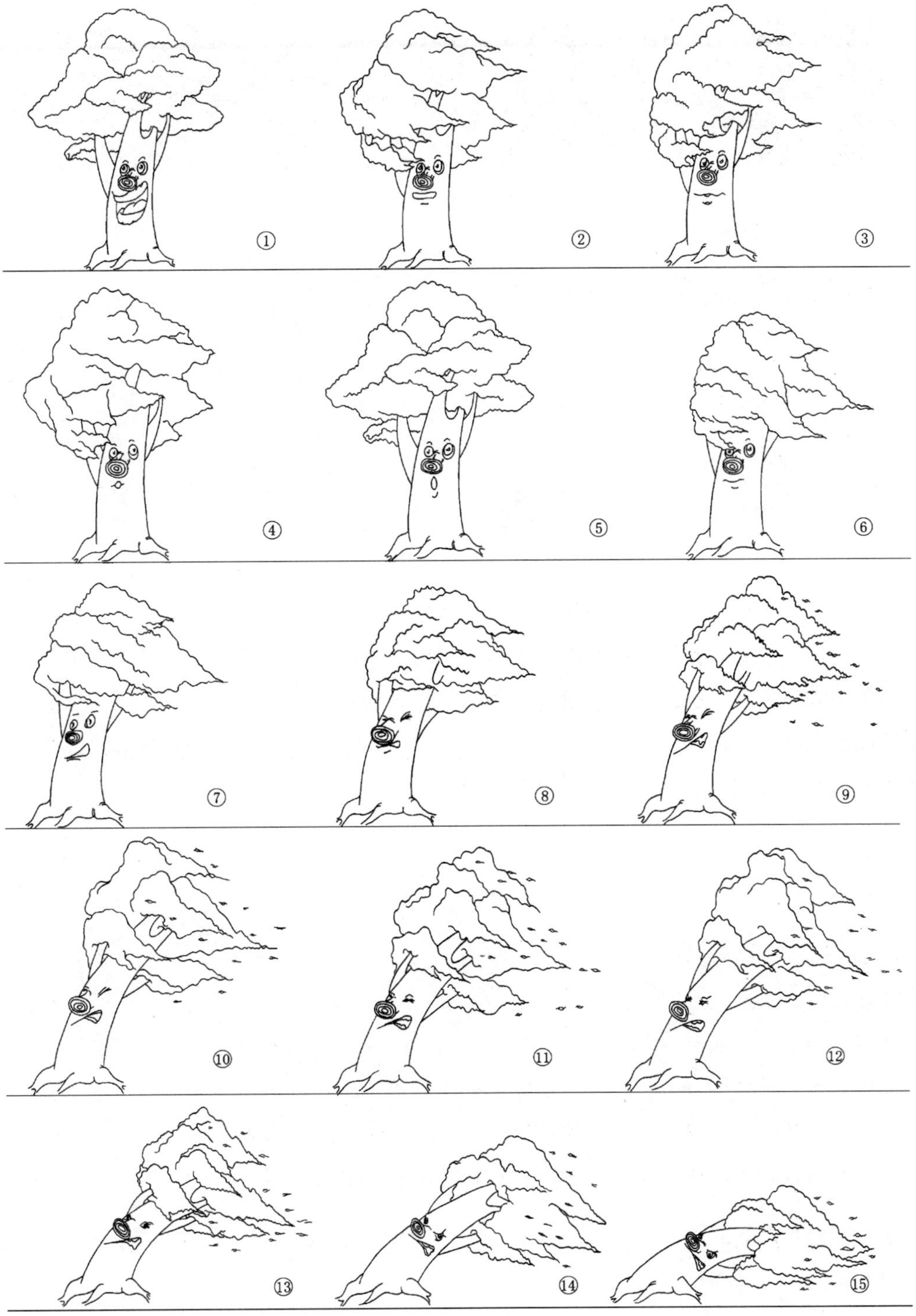

图 11-3 被飓风吹倒的大树

2. 曲线运动表现法

凡是一端被固定在一定位置上的轻薄物体，可以通过物体的曲线运动来表现风的感觉。如表现“风吹窗帘”的曲线运动。我们通过固定在窗户一端的窗帘的运动来表现风的感觉，先算出整个动作的时间，画出物体转折时的关键动作，然后按加减速的变化，确定每张原画之间加几张动画，形成节奏感，如图 11-4 所示。

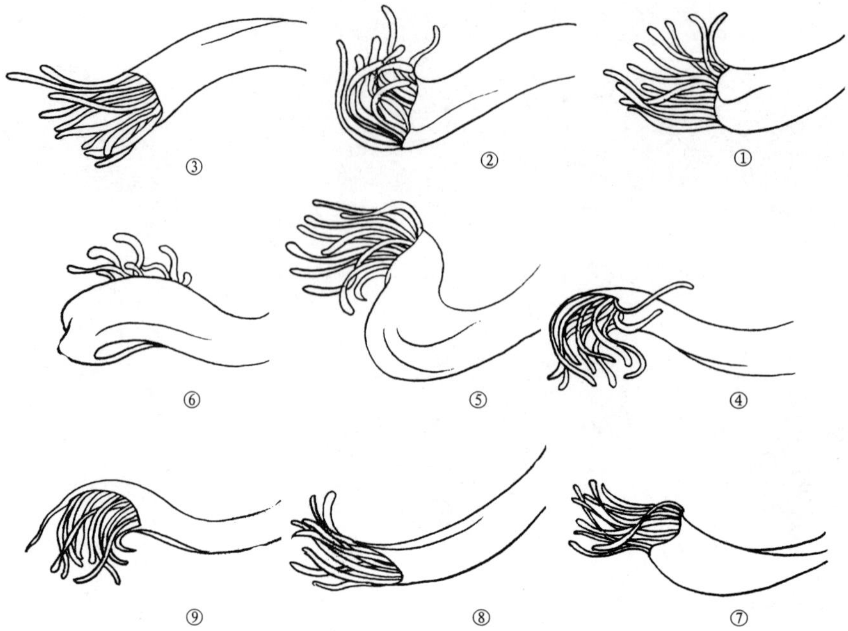

图 11-4 晾晒的床单飘

3. 流线运动表现法

对于风力较强、风速较大的风，像旋风、龙卷风来说，仅仅通过对风吹起的物体的运动来间接表现是不够的。一般要用流线的形式来表现风的运动，如图 11-5 所示。

图 11-5 流线型风

用流线来表现龙卷风，不但要注意自身的曲线，还要注意风的运动轨迹。同时也要用周围和其中的夹杂物，来体现龙卷风的旋转，如图 11-6 所示。

图 11-6 龙卷风的运动

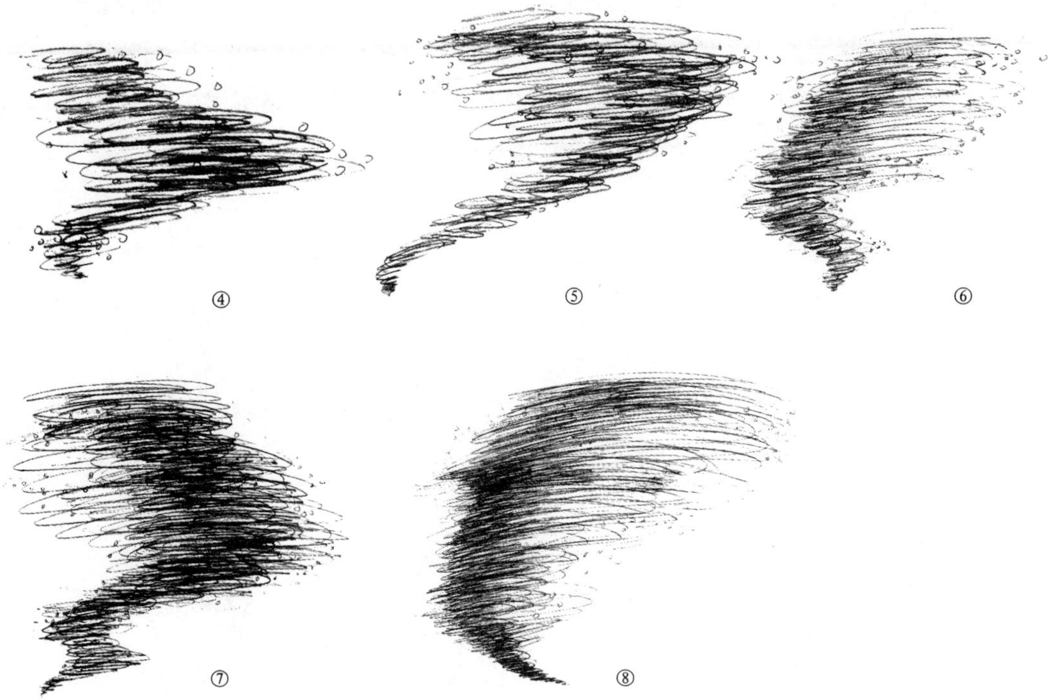

图　11-6（续）

4. 拟人化表现法

在动画片中，有时出于剧情或艺术风格的特殊需要，可以把风直接夸张成拟人化的形象，以体现一种人情味。这种特殊的表现方法，既要考虑到它的运动规律和动作特征，又要有发挥更大的想象力和夸张的余地，具有一种卡通味，生动、可爱，如图 11-7 所示。

图 11-7　风神（《幻想曲》截图）

11.2.2　火

1. 火的运动特征

火是可燃性物体产生的，如固体、液体、气体在燃烧时所产生出的光色和火焰。火在动画片中也是经常要表现的一种自然现象。动画片中表现火，主要是表现火焰的运动，所以我们就要研究火焰的运动规律。火焰除了随着物体在燃烧过程中的发生、发展、熄灭而不断变化形态之外，还会受到外部环境比如气流或风的影响，会出现不规则的曲线运动。经过总结，我们把火焰的基本运动规律和形态归纳为以下七种：扩张、收缩、摇晃、上升、下收、分离、消失。这七种基本运动形态的变化也就是火焰运动的基本规律。生活中不论是熊熊燃烧的篝火，还是蜡烛的小火苗，都离不开这个基本规律，如图 11-8 所示。

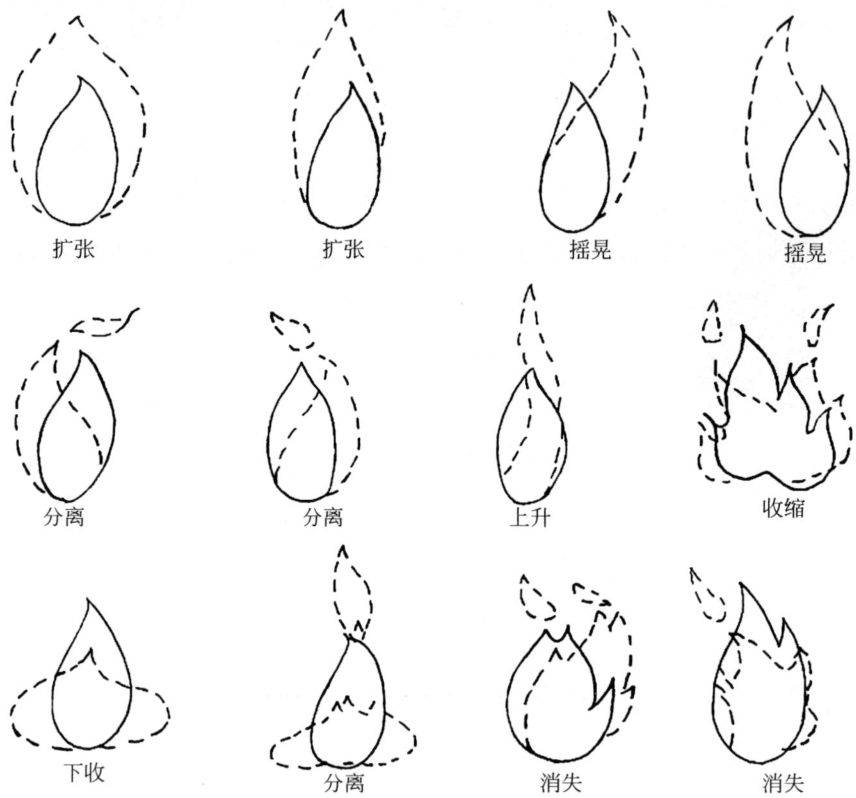

图 11-8　火的几种形态

2. 火的表现方法

（1）小火的运动规律

小火苗的动作特点是琐碎、跳跃、变化，表现为摇晃、上升、下收、分离等不同的运动状态。为了表现得生动自然，可以把局部的运动状态加以循环，如左右摇摆循环几次，上下跳动循环几次，这样运动起来就比较自然了，如图 11-9 所示。

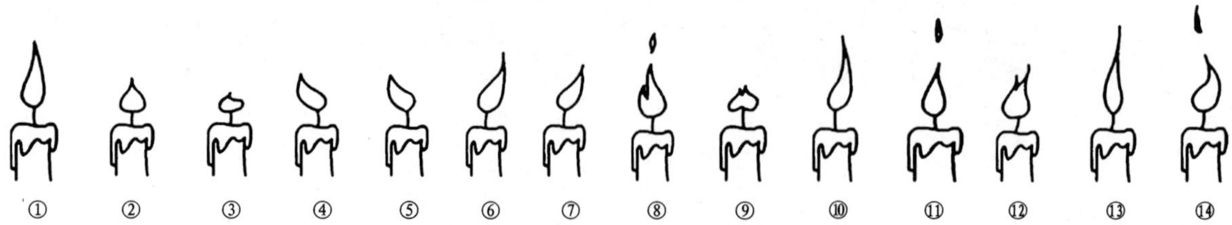

图 11-9　小火的运动

（2）中火的运动规律

中火实际上是由几组小火苗组成的，其运动速度比小火苗要慢一些。运动时几组小火苗可以向不同的方向运动，以体现其生动性，如图 11-10 所示。

图 11-10　中火的运动

（3）大火的运动规律

大火是由很多中火组成的，从整体上看是一组大火，但从局部看是几组小火苗，这就存在着一个局部服从整体的关系。我们遵循其运动规律交错每一组小火苗的运动时间和速度，就可得到丰富的效果，如图 11-11 和图 11-12 所示。

图 11-11　大火的分解运动

图 11-12　大火的运动

11.2.3 水

1. 水的运动特征

水在动画片中也是经常出现的一种自然现象。水的运动形态非常丰富，从一滴水到大海的波浪，从一条小溪到气势磅礴的瀑布，真是变化多端、气象万千。水往低处流是水的基本运动规律，在动画片中表现水的运动规律，也可以归纳为以下七种基本运动状态：聚合、分离、推进、S形变化、曲线形变化、扩散形变化、波浪形变化等。

2. 水的几种表现方法

运用上述七种运动状态来对照生活中水能产生的动作变化，如水滴、水花、水波、流水、水浪等变化，就能很好地理解水的运动规律。

（1）水滴

当一滴水积聚到一定的数量，由于水自身的重量，超过水的表面张力，水就会掉下来。其运动规律是：积聚、壮大、分离、收缩、再积聚、再壮大、再分离，如图 11-13 所示。

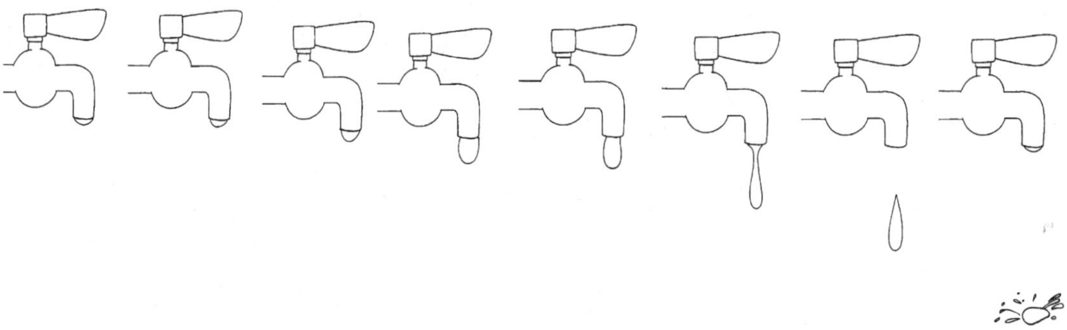

图 11-13　水滴的运动

（2）水花

当比较重的物体落入水中时，一些水被排挤而向外、向上散去形成水花。水花升起时，速度较快，当升到最高点时，速度渐慢，分散落下，速度又加快。其水花的大小取决于物体的大小、高低、快慢等，到物体更深地下沉，一瞬间在它后面留下一个空隙，这个空隙很快被四周的水所填充。当四周的水在中间相遇时，它们形成一股射流从水花的中央垂直喷出，常常在它落下之前便散成水滴。因此，这样的水花必须分成两部分独立地计算好时间，如图 11-14 和图 11-15 所示。

图 11-14　水花的运动（一）

图 11-15　水花的运动（二）

（3）水波

物体落入水中，形成水波，会有一圈又一圈的波纹出现在物体周围，然后扩散，并逐渐消失。水波的主要形式有水圈、人字形波纹、涟漪和漩涡等几种。

水圈的运动，其基本形态就是上面的分离、推进、S 形变化和分离消失。如一件物体落入平静的水中，水面上就会形成一圈圈水纹向外扩散，如图 11-16 所示。

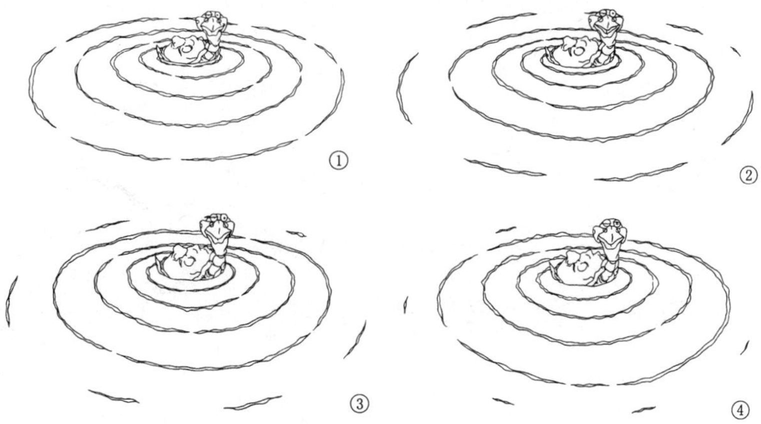

图 11-16　水圈的运动

人字形波纹由物体的两侧向外扩散，并向物体行进的相反方向拉长、分离、消失，其速度不宜太快，两张原画之间可加 5 ～ 7 张动画。当一个物体浮在水面上，向前运动，比如鸭子、船等物体，在水中行进时，划开水面，就会形成人字形波纹，如图 11-17 和图 11-18 所示。

图 11-17　鸭子的游动

图 11-18　划船的运动

一阵清风吹过，掠过静止的水面，风与水面摩擦就会形成涟漪，如图 11-19 所示。

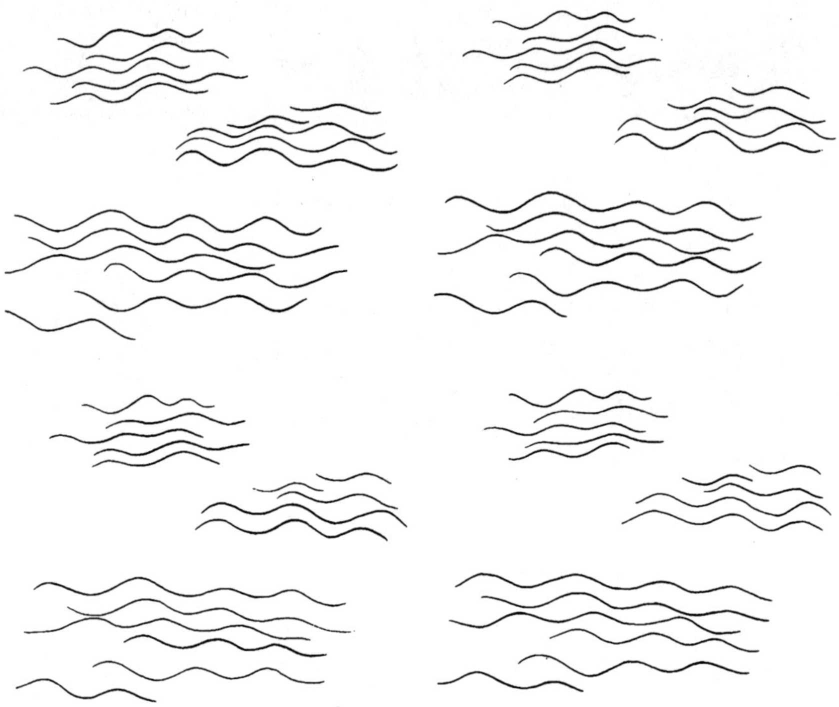

图 11-19　涟漪的运动

水波纹做旋转运动就形成漩涡。漩涡在运动时，要注意运动方向表现的线条要不断地向所运动的方向前进，如图 11-20 所示。

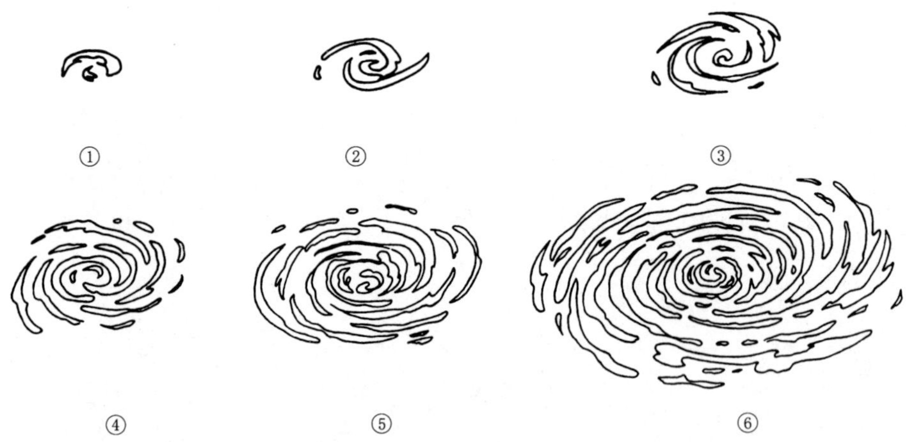

图 11-20　漩涡的运动

（4）流水

小溪或河道中的流水，都属于曲线运动。它们通过平行波纹线的运动来表现流水。为了加强其运动感，可在每一组平行波纹线的前端加一些浪花和溅起的小水珠。还可以通过不规则的曲线形运动，表现流水。每张原画的曲线形水纹，形状应有所变化，以免呆板。同时中间画必须要找准位置，画出变化过程，如图 11-21 和图 11-22 所示。

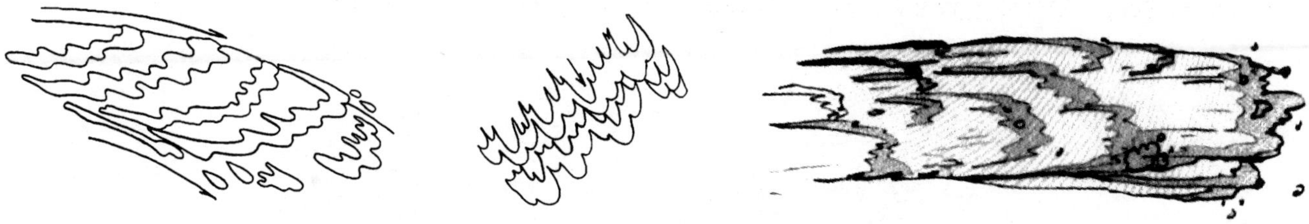

图 11-21　小溪流水示意图

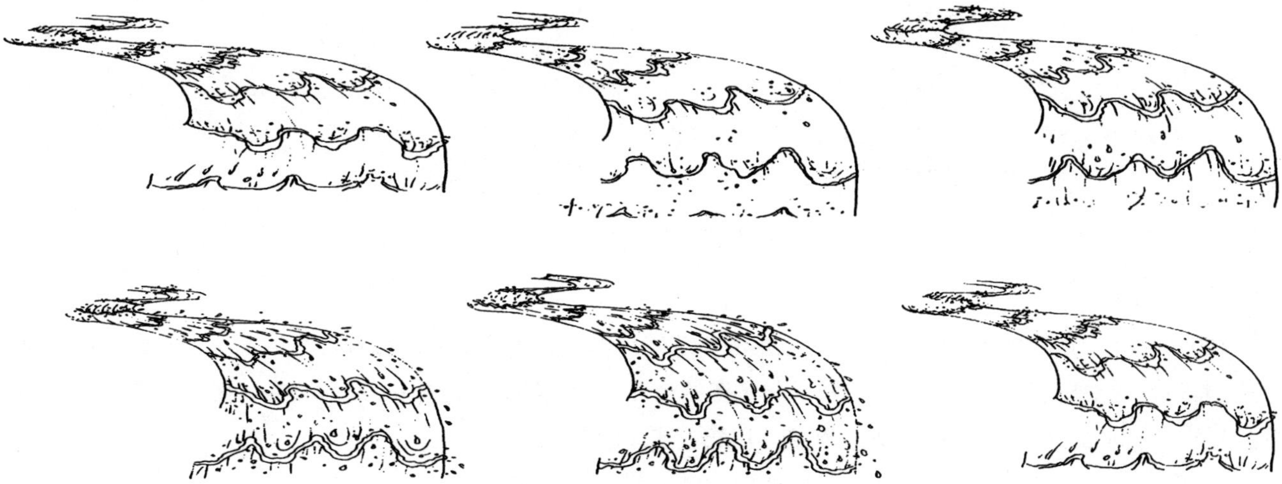

图 11-22　小溪流水

用弧线及曲线形水纹的运动来表现瀑布时，根据其运动的特点，首先要注意曲线形水纹形态应有变化，避免动作呆板。其次在两个大的曲线形水纹之外，应该画一些表示动向性的线条和小水纹。再次在画中间画的时候一定要找准水纹位置，画出中间的变化过程，如图 11-23 和图 11-24 所示。

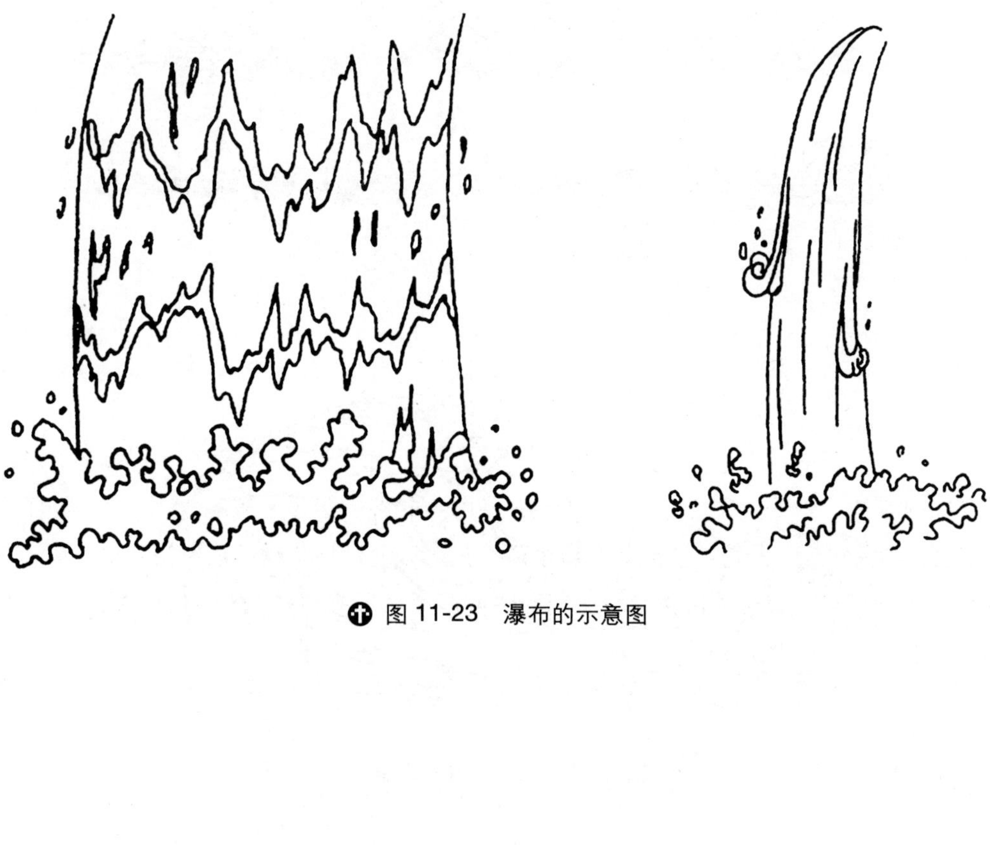

图 11-23　瀑布的示意图

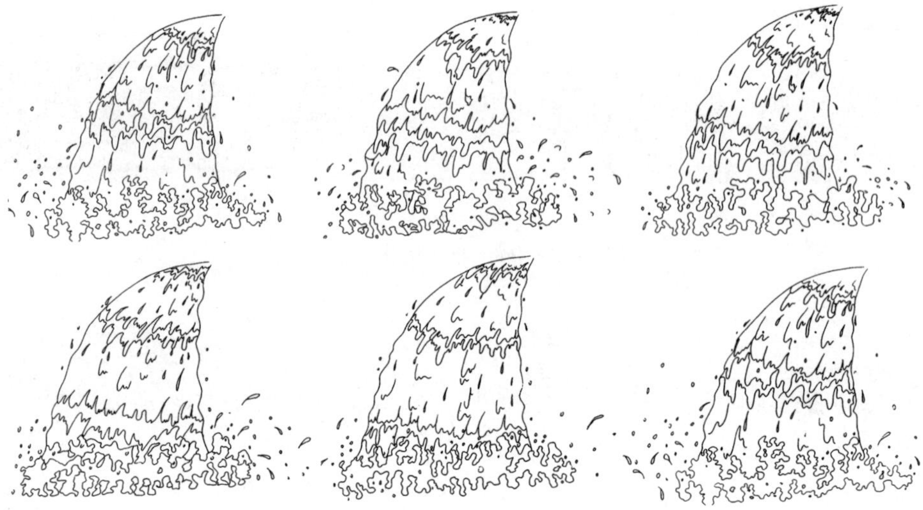

图 11-24 瀑布的运动

（5）水浪

江河湖海中的波浪是由千千万万变幻不定的水波组成的，在风速和风向比较稳定的情况下，一排排波浪的兴起、推进和消失比较有规律。在风速和风向多变的情况下，大大小小的波浪，有时合并，有时搀和，有时冲突，有时起伏，千变万化，令人眼花缭乱，如图 11-25～图 11-27 所示。

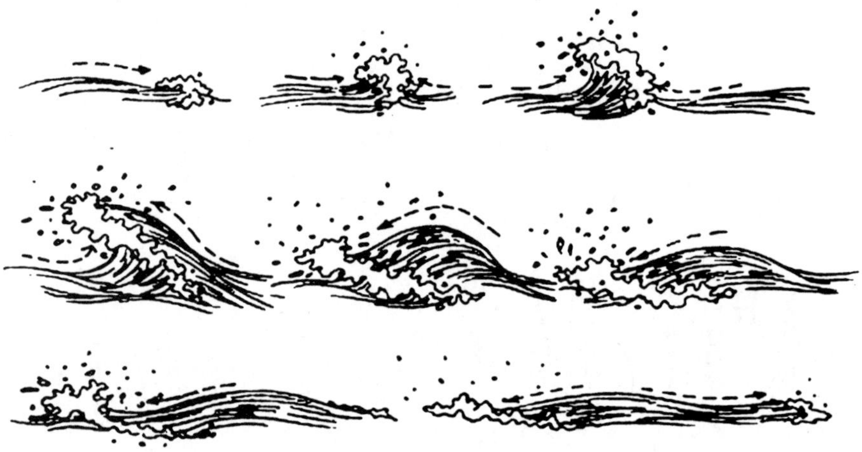

图 11-25 小浪的运动

图 11-26 大浪的示意图

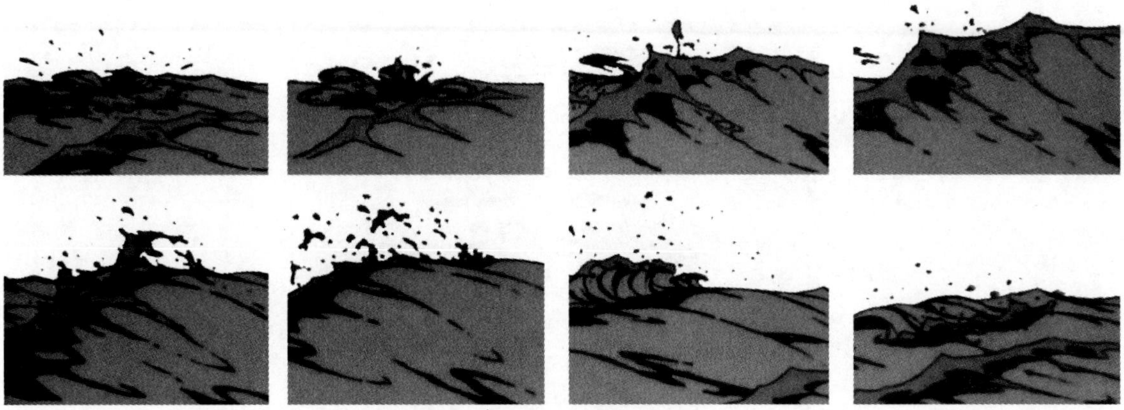

图 11-27　海浪的运动

（6）倒影

物体反映在平静水面上的倒影，如同在镜子里出现的现象一样。用动画把倒影的晃动过程一张张地画出来，形成循环运动，如图 11-28 所示。

图 11-28　倒影的运动

（7）气泡

由于气泡中的空气比水的密度小，气泡在水中慢慢浮上水面，在表面炸开，就会形成小水花，如图 11-29 所示。

图 11-29　气泡的运动

（8）射流

水在受到压力时能产生相应的力量，假如一股射流以某一角度向上喷出，它就形成了一个抛物线。每个单一水滴的动作好似一个球被抛在空中，射流中会有部分分裂，又下落到地面。要特别注意水流里面的标记，如图 11-30 所示。

图 11-30　射流的运动

11.2.4　云

云是由悬浮于空中的水汽凝结成的小水滴和冰晶或由两者混合构成。因大气中产生凝结的条件不同，形成的云在高度和外形上也不同。云的运动可以显示气流的方向和速度，而云状的演变也表明大气结构情况和天气的变化。

动画片中的云多数是在背景中使用。如晴天的云，阴雨天云、早霞和晚霞等，在动画中使用得比较少。画云时线条要圆顺，动作要柔软缓慢。云层要清楚，有透视，阴雨天的云浓密灰暗，并随着气候、季节和早晚的不同而变异。云在运动中除总体移动外本身也瞬息万变。

一般来说，云的运动速度是不一样的。乌云翻滚、风卷残云其运动速度比较快。比较轻盈的云，其运动速度比较慢。比如，慢慢飘移的浮云，速度慢慢地移动，更增加了一种祥和的气氛，一种愉快的心情。因此，自然现象一定要跟人的心情和剧情结合起来，否则，就是无意义的、无生命的运动。

动画片中关于云的造型大体可分为两类，一类是写实的；一类是装饰的。

1. 写实的云

如图 11-31 所示。

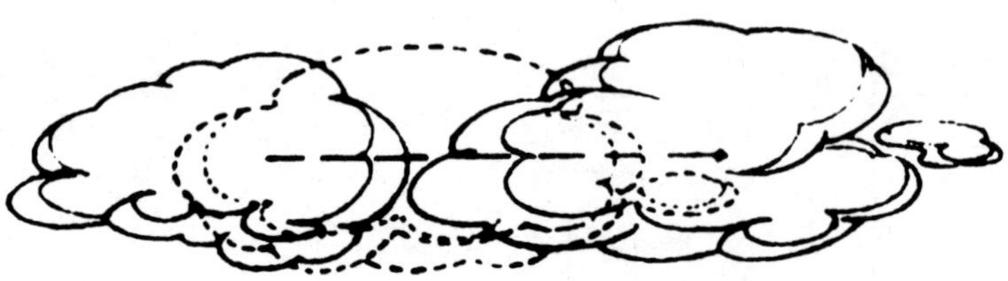

图 11-31　写实性云的运动状态

2. 装饰性云

画此类云时，应注意图形的美观，线条的流畅，更要与所表现主题的内容风格相统一，以达到较理想的效果，如图 11-32 和图 11-33 所示。

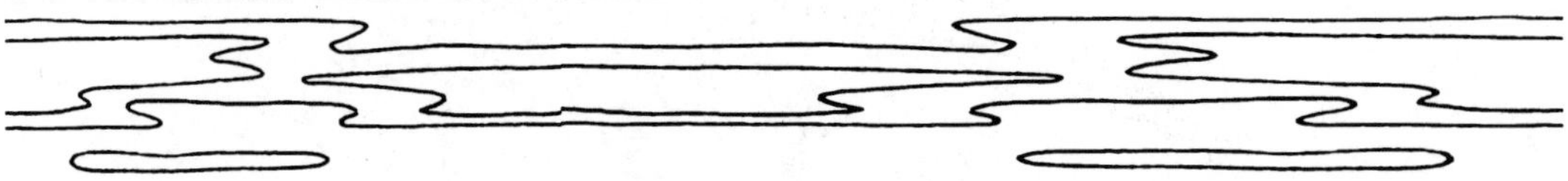

图 11-32　装饰性云图例（一）

图 11-33　装饰性云图例（二）

11.2.5　烟与汽

烟是可燃烧物质在燃烧时释放出来的一种气状物。由于可燃物质地成分不同，燃烧时释放出来的烟也有轻重、浓淡和色彩上的变化。

在动画片中，烟可以用多种方法来表现。在时间掌握上，不要把循环做得太机械，烟与汽的形状及其扩散的形式都与高空气流的稳定程度息息相关。仅工业烟筒里排出的烟就有很多种形式，如波浪形、锥形、扇形、屋脊形、熏烟形等。由此可见，气流的运动变化对烟的运动形态影响很大。在动画片中表现烟的形态也要根据剧本中的规定情景来设计。动画片中烟的形态基本上可以分为浓烟和轻烟两大类。浓烟的形态多为絮状；轻烟的形态多为带状和丝线状。轻烟只需表现整个烟的外形变化如拉长、摇曳、弯曲、分离、变细、消失等；浓烟除了要表现整个烟的外在形态的运动和变化以外还要表现一团团烟球在整个烟体内上下翻滚的运动景象。浓烟密度大，它的形态变化较小，消失得也慢；轻烟密度小，体态轻盈，变化较多，消失得也比较快。

1. 轻烟与汽

如图 11-34 和图 11-35 所示。

图 11-34　香炉冒的烟

图 11-35 茶壶里冒的汽

2. 浓烟

如图 11-36 和图 11-37 所示。

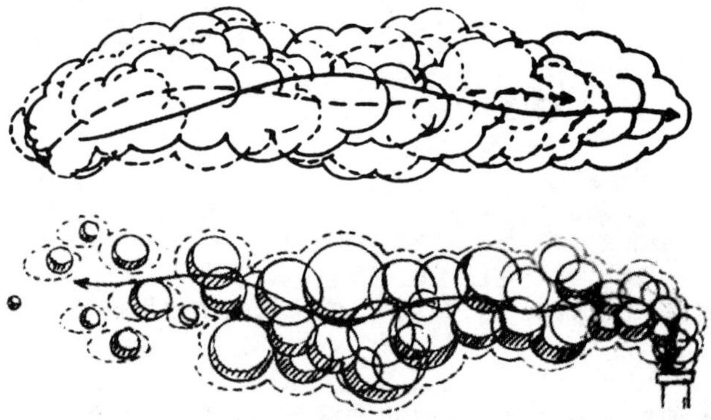

图 11-36 浓烟运动规律的示意图

图 11-37 火灾形成的浓烟

11.2.6 雨与雪

1. 雨

雨在动画片中是一种常见的自然现象。雨的运动规律是：空中无数大小不等的水点向下降落，由于雨点自高空下落的速度很快，根据人的视觉残留的原理，人们所看到的是一条条细长的半透明的直线。只有在雨点较大离人的眼睛较近时才能大致辨认水点的形态。因而，动画片中表现下雨的镜头时，通常都是画出一些长短不等的直线，朝着一个方向下落或掠过画面。

雨滴从空中下落时原本是垂直的，由于风雨同行，我们看到的雨点也就都是顺着风势落下的，如图 11-38 所示。

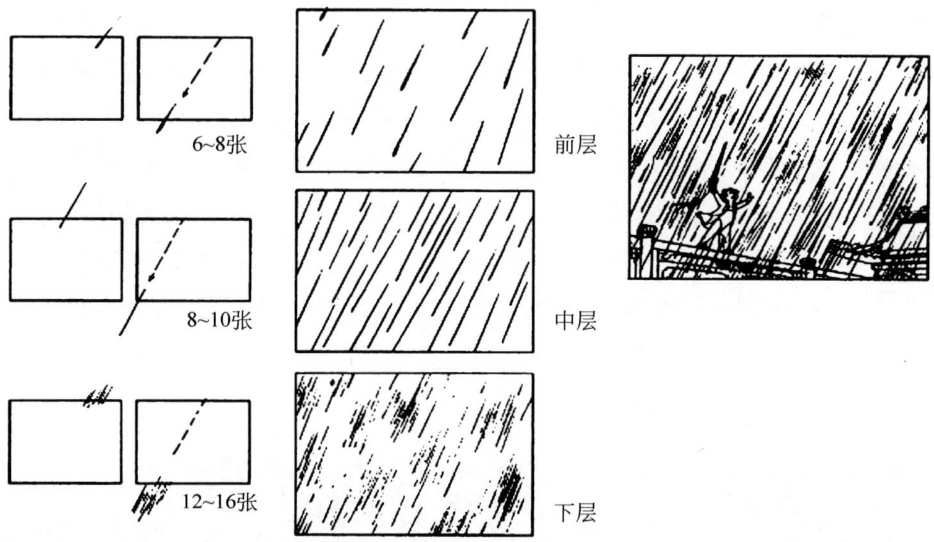

图 11-38　雨的表现方法

2. 雪

雪是白色的结晶体，它体积较大，分量较轻在飘落的过程中往往会受气流的影响而随风飘动。雪花的运动无方向性，速度也较慢。雨和雪的表现方法有相似之处，也可分为前、中、后三层。每一层的雪表示离视线的远近，前层雪花呈较大的团状，数量可较小，飘落的速度可略快。中层为中等大小的雪花，可以略微密一些，速度要比前层慢。后层雪花是以无数大小不等的雪花点连成片状缓缓向下飘落。因为离眼睛视线较远，速度就更慢。在画下雪动作时，应该先设计好运动线（主要是前、中两层），使每一朵雪花都按照指定的轨迹运动。因为雪花飘落的速度较慢，画好一套雪花动画，可以反复循环运用，原画设计好雪花的运动线，确定每朵雪花的原画地位，计算出两张原画之间的中间画张数，动画只要按照雪花的运动路线顺着运动的方向，一张一张画出雪花的中间画来即可，如图 11-39 所示。

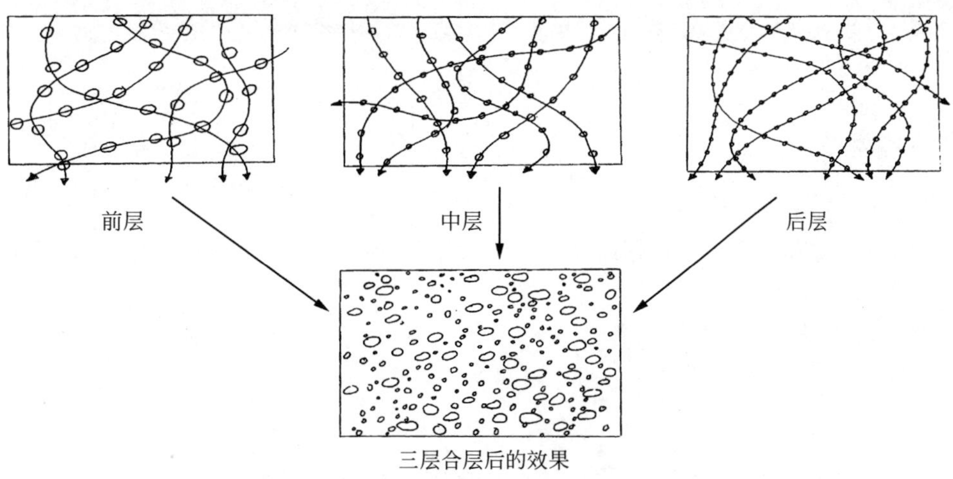

图 11-39　雪的表现方法

11.2.7 闪电

1. 闪电的运动特征

闪电是由积雨云产生的放电现象。在动画片中表现闪电，除了直接描绘闪电时天空中出现的光带以外，往往还要抓住闪电时的强烈闪光对周围景物的影响加以强调。

发生闪电的天空，总是乌云密布，周围景物也都比较灰暗。当闪电突然出现时，人们的眼睛受到强光的刺激，感到眼前一片白，瞳孔迅速收小；闪电过后的一刹那，由于瞳孔还没有放大，眼前仍是一片黑暗；瞳孔恢复正常后，眼前又出现闪电前的景象。因此，它的基本规律是：正常（灰）→亮（可强调到完全白）→暗（可强调到完全黑）→正常（灰）。常见的闪电形状像不规则的植物根须，或者像"之"字形，又带有许多分支的明亮的窄光带，颜色有白色的、蓝色的或玫瑰红的等，这种闪电的闪路叫线形放电，长度从几百米到几千米不等。在放电的路径上，空气强烈增热，体积骤然膨胀使空气振动，发生爆炸声——雷声。由于光速比声速快，故先见闪电，后闻雷声。

要在电影中把闪电表现得逼真而又有闪电时的气氛，就必须注意整个闪电效果的节奏感。通常所见到的雷雨前的闪电，并非直接有火线出现，而是经过亮→暗→大亮→之后才有火线出现的。所以制作好拍摄时，要吻合自然界的动作规律，如图 11-40 所示。

图 11-40　闪电的表现（《天书奇谭》截图）

2. 闪电的表现方法

（1）直接表现闪电光带的拍摄规律

闪电光带一般有两种表现方法：一种是树枝型，另一种是图案型，如图 11-41 和图 11-42 所示。

图 11-41　树枝型闪电的表现

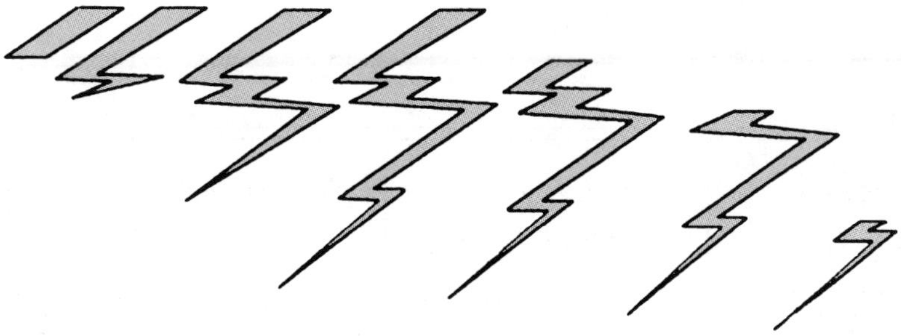

图 11-42　图案型闪电的表现

(2) 不直接表现闪电光带的拍摄规律

表现这类型闪电效果时，一般要画三张景物完全相同而明暗差别很大的背景，即：

- 灰背景——阴云密布时的景。
- 亮背景——在强烈的电光照耀下的非常明亮的日景。
- 暗背景——阴云密布的夜景。

另外，用一张白背景和一张黑背景，拍摄时交替使用，其效果会更加明显，如图 11-43 所示。

灰背景　暗背景　亮背景

图 11-43　不直接出现闪电光带的表现

一次闪电效果的全过程，大约需要 7~10 格。第一次闪电之后，空 10~16 格，紧接着第二次闪电。其拍摄方法为：灰景—亮景—白色—黑色—亮景—白色—暗景—灰景。不过，这不是唯一的排列方法，只要与导演的想法一致就可以了，如图 11-44 和图 11-45 所示。

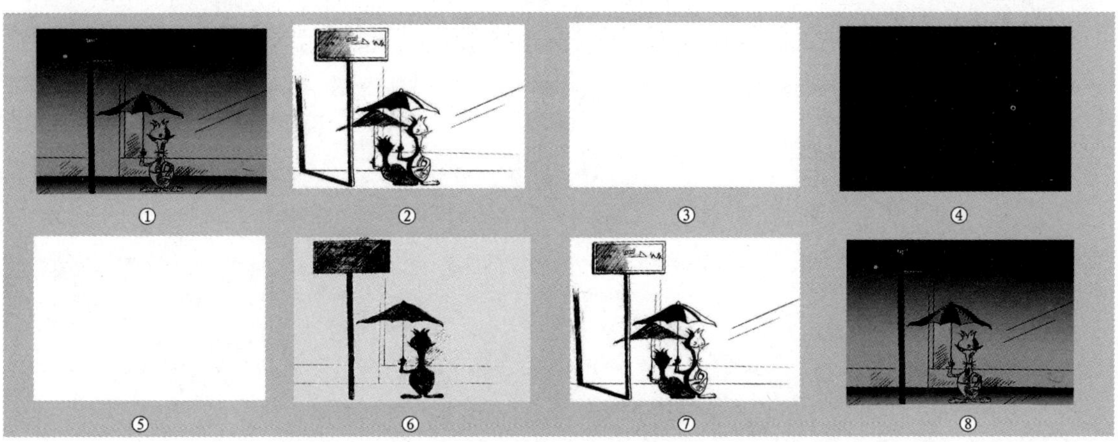

图 11-44　不直接出现闪电光带表现的排列方法

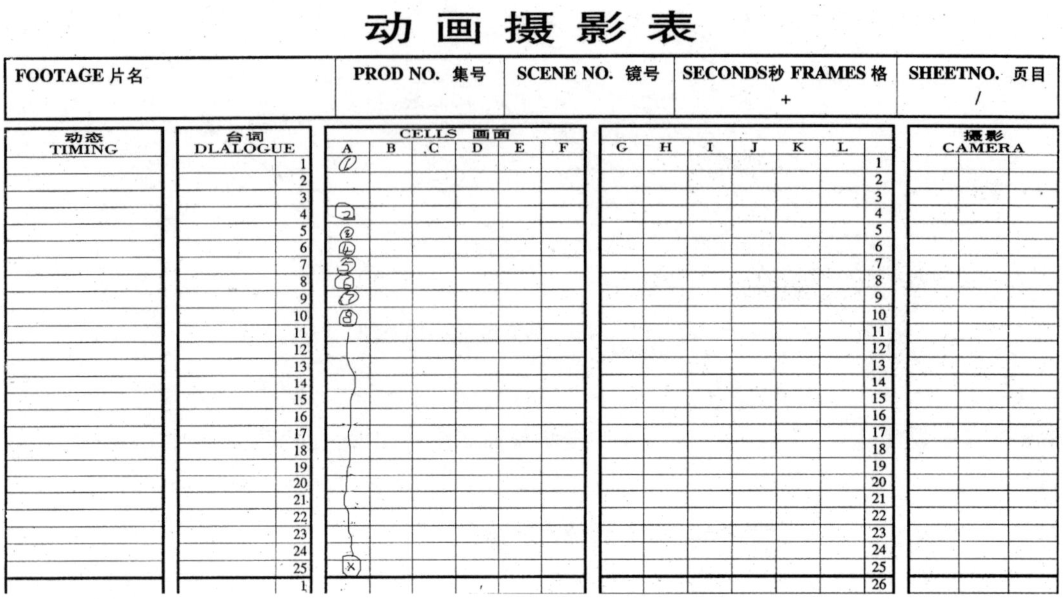

图 11-45 闪电表现的拍摄方法

11.2.8 爆炸

1. 爆炸的运动特征

爆炸是有些物质在燃烧时体积突然膨胀数千倍而所产生的物质裂变现象。爆炸是突发性的，动作猛烈，速度很快，为使观众震惊并不需要在它前面出现带有暗示性的程序。制造爆炸效果可有许多不同的方法，动画片中的爆炸可以从三个方面来表现：首先有强烈的闪光，其次是爆炸残留物，最后是爆炸时释放的烟气。

爆炸开始动作很快，逐渐消失则稍慢。由于开始爆炸太快，在爆炸发生之前要做一个短时间的准备性动作，把观众的视线吸引到要产生爆炸的地方，以增加效果。4 格或 5 格已经足够达到这个目的。

一旦爆炸开始，或许在 3 格内充满荧幕，接下来是 6 格闪烁效果，然后，烟雾在几秒钟内慢慢地消失，如图 11-46 所示。

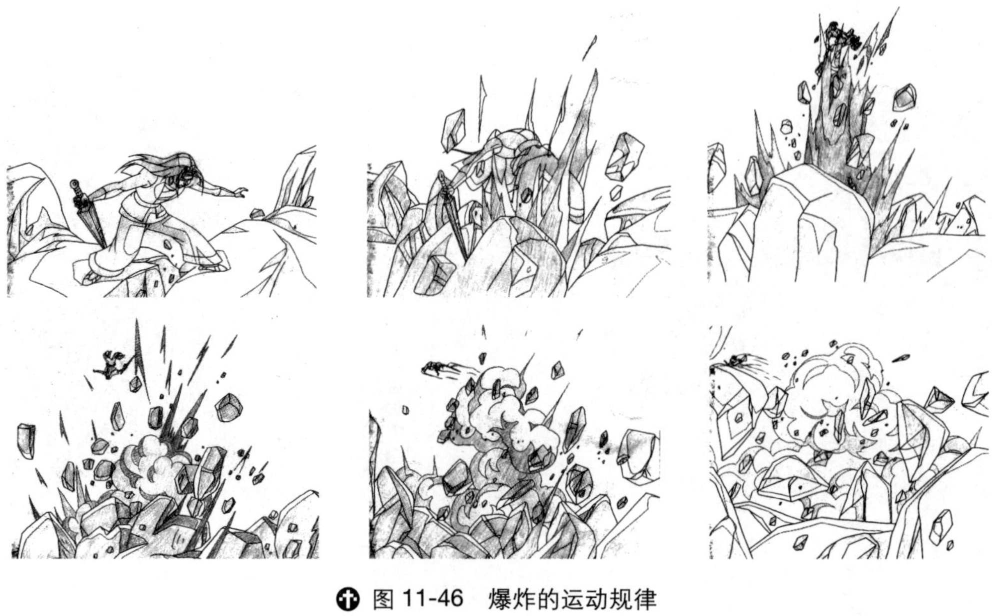

图 11-46 爆炸的运动规律

2. 爆炸的表现方法

如图 11-47～图 11-49 所示。

图 11-47 地面爆炸

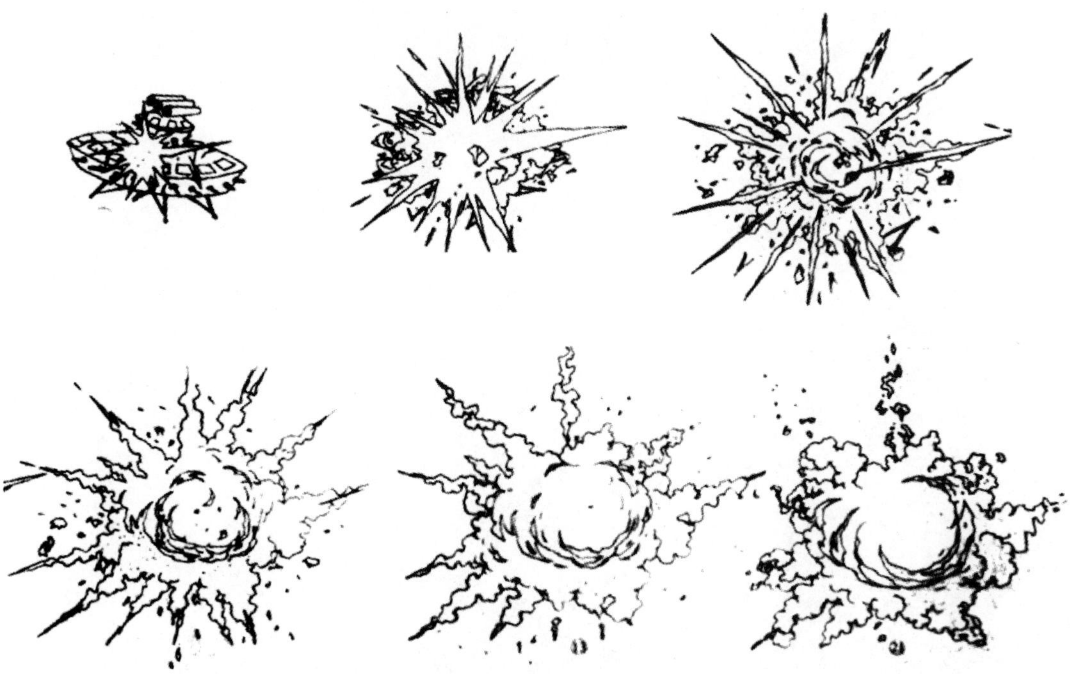

图 11-48 空中爆炸

图 11-49　鞭炮爆炸

第 12 章 原画创作的全过程

原画创作也就是动作设计，在整个动画片制作过程中，原画是十分重要的角色，实际上，原画创作人员既是画家，又是演员，他要把片中人物在笔下画出来，又要赋予其生命，能按照剧本和导演的意图，会说、会笑、会跑、会跳。在动画片中，要想使人物角色活起来，有血有肉，有性格，仅仅有绘画能力和表演能力还不够，还必须要熟练掌握原画创作的技法和理论，只有这样，原画才能创造出生动活泼的赋予人物性格的卡通形象，那么，我们怎样才能做一个合格的原画创作人员呢？

原画创作人员在整个动画片制作过程中，必须服从导演的统一安排和指导，不能自己怎样想就怎样做，并要在导演的指导下，充分发挥自己的创作能力，努力把导演的意思和剧本的内容表达得越充分越好，就好比演员，要充分发挥自己的演技，把角色演活、演生动。这就需要具备一定的创作能力和绘画水平以及掌握动画制作的规律。

12.1 熟悉剧本和研究分镜头画面台本

原画创作人员在进入创作之前，必须先要熟悉一下剧本，对本篇剧情主题做到心中有底，包括人物性格、影片的风格以及镜头的处理等，对导演处理的每一个镜头、每一场戏，导演的总体构思都要有一个全面的认识。对于导演分配给自己的每一场戏或每一组镜头都要进行认真分析研究，然后构思出一个较为完整的创作设想，对人物的性格如何在动作和戏里体现出来，要经常同导演交流和磋商，在取得导演的认可后，才可以进入具体的绘制。所以，一开始熟悉剧本和分镜头画面台本是一项很重要的工作，不可轻视，而如果一拿到镜头就进行创作，这样，就容易走弯路。

下面，看一集 10 分钟长度的剧本：《大话成语》之《作茧自缚》，其分镜头台本如图 12-1 所示。

1. 门　学校

静悄悄的学校走廊。

下课铃声。

学生从教室里涌出。

嘟嘟背着书包，急匆匆冲出教室。

“嘟嘟，小操场！二班想跟我们踢一场球。”

“踢球？（突然一本正经起来）不去，我要回家复习功课。”

“你发烧了？复习功课？”

“怎么？我就不能热爱学习了？”

“别开玩笑了！快跟我走吧，上次输给二班，还没报仇呢。”

“亨亨，上次裁判偏袒二班！”

“没错，所以今天要赢回来啊！”

“还是不去！”说完转身就跑开。

“转兴趣了？怎么可能？”

2. 夜　家中

卧室。嘟嘟埋头复习。

嘟嘟从书堆里抬起头，面对着墙上的某物，眼神痴迷，喃喃自语：“为了你，我连足球大战、报仇雪恨这些男子汉的头等大事都放弃了。唉，但愿这次能够让我如愿以偿地得到你。”镜头移向书桌前的墙壁。上面贴着一张巨大的球鞋海报，“X”牌标记显眼。

门外。猪爸爸和猪妈妈透过门缝偷看嘟嘟。

猪妈妈高兴地回头，悄声对猪爸爸说：“还是你行，想出这种奖励办法，你看嘟嘟，从没见过他这么用功读书。”

猪爸爸得意地咧嘴笑。

3. 傍晚　家中

安静的小区。

嘟嘟一路大喊大叫地跑来，手上挥舞着考卷：“妈妈！妈妈！买鞋去！买鞋去！”小区居民纷纷好奇地开窗看。

4. 日　商店

嘟嘟兴奋地一手拉着爸爸一手拉着妈妈，在运动鞋柜台东张西望。

嘟嘟突然发现目标，一下甩开父母。奔向目标：“就是那双！我就要那双！”

运动鞋特写：跟嘟嘟房中海报上的一模一样。

猪妈妈跟上去看，惊讶：“哎呀！这双鞋要500块钱呢！”

猪爸爸也凑过来：“是吗？什么鞋那么贵？我来看看！”

嘟嘟在旁解说：“这是最新款的艾克牌运动鞋，好看吧！我们学校还没人穿呢！我要第一个穿！嘿嘿！”

嘟嘟想象：嘟嘟脚上穿着那双艾克牌运动鞋（闪闪发光），趾高气扬地走在学校里。同学们纷纷羡慕地盯着他的鞋子，还有女同学眼中飞出“红星”。

猪妈妈的声音从天而降：“不行！”

“太贵了！你还只是小学生，没必要穿这么贵的鞋子！”嘟嘟委屈地噘嘴：“可是你答应过只要我期末考试考到班级前十名就给我买双运动鞋的呀。”

“可以买运动鞋，但不是买那么贵的。”

嘟嘟的嘴越来越瘪，要哭的样子。

猪爸爸心虚地四下望望，悄悄拉拉猪妈妈的袖子：“算了吧，万一嘟嘟闹起来，那多没面子呀。”

猪妈妈胸有成竹：“没关系，我能应付。”

嘟嘟伤心地哇哇大哭，眼泪飞溅，坐在地上扭着身子耍赖：“不要不要！我就要艾克牌！就要这双！”

猪妈妈气定神闲地在一旁眼望别处，不为所动。

嘟嘟只好无奈地收起眼泪，站起来轻轻地拉着猪妈妈的衣角算是求和。

“我们去别的地方看看，肯定会有跟这双一样好看的鞋子。”

嘟嘟摇头，默默地走到那双鞋子跟前，轻轻抚摸着鞋子，可怜兮兮地抽泣。

“营业员！买鞋！”

5. 夜 家中

都市晨景。

嘟嘟家客厅。嘟嘟嘴里塞得满满的，拿着手帕擦拭着脚上的新鞋子。

“怎么了？没穿就脏了？”

“都是爸爸，刚才踩了我一脚！”

“哪里有，我……”

“你也真是的，那么贵的鞋子，小心点走路嘛。”

“我去上学了。”出门。

“走路小心点，这鞋五百块哪！”

“知道了！”

6. 晨 路上

嘟嘟得意地穿着新鞋子蹦蹦跳跳地走着。

路上一块小石头。

嘟嘟高兴地上前，想踢，伸出的脚顿住。

脚上新鞋特写。

嘟嘟收回脚，绕开石头走路。

“早啊，嘟嘟！”

嘟嘟回头，是老丘，穿着一件白色的新西装。

“早！”

老丘炫耀地扭着身子，想引起嘟嘟注意：“是啊，今天心情好，出来走走。”

嘟嘟高兴地看着老丘：“新西装呀！真好看！”

老丘得意地掸西装：“是啊，昨天刚买的，三百块钱一套呢。”掸到裤子，看到嘟嘟的鞋子，“哎呀，新鞋子呀，哟！是艾克牌的，名牌啊！”

“嘿嘿，是啊是啊，最新款的。”

“这个牌的运动鞋很贵的呀。”

“还好还好，五百块钱。”

“哇！五百块钱！”老丘的眼光化成一把匕首，投向嘟嘟的运动鞋。

老丘嫉妒地看看自己的西装，再看看嘟嘟的鞋子（画外音）：“岂有此理！这头笨猪的鞋子居然比我的西装贵！而且，我的鞋子……”低头看看自己破旧的鞋子。

“不跟你说了，我要上学去了，再见！”摆手前行。

“哼，不行！你怎么可以穿得比我好！”鬼鬼祟祟地跟上嘟嘟，想踩嘟嘟的鞋子，踩了几下，都失败，倒把自己弄得手忙脚乱。

嘟嘟感觉到身后有人，回头：“老丘，你跟着我干吗？”

“切！谁跟着你啦？我散步不行吗？”故作休闲地背着手高抬着头左盼右顾地往前走，还吹着口哨，向面前的电线杆走去。

“小心！”

老丘已撞上电线杆。

嘟嘟关心地凑过来：“老丘，你没事吧？”

老丘一手揉着红肿的额头，气急败坏地指着嘟嘟：“你……你……”

一辆卡车开过来，扬起一阵黑土。

黑尘笼罩住嘟嘟和老丘。

黑尘中，嘟嘟的惊叫声“我的鞋子”，老丘的惊叫声“我的西装”，黑尘散去。

嘟嘟坐在地上，像个小黑人，摆着奇怪的姿势（类似瑜伽动作），把两只脚包在衣襟里。

老丘站在原地。白西装变得脏兮兮。

嘟嘟放开手脚，看鞋子。

鞋子仍是崭新的。

嘟嘟松了口气，拍着胸口说：“还好，还好！”

嘟嘟发愁地看了看路上来往的车辆：“那么多汽车，防不胜防啊。”突然眼前一亮。“有了，说着脱下鞋子，抱在怀里。“老丘你慢慢散步吧，我先走了。”

嘟嘟赤脚轻松地向前走去：“这下可万无一失了。”

老丘张嘴吐出一口黑尘。

7. 学校

学校门口一角。嘟嘟慌张地把鞋子穿上，东张西望，生怕有人看见。

嘟嘟穿上鞋子，得意地走进校门。

教室里，乱哄哄的。

嘟嘟走到门口，站住，摆了个模特的姿势。

教室里一下子安静，大家发出羡慕的声音：“哇！”一道道心形目光子弹一样射向嘟嘟的运动鞋。

小猴凑上来，对着嘟嘟的鞋子左看右看：“嘟嘟！这可是最新款的艾克运动鞋哎！”嘟嘟的头抬得更高，走进教室，装腔作势地绕着讲台走了两圈。摆了两个走台姿势，才走向自己的座位。

眉眉高兴地打量着鞋子：“嘟嘟，这双鞋一定很贵吧？”

嘟嘟逞强：“还好还好，五百块啦！”

又一阵惊叹声。

嘟嘟更得意了，拿出手帕，小心地、爱惜地擦擦鞋。

午休时间，同学们奔走打闹。

嘟嘟规规矩矩地坐在座位上。

小猴过来拉嘟嘟：“嘟嘟！踢球去吧，昨天二班输了不服，今天又来挑战。”

嘟嘟兴奋的站起来说：“好呀！”

嘟嘟想象：拟人化的运动鞋和足球猛烈撞击，运动鞋痛苦地龇牙咧嘴。

嘟嘟沮丧地坐下，“还……还是不去了……”

“怎么了你？”

嘟嘟看看脚上的鞋子：“嗯……我……我有点不舒服啦……”

“哦，那就算了，你休息一下吧。”

操场上。小猴等尽兴地踢球。

眉眉跑过来：“嘟嘟，你怎么不去给我们班助威呢？”

“啊……我……我在上面看也一样。”

眉眉兴奋地叙述：“那怎么一样。今天的比赛可激烈了，小猴把鞋子都踢坏了，结果他就要赤脚上场……”

嘟嘟听到“赤脚”两字，一下子跳起来：“哎呀！我怎么就没想到呢！”没等眉眉说完，就一溜烟跑出。

眉眉讷讷地说完：“我还没说完呢，老师说赤脚不能上场踢球。”

操场上。嘟嘟赤脚奔上场：“我来了！我来了！”

足球正好向嘟嘟飞来。

嘟嘟飞身铲球，动作漂亮。

小猴画外音：“嘟嘟！好球！”

嘟嘟的赤脚在球上。

嘟嘟发出“哎呀”一声，摔倒出画，只一个脚高高翘起，脚背上一个清晰的足球印子。

下午，大雨滂沱。

放学时间到。同学们纷纷背上书包回家。

嘟嘟和眉眉做值日生。

嘟嘟拿着扫帚伸长手小心翼翼地扫地，生怕垃圾沾到鞋子。

“嘟嘟，脚还疼吗？”

“不疼了。”

“嘟嘟，你怎么这样扫地啊？”

“哎呀，反正扫干净不就行了嘛。其实这地上根本就不脏，也不知道谁定的规矩天天要扫地，真是心理变态！”

眉眉冲嘟嘟使眼色，嘟嘟未觉：“我知道你是班长，一向对老师很尊敬。可老师也有做错事的时候啊。”

河马老师的声音在嘟嘟背后响起：“我倒想听听我做错什么事了？”

嘟嘟僵住。慢慢回头 。

河马老师站在嘟嘟身后。

嘟嘟尴尬地笑：“老师……我，不是说你。”

“是吗？我还以为你说我心理变态呢。”

“不是，不是，不是说你。”

“你什么也不用说了。罚你连续值日一个星期，好好反省反省！”转身，“哦，对了，明天再交一份检讨给我。”出门。

嘟嘟哭丧着脸拎着扫帚站在原地。

嘟嘟愁眉苦脸地坐在座位上。

“嘟嘟，你不回家吗？”

“我没带伞。”

“没关系，我带伞了，我们一起回家。”

嘟嘟摇头。

“怎么？脚还很疼吗？还是被老师批评了不服气？”

“都不是啦。”看看脚上的新鞋子。

嘟嘟想象：拟人化的运动鞋踩在污水里，运动鞋愁眉咧嘴。

“哎呀，你先走吧，我等雨停了再走。”

眉眉皱眉：“好吧。”离开。

嘟嘟托腮等待：“倒霉透顶！”

8. 傍晚　路上

天色已暗。雨停，树枝上还滴着水。

嘟嘟赤脚走在湿漉漉的路上，手上拎着那双新鞋子：“真倒霉，这雨下了这么久才停。”

老丘迎面走来：“嗨，嘟嘟！”

“嗨！”

“哟！嘟嘟，怎么不穿鞋走路呀。”

嘟嘟尴尬地笑：“啊，我在练脚力，练脚力。老师说了，足球运动员都这样练习的。”老丘将信将疑。

“再见！”冲老丘摆摆手，远去。

老丘摩拳擦掌：“练脚力？嘿嘿！君子报仇十年不晚哪！”

小区路上。

老丘气喘吁吁地探头探脑，见无人，手摊开把小石头扔在路上。一边嘀咕(或哼小调)：“我抄近路赶在你前头，让你吃点小小的苦头。哼哼哼，哈哈哈！”

远远地，嘟嘟走来。

老丘躲在树后。

嘟嘟走来，踩到石头，疼得大叫。甩手，一只运动鞋飞出去。

运动鞋掉下，正砸在老丘头上。

老丘斗鸡眼，晕倒出画。

9. 夜　家里

客厅。一双红肿的脚高高地搁在桌上。旁边是剩下的一只新鞋子。

嘟嘟垂头丧气地看着自己红肿的脚丫子，再看新鞋子：“要是没穿这双名牌运动鞋，也不会弄成这样了。”

猪妈妈拿着药水和纱布走到嘟嘟身边：“叫你买那双便宜的运动鞋吧，你不听，这就叫作茧自缚！”帮嘟嘟包扎。

“作茧自缚？”

“作茧自缚就是比喻自己做的事不利于自己，反而使自己陷入困境。”

“哦，作茧自缚。”

想象：嘟嘟嘴里不断地吐出丝来，很快把嘟嘟裹在里面，只有脑袋可以不断晃动，丝茧结成运动鞋状，最后一根组成了艾克标牌“X”，贴在嘟嘟嘴上。

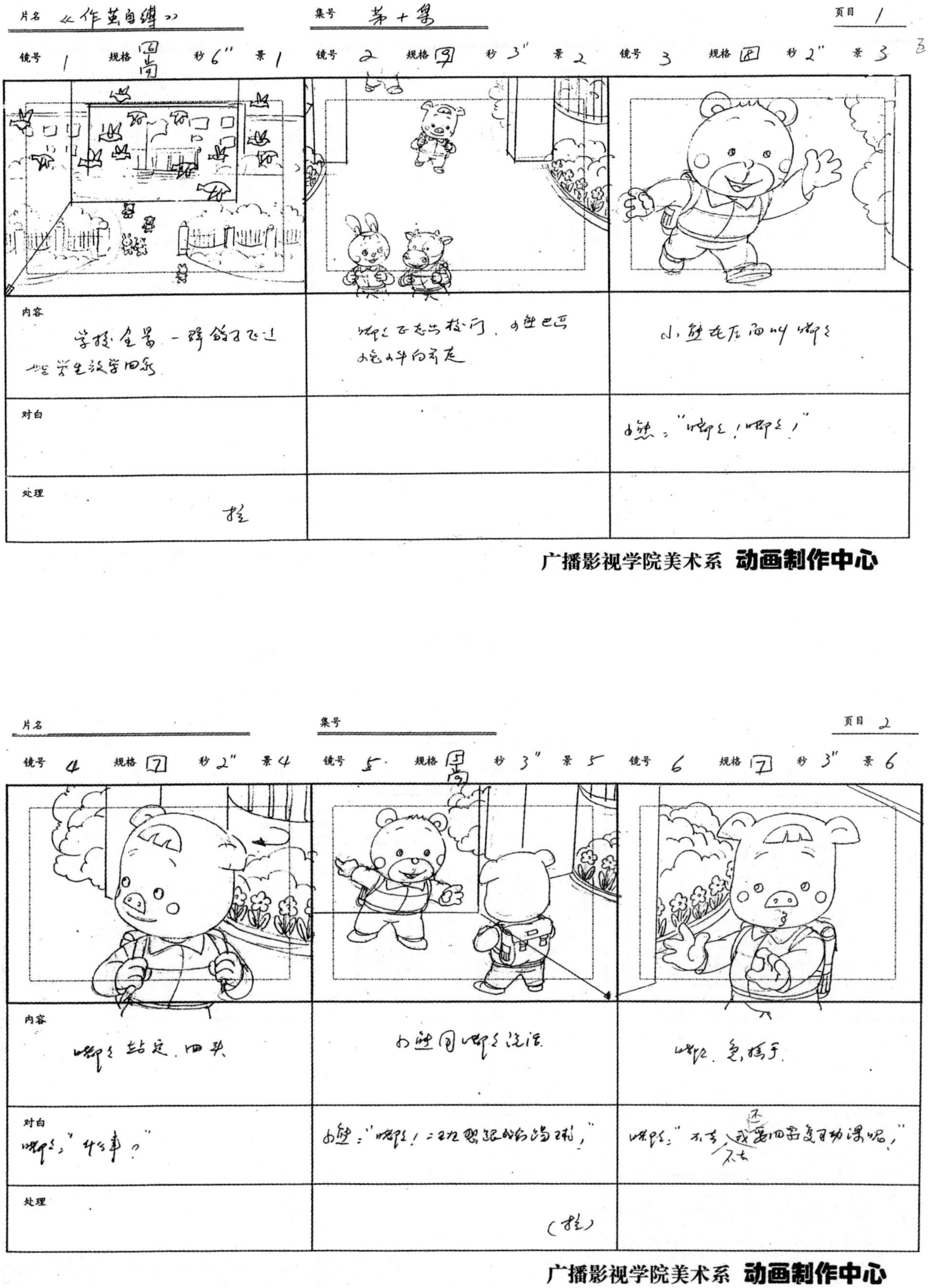

图 12-1 《大话成语》之《作茧自缚》分镜头台本

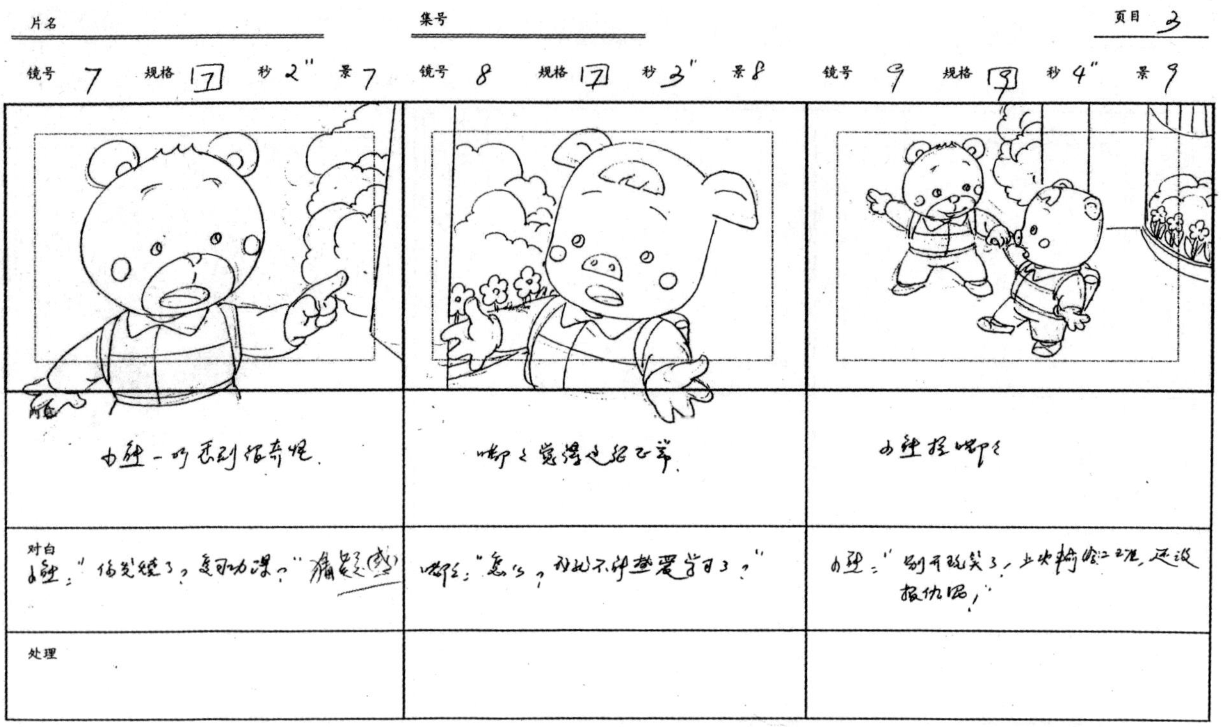

广播影视学院美术系 **动画制作中心**

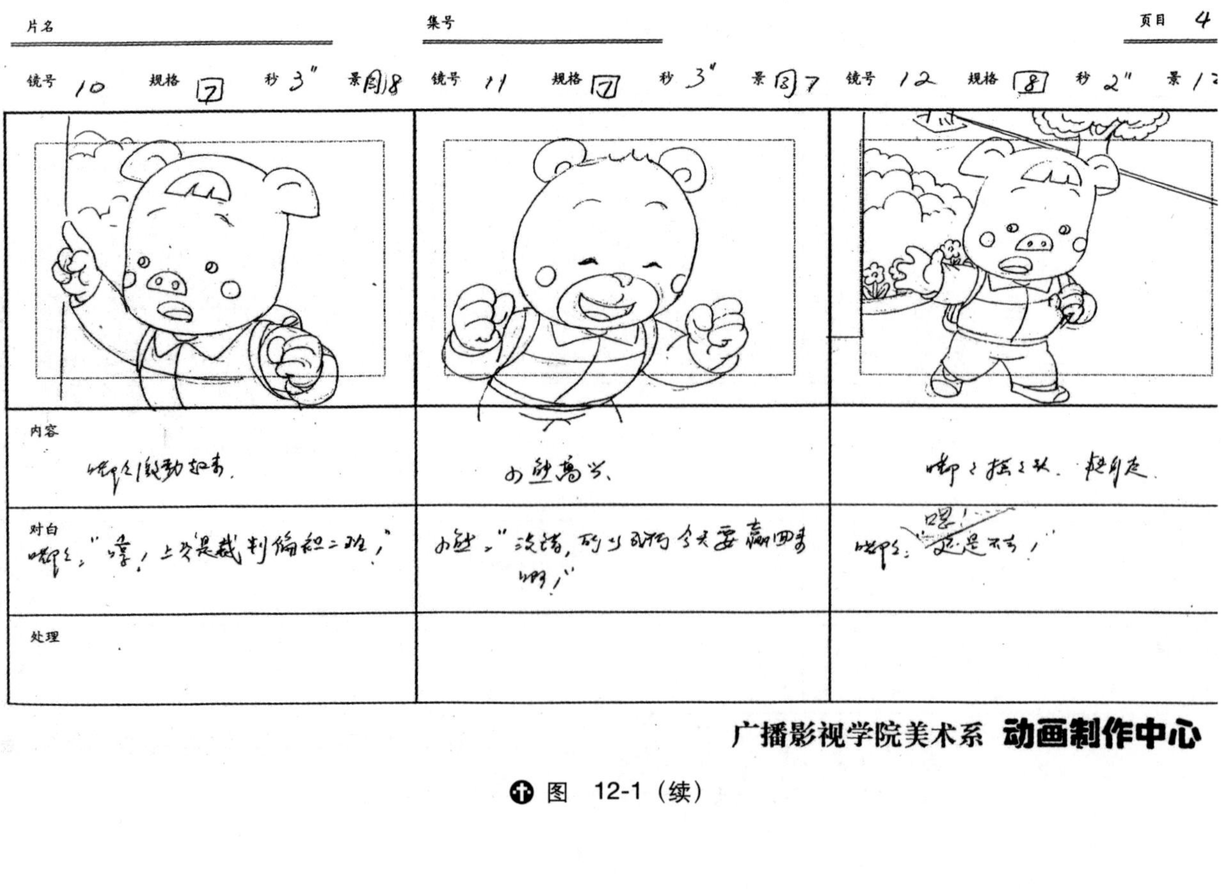

广播影视学院美术系 **动画制作中心**

图 12-1（续）

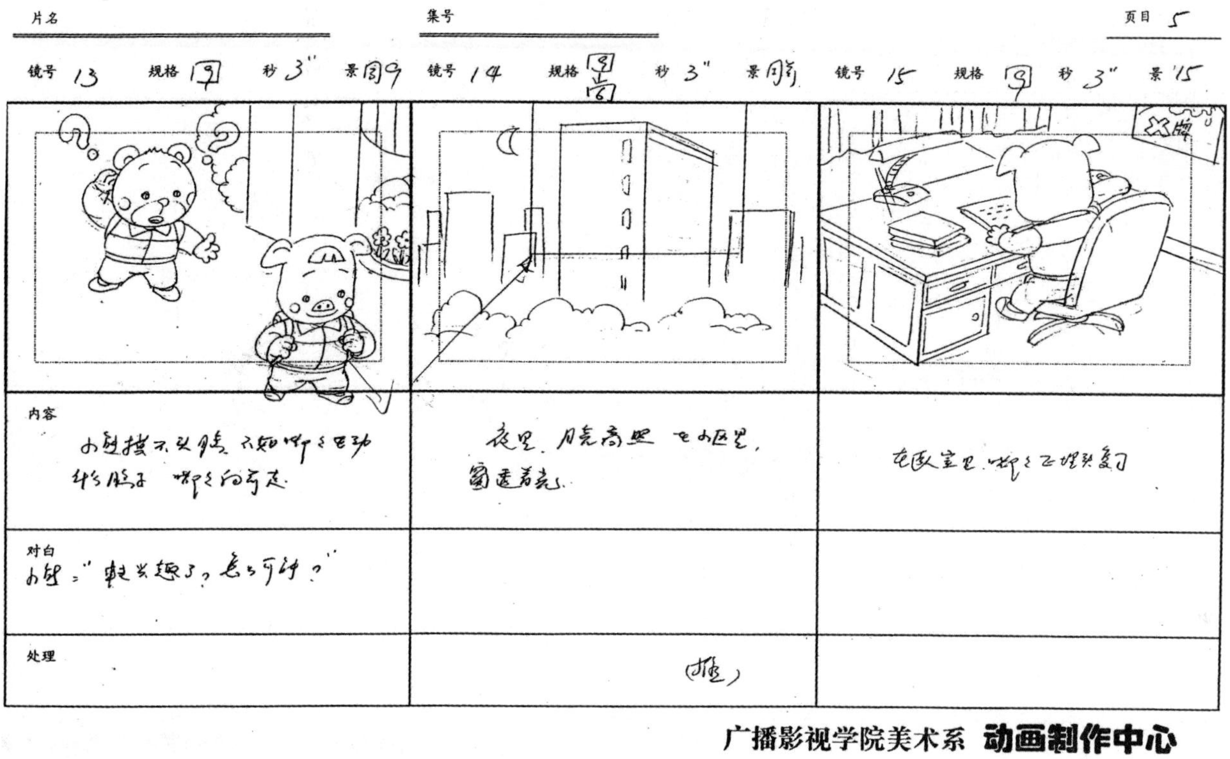
片名
集号
页目 5
镜号 13 规格 9 秒 3″ 景 9
镜号 14 规格 秒 3″
镜号 15 规格 9 秒 3″ 景 15
X牌
内容
对白
处理
广播影视学院美术系 动画制作中心

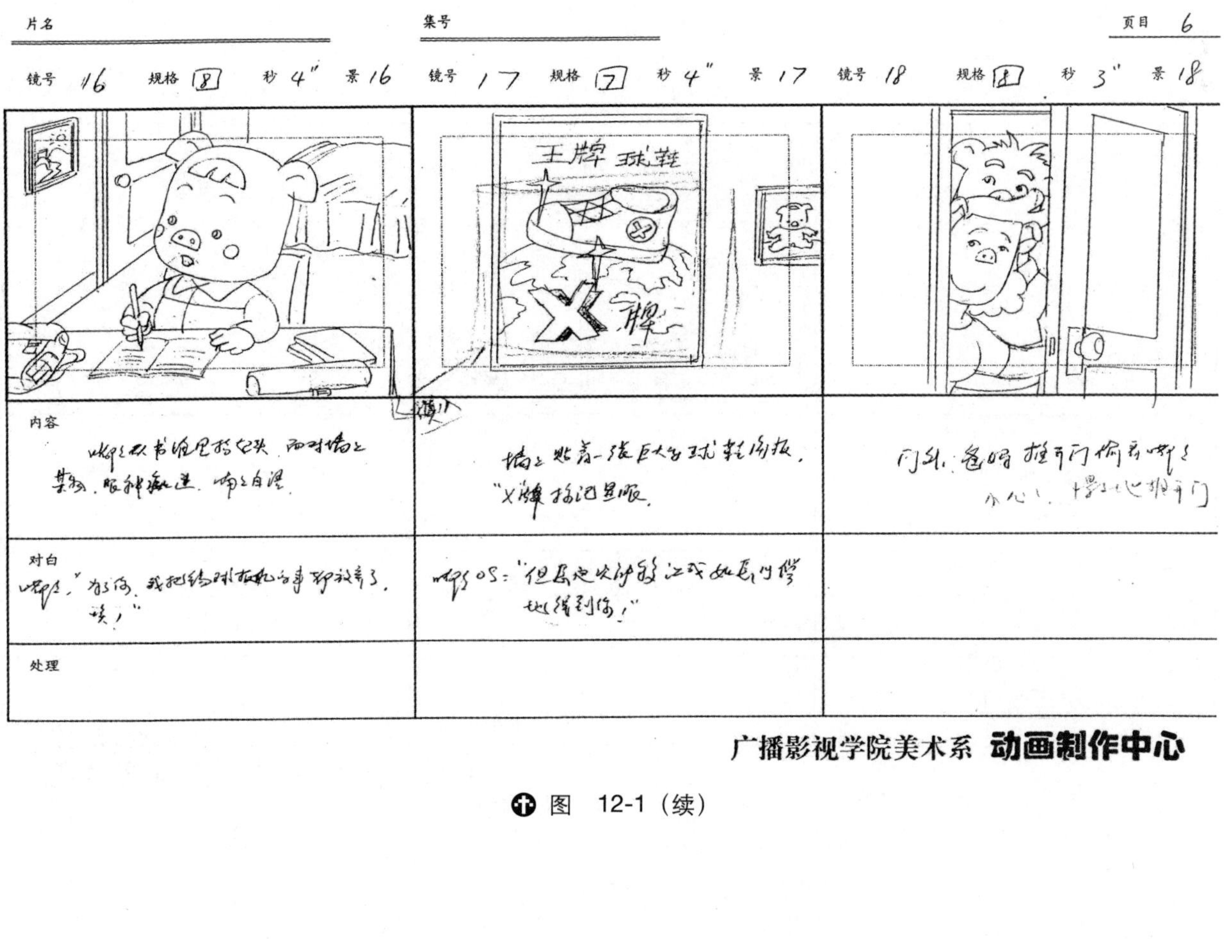
片名
集号
页目 6
镜号 16 规格 8 秒 4″ 景 16
镜号 17 规格 7 秒 4″ 景 17
镜号 18 规格 8 秒 3″ 景 18
王牌球鞋
X牌
内容
对白
处理
广播影视学院美术系 动画制作中心

图 12-1（续）

片名　　　　集号　　　　页目 7

镜号 19 规格 9 秒 3" 景 19	镜号 20 规格 8 秒 2" 景 20	镜号 21 规格 9 秒 2" 景

内容 妈妈高兴地回头，微笑对猪爸爸说	爸爸得意地咧嘴笑	
对白 妈妈：“还是你行，想出这种奖励办法，”		
处理		

广播影视学院美术系 **动画制作中心**

片名　　　　集号　　　　页目 8

镜号 22 规格 9 秒 3" 景 22	镜号 23 规格 8/9 秒 4" 景 23	镜号 24 规格 9 秒 2" 景 24

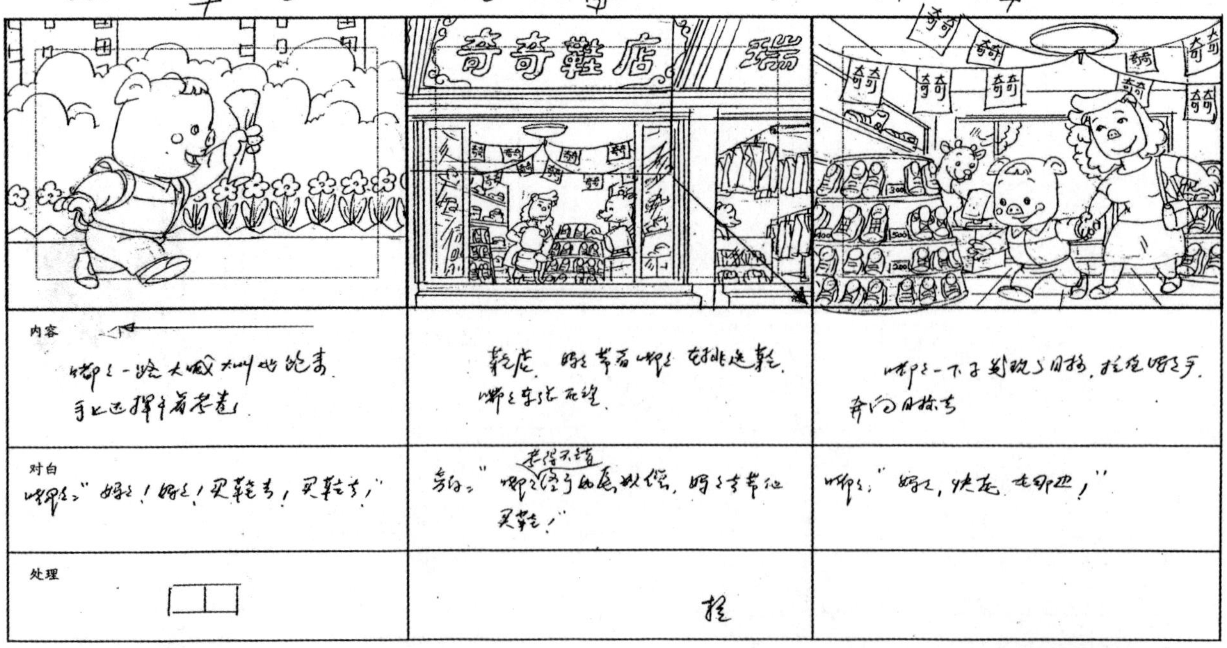

内容 嘟嘟一路大喊大叫地跑来，手上还挥舞着花卷	鞋店，妈妈带着嘟嘟在挑选鞋，嘟嘟东张西望	嘟嘟一下子就跑到目标，拉住妈妈手，奔向目标去
对白 嘟嘟：“妈妈！妈妈！买鞋去，买鞋去！”	旁白：“嘟嘟（等不及了）迫不及待地，妈妈带他买鞋！”	嘟嘟：“妈妈，快点，去那边！”
处理	摇	

广播影视学院美术系 **动画制作中心**

图 12-1（续）

12.2　熟悉造型风格和人物性格特征

为了能准确地绘制人物角色的形象动态，并塑造出性格鲜明的人物形象，就必须对人物造型进行反复研究。一开始可以靠背描画几次，然后采取默画的方法，对人物造型做到心中有数，特别是每个人物造型的特征、比例、转面变化、基本结构、服装式样、装饰挂件等。经过反复默画，熟悉了解以后，在绘制中就会得心应手。

另外，所有人物角色，都有不同的性格特征，也有着不同的习惯动作，对某个角色的性格特征了解以后，在创作中就会对人物的动作创作有意识地进行夸张和描述，这样塑造出来的人物角色才会富有生动性和真实性，如图 12-2～图 12-5 所示。

图 12-2　《大话成语》造型风格

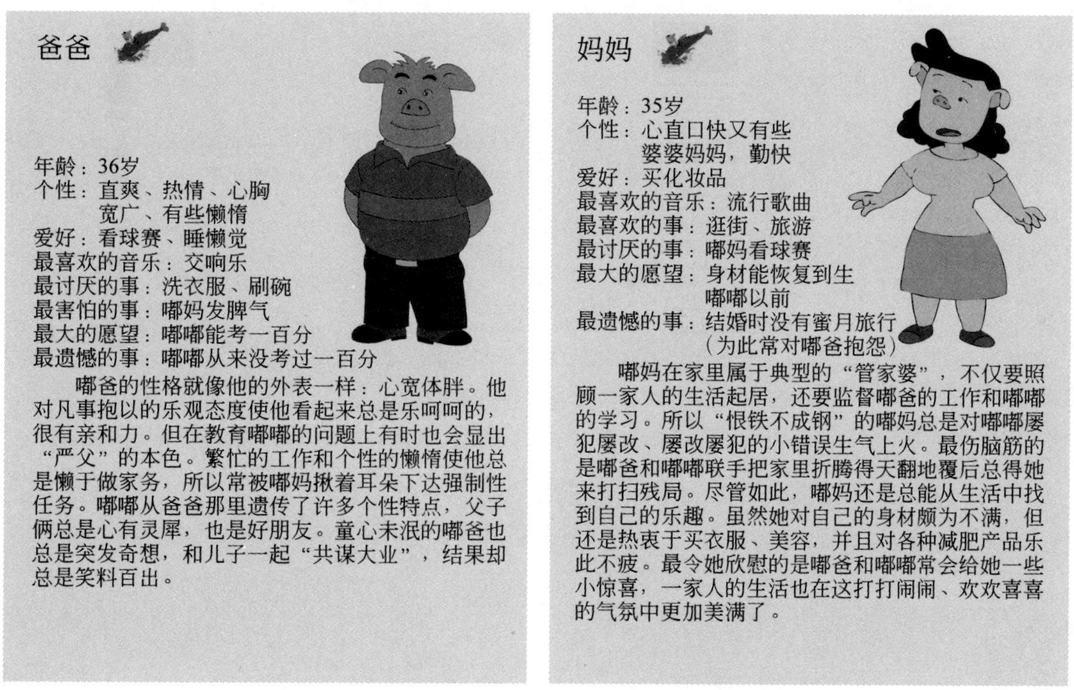

图 12-3　《大话成语》人物性格

嘟嘟

性别：男

年龄：10 岁

个性：有些粗心、有些憨厚、有些浪漫、偶有小气

爱好：喜欢甜食，爱睡、爱玩

血型：O 型

最喜欢的宠物：瞌睡猫

最喜欢的零食：神奇聪明豆

最喜欢的音乐：RAP

好朋友：眉眉

最讨厌的人：灰狼老丘

最讨厌的事：洗袜子

最喜欢的运动：踢足球

嘟嘟具有正义感，敢于和以大灰狼“老丘”为代表的社会人渣做斗争。老丘为此耿耿于怀并频频出手想加害嘟嘟，但关键时刻嘟嘟总能化险为夷：嘟嘟还有一颗善良的同情心（哎！有同情心的人烦心事也特别多，甘愿做俗人吧！）嘟嘟喜欢听别人的赞扬，可脸皮特薄，经常会脸涨得红而嘴上却说“好热的天呀！”听到批评时，他虽然是一副满不在乎的嘴脸，但内心深处却“不堪一击”，常有“流血”感，不过，他转眼就会忘得一干二净。

嘟嘟有个宠物叫“瞌睡猫”，嘟嘟非常喜欢它，偶尔生气时也会拿它出气，因此瞌睡猫对嘟嘟的关系是“爱恨交加”。嘟嘟和瞌睡猫都爱睡懒觉，也只有嘟嘟大睡的时候瞌睡猫才能睡得香。深睡 时他俩都会做有搞笑内容的梦。然而睡觉时发生地震一定是先知先觉的瞌睡猫提前预警。这就是神奇的猫！

另外，嘟嘟做事有点马虎，经常丢三落四，考虑问题往往是“一根筋”，为此嘟嘟没少吃苦头。所以说，嘟嘟遇到苦难和烦心事似乎也比别人多。但是他又是一个能及时改正自己缺点的“好同志”，但是同时又是“屡改屡犯”的那种猪。有一些习惯是他很难改掉（就目前来说），如：贪吃（不是拼命吃，而是随时随地吃点什么，尤其爱吃“神奇聪明豆”，这种食物是他的最爱，而且每回吃了此豆，嘟嘟就会有神气的力量产生！“烦恼忧愁全不见，解决问题在眼前”。正是有了这样那样的小缺点，倒也使嘟嘟的形象日渐高大，也更加可爱……

眉眉

性别：女

年龄：10 岁

个性：有些天真、有些调皮、有些浪漫、偶有小脾气

爱好：喜欢吃山西面条

血型：AB 型

最喜欢的宠物：绒绒狗（它可是瞌睡猫的死敌，为此嘟嘟和眉眉很伤脑筋，没少吵架）

最喜欢吃的零食：清凉棒棒糖

最喜欢的音乐：摇篮曲

好朋友：嘟嘟

最讨厌的人：灰狼老丘

最讨厌的事：闻到臭袜味

最喜欢的运动：晨练

眉眉是善解人意的小女生，听话，有时不免天真幼稚，得到一根棒棒糖，就会激动得认为自己是“世界上最幸福的人”了。当然有时闹点小脾气也是难免的。作为嘟嘟的好朋友，也常常会遭到老丘的暗算，嘟嘟每回都是拔刀相助让眉眉化险为夷，为此他俩的友谊也日久弥坚……

小兔

性别：女

年龄：10 岁

个性：爱美、爱哭（所以眼睛总是红的）、爱幻想、有些娇气、胆子小

爱好：照镜子

优点：挑食

最喜欢吃的零食：炸薯条

好朋友：眉眉

口头禅：“我妈说……”

小兔是那种常见的娇滴滴的小女生。追求美丽时尚，时时刻刻注意着自己的外表形象。常幻想自己的生活能像电影情节一样浪漫。能大胆地想，却不敢大胆地做。作为眉眉的好朋友，常给眉眉出点小注意（有时是馊注意），两人在一起也闹出不少笑话，她们的生活也因此充满了欢声笑语。

小熊

性格直率，爱钻牛角尖，遇事有些鲁莽有非常强烈的正义感，在班里担任班长，对班级体的事务有很强的责任心。不太爱和女孩儿说话，一说话就脸红，说话很笨，经常被其他小朋友逼得没话说，但是小熊长得很壮，有时候也会欺负其他小朋友。

小熊喜欢吃“蜜蜂棒棒糖”，为此变得很疯狂。

图 12-3（续）

图 12-4　动画片《少年狄仁杰》中的人物造型

图 12-5　动画片《少年狄仁杰》中的人物性格表现

图 12-5（续）

12.3 研究设计稿

设计人员依据导演的分镜头台本的每一个镜头画面，进行放大设计稿，包括人物和背景，设计稿是原画创作人员和绘景以及其他有关人员进行工作的主要依据。设计稿实际上就是未来影片中每一个动画镜头的具体画面。因此设计人员都在设计稿上标明了镜号规格、秒数等文字，还标有人景对位线、人物和景的分层关系、人物和景的透视关系、人物比例、人物活动位置及人物活动轨迹运动路线，还有镜头的技术处理如推拉摇移等，所以原画创作人员必须依据导演分镜头台本的文字说明，严格按照画面设计稿上的要求进行创作，如图 12-6 和图 12-7 所示。

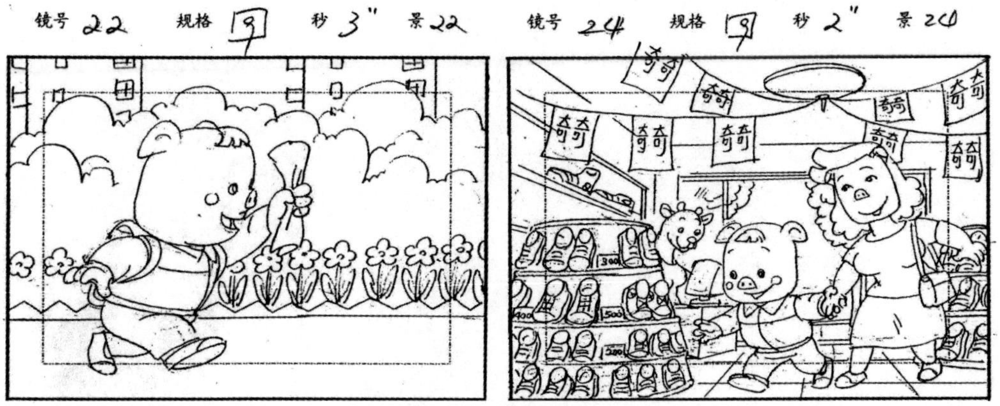

图 12-6　设计稿（一）

镜号：　27　规格：8-10　时间：3.5秒钟　景：27

图 12-7　设计稿（二）

12.4　领会导演意图、进行创作构思

在前面几项步骤弄清以后，就可以遵循导演的意图，并结合前后镜头的衔接关系，进入具体的创作构思。镜头的创作构思是原画人员进入正式绘制前的重要工作，必须充分发挥自己的想象力和创作力，可以对人物设想几种动作方案，并经过反复的考虑和设想，最后选定一个自己认为最能体现规定情境和人物性格的方案。这样的创作构思才是正确合理的，才能创作较为完美的人物动作，如图 12-8 所示。

图 12-8　原画设计

图 12-8（续）

12.5 进行动作分析

想好一套动作方案以后，原画人员就可以把这套动作进行分析研究，找出其关键动作，把它逐张画出来。在一个镜头里，原画是少数，一般讲一秒钟里的动作原画大体只画 3 ～ 6 张即可，而其他动作过程则由动画人员来完成。如何找出动作的关键动态，这就需要原画创作人员仔细研究，关键动态找得是否适当，这直接影响到整个镜头人物动作的好坏。所以，进行动作分析就显得很重要，特别是动作的一些细小转折，能充分表现出来，动作就会变得更生动，更有趣。一般动作关键都是人物动作起止和转折部位。然后进行起草作画，把关键动作逐张画出来，如图 12-9 所示。

图 12-9　原画设计

12.6 计算时间和速度并填写摄影表

当人物动作的关键动态整套都画好以后，就可以把全部画稿叠放在一起，用手迅速地逐张翻看，看看动作是否达到预想效果，如有不适之处，再进行修改，直到满意为止。接下来，就按照动作的要求，计算出整套动作的时间，同时根据总的秒数，再确定每个关键动态之间实际需加多少张动画，并画出需加动画的快慢速度表，然后对原画进行编号并在号码外加上圈，区别于动画。这样就可以填写摄影表了。填写摄影表对于原画的人员是比较难，这需要一段时期的训练和联系，等有了经验就比较容易了。同样一套原画，可以有不同的填写，而出来的效果是不一样的，动作的节奏、快慢速度，都同摄影表填写有关。一般每张拍两格，也可以拍一格或三格，而动作的停顿需要几格都很有讲究，就像写文章有顿号、逗号、句号等，我们按照原画的编号填写摄影表，根据镜头导演规定的秒数是否基本相等，这样，一个镜头才算基本完成了，如图 12-10 所示。

图 12-10　图 12-9 原画设计动作的摄影表

12.7　动检仪检查和修改

整套镜头填写好摄影表之后，就可以把镜头画面通过动作检验仪的电脑线拍，并根据摄影表的格数连贯起来，这样，整个镜头的人物动作便在电脑屏上活动起来。通过这种直观的效果，我们就可以反复观看，人物动作是否达到了自己预想的效果，是否表达了镜头内容，而人物的速度和节奏是否合适，人物的动态幅度大小是否适当，人物的层次透视等是否对。如有不适之处，那么就要进行修改和调整，直到满意为止，如图 12-11 所示。

图 12-11　动检仪检查

12.8　导演签字通过

镜头通过动检仪的反复观看和修改，满意之后，就可以请导演一起观看审查，如导演还有不满意的地方，那还要进行修改，直到导演审查通过，并在镜头卡签上 OK，表示镜头通过。到这时，这个原画镜头才算最终完成，并将镜头和摄影表交修形的人员，对原画的人物形象进行统一的修形，使人物形象更符合造型要求。最后，镜头可由原画创作人员进行誊清复描成正稿，也可以交由动画人员进行誊清复描。到这时，这个原画镜头的创作才最后完成了，如图 12-12 所示。

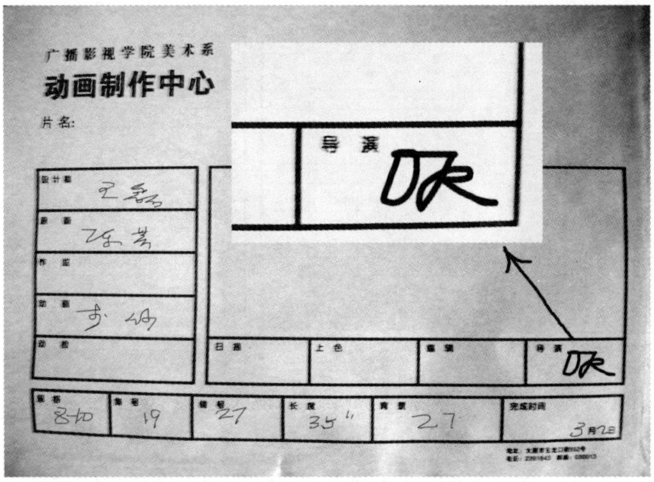

图 12-12　导演签字

第 13 章
学会分析动作

作为一名原画创作人员，拿到设计稿后，必须按照剧情和导演的意图，设计出人物角色的不同的表情和动作的关键动态画面。而如何去设想和构思人物动作关键动态画面，那就要进行动作分析，这是原画进行再创作的过程，也是原画进行工作的一个很重要的基本功。

13.1　进行动作分析

不会进行动作分析，也就不可能进行原画创作。那么，怎样进行动作分析呢？具体方法就是：设想、拆散、聚拢、表现。

13.1.1　设想

原画创作人员拿到具体镜头的设计稿，就必须首先根据剧情和导演的意图，对人物角色的活动和动态作一番设想，反复设想采用什么动作才能最充分地体现导演的意图和最能表达规定情景下角色的典型动作，这是原画进行再创作的过程。在这里必须指出，一个初学原画的创作人员容易犯的错误就是只考虑如何去画好一个个动作的动态画面，只是局部地、单个地去画，而忘却了整个动作的连贯性，结果造成单个动态画面画得还可以，但一套动作一连贯起来，就显得呆板、僵硬，更谈不上体现表达规定情景下角色的典型动作，这种做法只注重于动态细节的表达，在细枝末节上纠缠不清，而忽略了动作大结构、大方向，从而导致动作的失败，使整个画稿都白白浪费了。犯这种错误主要是因为缺乏整体动作的设想。如图 13-1～图 13-3 所示为对动画人物动作的设想。

图 13-1　动作（一）

图 13-2 动作（二）

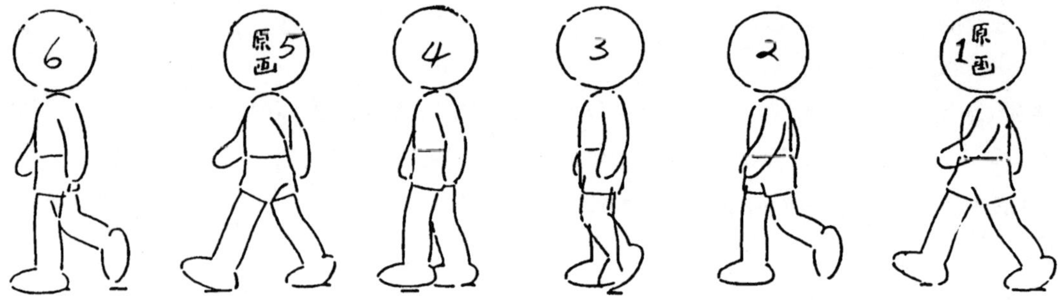

图 13-3 动作（三）

13.1.2 拆散

人物角色的整套动作设想好以后，接下来就需要进行动作分析，把整套动作进行拆散，确定哪里是动作的起止和重要转折的关键画。这样的拆散就是为了确定哪些是必须要由原画创作人员画出来的动态关键画面。动作的起止和重要转折的画面，一定要把握住动态的生动性和准确性，这同一个人物角色的动作是否舒服到位有着非常重要的关系，人物转折动作的幅度大小、高低位置，动态线的连贯和透视变化程度，必须要经过再三推敲，如图 13-4 所示。

图 13-4 哪吒自刎原画

13.1.3 聚拢

前面讲到整个动作过程进行拆散为单个关键动态画，按照动作的前后次序逐一连接起来，并编写号码。所有单个动态关键画所组成的人物动作，经过计算后确定需要多少时间。根据时间就可以确定整套动作共需多少张动画。根据动作的节奏，就可以填写摄影表。这样，一套完整的动作就基本完成了。要把单个的动作关键画按照刚才讲的一套顺序做好，就是聚拢组合，如图 13-5 和图 13-6 所示。

图 13-5 原画动作的聚拢（一）

图 13-6 原画动作的聚拢（二）

图 13-6（续）

13.1.4 表现

作为一名原画创作人员，必须具有较强的速写与默写的基本功，也就是要有扎实的绘画基础。特别是默写能力。要把你已经设想的动作在找出动作关键动态后，就要逐张画出来，而这些动作关键画是不可能有模特儿摆着动作让你去画，这就要靠你的绘画基础和默写能力，应能迅速而准确地画好动作关键画。随后就把所有画好的动作关键画按顺序叠放在一起，通过用手反复翻看动作，或者通过动检仪的线拍，那么，你所画的整套动作关键画就可以活动起来，这样，人物角色便会活灵活现地表现自己的喜怒哀乐。应仔细地揣摩这套动作是否达到自己预想的设计效果，是否达到导演的要求。如图 13-7 和图 13-8 所示。

图 13-7　速写图

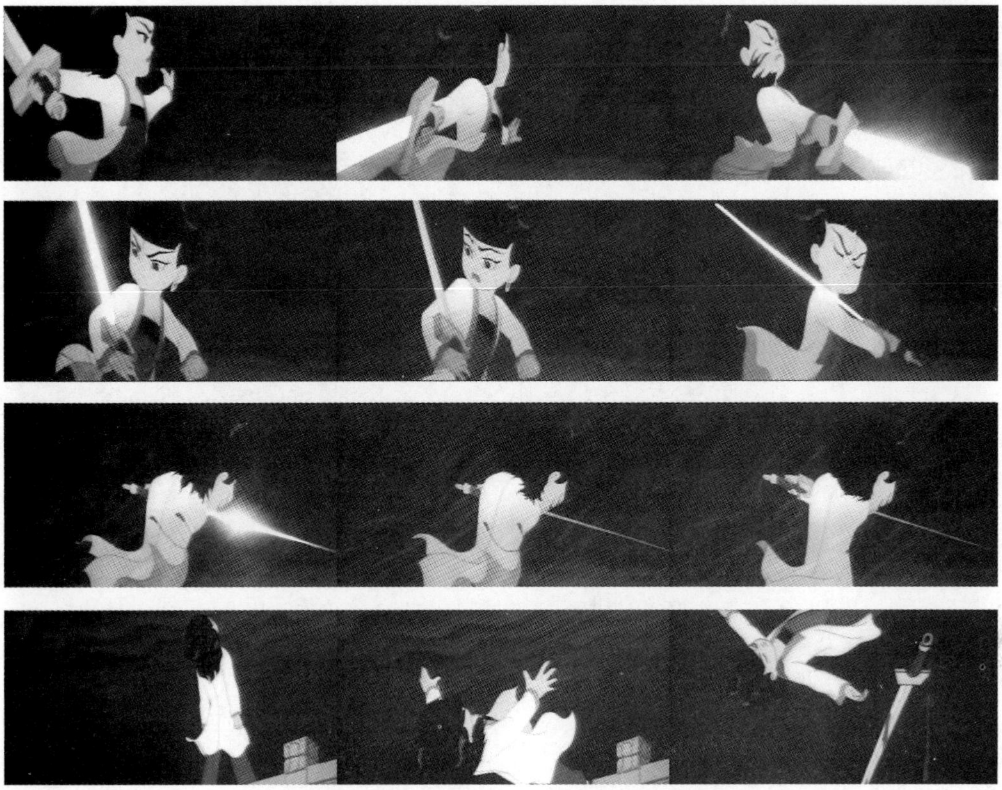

图 13-8 《哪吒闹海》哪吒自杀的镜头

13.2 如何去分析动作

学会进行动作分析，这是原画创作人员必须具有的基础。当拿到设计稿时，根据剧情和导演的意图，把这个任务的整套动作设想好，那么，我们并不是把这个人物动作从头到尾按顺序一张一张地连续画下去，而是先要分析动作，应明确多个人物动作或一连串组合动作之中，肯定会有动作的开始和结束，以及由于动作目的、动作力量、动作速度的改变而产生的动作变换的转折点，这些都是动作的关键动态画，也就是原画创作人员需要画的原画。为了能说清动作的关键动态画的基本含义，可以从以下两点做一些说明。

13.2.1 动作的开始和结束

不管人物有什么动作，那么这个动作肯定有开始和结束这样两个关键动态画。那么，只要先选定这两个动作关键动态画，整个动作就很清楚了，如图 13-9 所示。

13.2.2 动作的转折点

整套动作往往需要通过几个动作才能体现出来，也就是有几个变换的转折点来连接，不可能一个动作一下子表现到位，因为在一整套动作的变化进程中，由于重心的转移或力量的大小、速度的快慢等的改变而发展到一个极限，便会产生动作的转折点。而且一个镜头中的人物角色根据剧情和导演的意图，会有许多连续性的动作组合来体现，那么在这么多的动作中，就会有很多动作变换的转折点，起到承上启下的作用，或进行动作内容的交接，这些点都是原画创作人员必须要研究和把握的。一开始画的时候，这些连续性的动作，以及中间的动作变化的转折点，看起来没有什么明显的开始和结束，所以找起来有点困难，但你只要仔细分析一下，就会很容易找到。在一个动作开始时，往往有一张画面来表现准备动作，结束时也往往有一张画面来表现缓冲动作。如图 13-10 所示为动作的几个转折点。

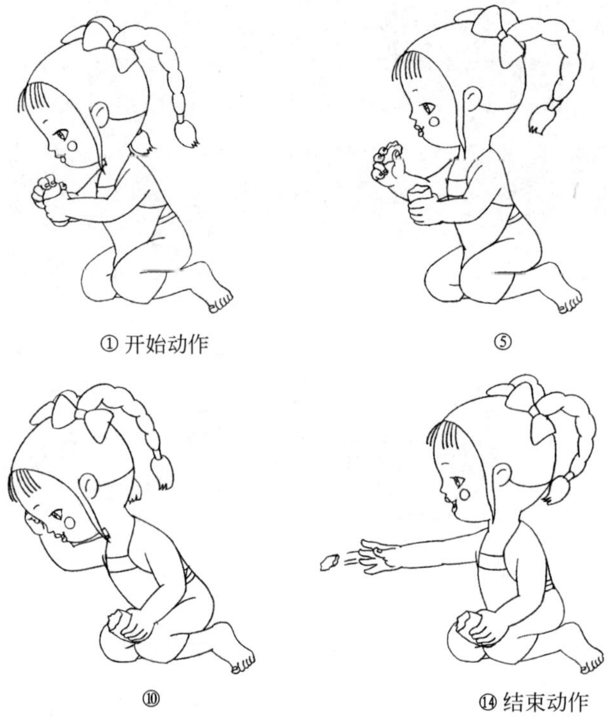

图 13-9　动作的开始与结束

图 13-10　动作的几个转折点

13.3 动作转折点的类型

要完整地表现人物的整个动作，除了划分动作的各个段落、分析动作的关键动态画之外，还要清楚各个转折点是属于什么类型，这样，画的时候才能做到心中有数、有条不紊。从广义的概念上分析，动作的关键动态画由以下几个部分组成。

13.3.1 动作开始前的停顿状态

动作开始前的停顿状态指一个动作的开始状态。人物刚开始做动作之前，先有一个定格的姿态，要让观众能清楚地看到一个动作是怎样开始的。在这里，原画创作人员要考虑到人物的构图位置的安排，同时也要注意到动作展开以后在整个动作过程中的构图位置，尽量避免人物有局部出画和构图不完美的地方。如图 13-11 所示为动作开始前的停顿状态。

图 13-11 动作开始前的停顿状态

13.3.2 主体动作开始前的准备

在一个动作开始的时候，必须要有一个预备动作，否则，动作就会呆板、僵硬、简单。我们讲“先曲后直”或“先收后放”，就是说如果要挺直，那么先要弯曲一下；如果要伸出去，就先收回来，这在生活中是最简单的道理。动作越大，预备动作也越大；动作越少，预备动作也越少。即使一个简单的点头，也要先稍微抬一下头再低下头。如果要使自己的拳头打出去有力，那么先要收回自己的手臂，才能用力向前打出，这些都是预备动作的转折点，如图 13-12 所示。

图 13-12 主体动作开始前的准备

13.3.3 准确把握主体动作

当我们根据剧情和导演的意图设想人物动作时，应使这套动作能说明剧情的内容，因此，为了充分表达人物的动作目的、力量和速度，就必须准确把握住人物的主体动作，并且要准确把握动作的夸张和幅度。把主体动作表现好才是这套人物动作的关键所在，如图 13-13～图 13-15 所示。

图 13-13 主体动作的把握（一）

图 13-14 主体动作的把握（二）

图 13-15 主体动作的把握（三）

13.3.4 刻画附属物的追随动作

由于受到主体动作的影响，人物身上所有部位及其中附属物体也会产生动作变化，这就产生了追随动作。作为一名原画创作人员，在注意刻画主体动作关键动态画时，必须注意到人物身上所有追随动作的刻画，例如，人物身上的衣裙、披风、装饰物、长发等，动物身上的长耳朵、尾巴等。当人物处在运动中，这些附属物体也同样在做不同的追随运动。当人物停止动作时，这些附属物体仍然会以它自身的运动方式继续运动并逐渐停止。因此，原画创作人员在设计人物动作时，可以先忽视这些附属物体的追随动作。也就是说，当人物在进行主体动作时，这些附属物体仍然没有动作，只是处于下垂状态。或主体动作停止时，附属物体也随着突然停止动作。那么，尽管你把主体动作设计得还不错，但是由于忽视了所有附属物体的追随动作，这组人物动作的设计就不会让人舒服。而且作为一名原画创作人员，必须了解力学原理在追随动作中的应用，各种不同的附属物体在运动中会有不同的变化，所以必须学会掌握主体动作与追随动作之间的协调关系，如图 13-16 和图 13-17 所示。

图 13-16　动作的追随状态

图 13-17　跑步动作的追随状态

13.3.5　受外力影响的反应动作

当外部的力突然加到人物身上时，人物会受到刺激而出现反应的连锁动作，反应动作有柔和的，也有极其明显的。由于反应比较明显，往往采用极其夸张的手法，使动作更为卡通化，更富于动作的张力。而这种极为夸张的反应动作，容易取得较好的效果，如图 13-18～图 13-20 所示。

图 13-18 受外力影响的反应动作（一）

图 13-19 受外力影响的反应动作（二）

图 13-20 受外力影响的反应动作（三）

13.3.6 动作最后结束的亮相动作

原画创作人员依据剧情和导演的意图，人物通过一系列的表演，终有结束，最后处于停止状态的动作，就是结束动作。原画要充分注意人物姿态的准确表现，往往这也是人物的亮相，另外，要注意人物的构图位置是否舒服，如图 13-21 和图 13-22 所示。

图 13-21 动作最后结束的亮相动作（一）

图 13-22 动作最后结束的亮相动作（二）

13.3.7 动作结束后的延续动作

一般人物或物体对外界的刺激做出反应之后，不管是柔和的反应还是强力的反应，人物或物体自然会进行延续的动作，也就是做一些缓冲动作。原画在动作设计中，如能充分考虑到缓冲动作，那么，这个人物的动作就会显得很自然，也很具体和生动。而缓冲动作有顺向缓冲和逆向缓冲，其效果是一样的，但由于主体动作方向不一样，而选择缓冲动作的顺逆方向也不一样，这是必须要注意的，如图 13-23～图 13-26 所示。

图 13-23 动作结束后的延续动作（一）

图 13-24 动作结束后的延续动作（二）

图 13-25 动作结束后的延续动作（三）

图 13-26　动作结束后的延续动作（四）

以上介绍的几种动作转折的类型，作为一名原画创作人员是必须要掌握的基本规律，但不要孤立地去理解和套用，因为人物和物体在运动中，往往是相互穿插发生，如果把这些类型的规律较好地运用在整个动作中，那么这个人物就会显得很有活力，会给人们留下极其深刻的印象，如图 13-27 所示。

图 13-27　综合动作

第 14 章
动画角色设计概述

动画角色设计不只是单纯的美术性质的工作，在当今“大动画”的范畴中，除了影视动画作品中必不可少的创作环节之外，更多地带有后续研发的特性。二者并不矛盾，是相辅相成、相得益彰的。如果在设计动画角色时，仅仅考虑其审美性，而不去考虑其思想性和内涵性，那么，所设计的角色将会缺乏感染力和长久的生命力。从商业角度讲，一个优秀的角色形象所带来的商业价值是惊人的，迪斯尼的米老鼠和唐老鸭的动画明星形象就是一个成功的例子。一个成功的动画角色能够迅速衍生出与其相应的周边产品，从而给投资商带来高额的利润回报，但这些效应同样离不开影视动画作品的成功。因此，我们从学术角度讲，动画角色设计首先必须符合和满足剧本和导演的要求，从而再带动后续商业模式的开发，如图 14-1～图 14-11 所示。

图 14-1　米老鼠

图 14-2　唐老鸭

图 14-3　米老鼠和唐老鸭背心

图 14-4　唐老鸭钟表

图 14-5　动画造型孙悟空

图 14-6　孙悟空上衣

图 14-7　大闹天宫宣传页

图 14-8　阿凡提漫画书

图 14-9　阿凡提插画

图 14-10　阿凡提玩具

图 14-11　阿凡提食品

14.1 角色设计在动画创作中的重要性

动画创作离不开美术设计，而角色设计又是美术设计的重要组成部分。作为一名角色设计师，不仅要具备绘画技能、动画专业知识还要懂得一些美学、心理学、传播学、设计学、策划学以及动画产品营销等方面的知识，才能胜任角色设计的工作岗位。从另一角度讲影视动画作品是“大动画”中的一个环节，没有影视动画作品就谈不上后续研发。而动画角色是影视动画作品中必不可少的因素，同时也是影视动画作品中的主要组成部分。它有具象的、意象的和抽象的形式。如果影视作品中没有了角色，就如同电影中没有了演员，没有了讲故事的载体，是无法想象的。动画是一门特殊的、综合的影视艺术形式，动画中的角色与电影中的角色是不同的，动画角色完全是虚拟的，是美术设计人员根据剧本的描述创造出来的，更具有想象性和灵活性。而电影中的角色是真人表演的，相对具有局限性。动画中的形象具有极强的夸张性，既来自于现实而又高于现实。这样设计出来的动画形象才能既符合动画创作的要求又能有较强的后续开发潜力，如图 14-12 所示。

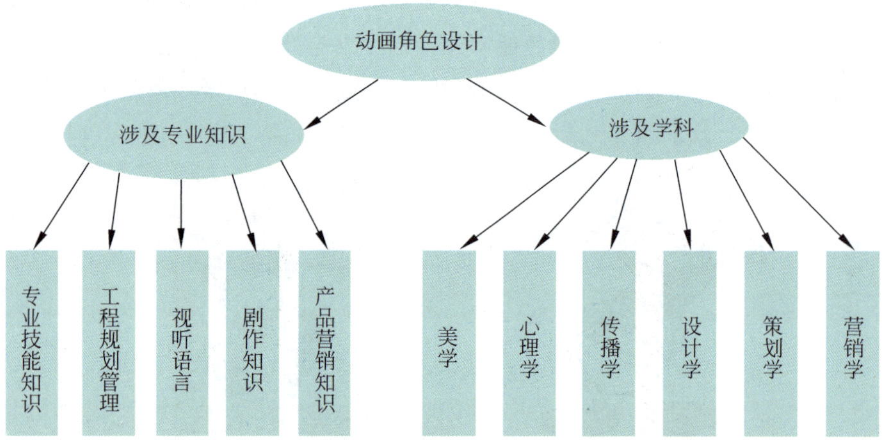

图 14-12　动画角色设计所涉及的知识结构

14.2 角色设计要遵循剧本和导演的意图

动画角色设计通常是指创造鲜活的虚拟形象来满足动画表演、剧情展示和观念传达的需要，为观众提供耳目一新的动画形象。而导演的工作是根据动画剧本，通过一系列手段，来驾驭角色及道具在特定场景中的活动以表现故事情节，从而达到自己艺术理想的目标。因此，导演要遵循编剧的创作即剧本的要求，美术设计人员要遵循导演的要求，动画角色设计要遵循美术设计人员的要求，当然也必须要符合导演的意图。

在动画片的创作过程中，剧本是一剧之本。导演是根据剧本来进行创作的，当然也有导演自己的创作意念。动画剧本决定着角色设计的类型，导演掌握的动画片的艺术风格很大程度上受剧本内容的影响，不同的故事情节决定了不同的风格表现形式，从而要设计出不同风格类型的动画角色。如喜剧、悲剧、正剧和闹剧都有不同的基调，科幻、童话、鬼怪和青春偶像类型都决定了属于自身艺术风格的角色设计样式。一般情况下，人们可以清楚地觉察到，科幻类题材的角色设计要显得神秘、虚幻、有很强的想象力；童话类题材的角色设计要显得可爱、甜蜜一些；鬼怪类题材的角色设计要增加凶残恐怖的设计元素，来突出其恐怖狰狞的形象；青春偶像类题材要尽量追求阳光、健康、色彩明亮的效果。导演往往要通过剧本中文字的叙述来要求美术设计人员在设计角色造型时，要认真分析角色的形态特征、衣着特征、性格特征、动作特征以及语言特征等因素，从而把握角色在特定环境下的造型基调及色调，进而挖掘角色特有的精神气质、思维情感塑造出具体鲜活的角色形象来。并通过形体、动作、声音的协调统一，最终呈现给观众一个丰满而具生命力的角色形象，如图 14-13～图 14-20 所示。

美国动画电影《怪物公司》

美国动画电影《机器人9号》

日本动画电影《风之谷》中的怪物

图 14-13　科幻题材的造型

图 14-14　科幻动画电影《机器人 9 号》的截图

《鼹鼠的故事》中的鼹鼠

鼹鼠的漫画造型

《大耳朵图图》中的图图

阿童木的造型

图 14-15　童话题材的造型

图 14-16　童话题材的动画系列片《鼹鼠的故事》

《僵尸新娘》中的僵尸新娘

漫画中的幽灵

漫画中的怪物（学生作品）

图 14-17　鬼怪类题材的造型

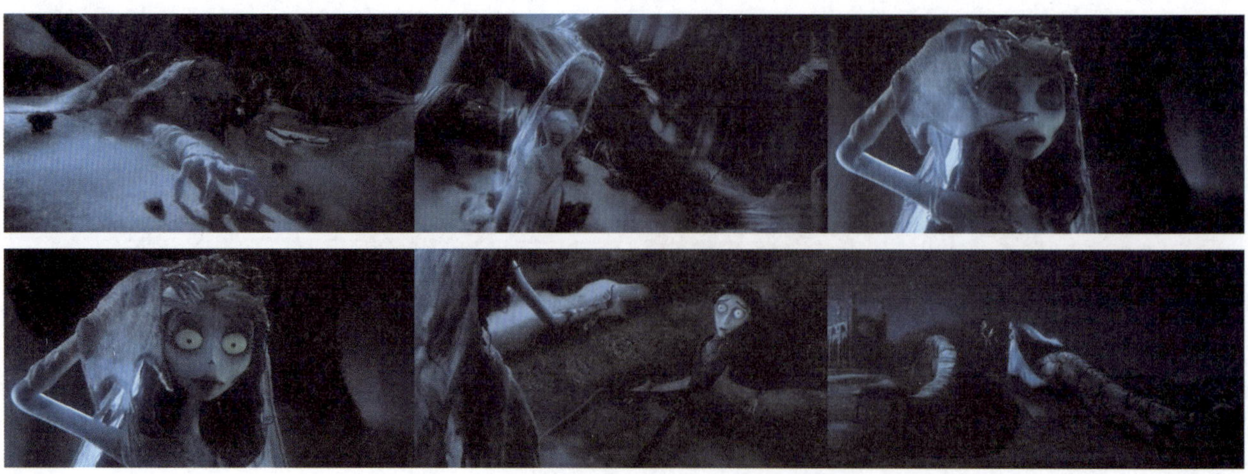

图 14-18　鬼怪类题材的动画电影《僵尸新娘》的截图

动画系列片《我为歌狂》　　《我为歌狂》中的少男少女　　《灌蓝高手》中的人物造型

图 14-19　青春偶像类题材的造型

图 14-20　日本动画系列片《灌篮高手》的截图

14.3　美术风格的确定和素材的收集

角色设计可以借鉴不同的风格类型，但必须要与剧本和导演所确定的美术风格相一致，这样才能融入影片整体风格之中。作为视觉元素角色设计，其形象和色彩的好坏很大程度上决定了影片的质量和形式美感，也影响着观众对影片角色的接纳程度。因此，在设计动画角色之前，对受众群的考察和评估是非常重要且必要的。首先考虑给谁看，这里就要考察受众群的年龄层次、文化层次、地域喜好及其对当下流行的接受情况等方面的问题来制定出相应的角色设计方案。如服务对象是 4 ～ 6 岁的儿童，在造型元素上就要简洁明快，色彩上要鲜艳亮丽，形象上尽量甜美圆润以符合儿童的观赏心理要求。如服务对象是 18 岁以上的青年，造型元素上就要丰富得多，色彩就有了明显的趋向性，并附有一些特定的标识以赋予人物深刻的内涵，这样才能引起他们的观赏兴趣。其次，要考虑确定美术风格样式。不同的艺术风格样式都可以为动画所借鉴，融入到动画形象中去。这不仅能创造出新的样式，更能丰富角色造型的表现语言，使角色更具艺术魅力，如图 14-21 和图 14-22 所示。

《海贼王》中的乔巴造型

美羊羊造型

小红猪造型

《牡丹仙子》中的造型

游戏里的造型

《小熊维尼》里动物们的造型

小机器人造型

《龙猫》里的造型

白雪公主

七个小矮人

图 14-21　儿童喜欢的动画造型

《花木兰》中的造型

京剧里的造型

游戏里的造型（一）

蜘蛛侠造型

机器人造型（一）

机器人造型（二）

游戏里的造型（二）

忍者神龟造型

图 14-22　青年人喜欢的动、漫画造型

造型设计的表现形式丰富多彩、种类繁多，大致可分为写实类风格、绘画类风格、符号类风格、装饰类风格和写意类风格几类。

1. 写实类风格角色造型

写实类角色造型与自然和现实的形象比较接近，其结构、比例和形象方面与真人相比没有太大的改变。虽然经过了概括、夸张和变形，但组接起来接近自然真实的一面。这类造型在动画影视作品中的表现上，观众容易接受、理解与沟通，使得影片感觉来自于自然，而且高于自然。写实类风格角色造型设计的重点是对角色身体各部位形态上的把握，需要设计者有较强、扎实的基本功，熟悉了解人物、动物等的结构、比例和解剖知识。重点要提高形象的可读性，创造容易识别、个性鲜明的角色效果，防止千人一面的概念化、形式化的设计，如图 14-23 和图 14-24 所示。

游戏造型

《蜀山传》动画造型之紫剑、青剑、剑童

写实漫画造型

图 14-23 写实类风格造型

日式漫画造型

《怪物史莱克》中的造型

图 14-23（续）

图 14-24 《花木兰》中的花木兰造型

2. 绘画类风格角色造型

绘画类角色造型设计能充分发挥设计者的个性，与美术有着密不可分的联系。由于绘画风格多样，因此，动画片的风格也是多种多样。一般情况下，美术作品是一幅幅的单幅画面，其创作者的主要精力都集中在一幅画面上。而动画是由一帧帧即一幅幅不动的画面组织起来，通过每秒 24 帧的时间速度去连续播放，使画面活动起来。这就要把某种绘画美术风格一幅幅地画出来，其工作量和难度就可想而知了。不过，在绘画过程中可以吸收、借鉴多种绘画艺术风格进行动画片的创作，使动画片的艺术风格丰富多彩，体现不同情绪、内涵的表现形式，使观众从中得到乐趣与心理满足，如图 14-25 和图 14-26 所示。

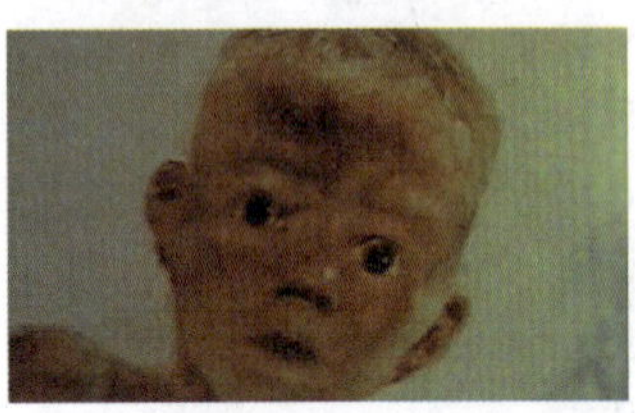

油画类动画短片《小牛》中的造型

版画类造型

图 14-25 绘画类风格动漫造型

素描类造型（一）

素描类造型（二）

水彩类造型

中国工笔重彩造型之“牛头、马面”

连环画《孙悟空大闹天宫》之孙悟空

电脑绘画动漫造型

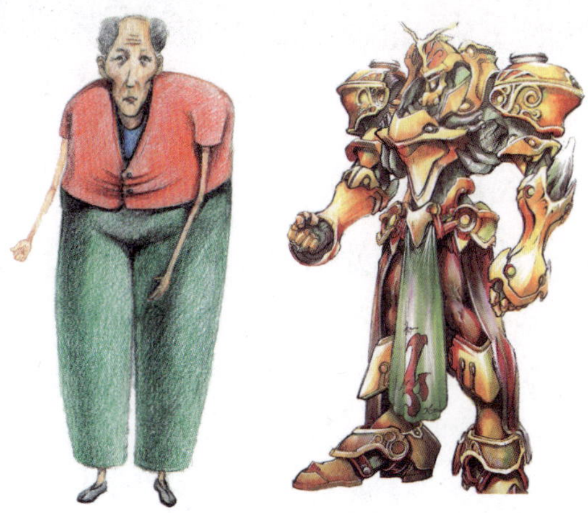

彩色铅笔绘画动漫造型

蜡笔绘画动漫造型

色粉笔绘画动漫造型

彩色铅笔绘画动漫造型

图 14-25（续）

图 14-26 油画动画短片《小牛》中的造型

3. 符号类风格角色造型

符号化角色造型与真人相比差别很大，是设计者对形象的高度概括与提炼。一般是抓住角色最基本、最单纯的结构特征，对其进行强调、夸张和变形。因此，形象非常简洁、结构非常单纯，表情非常生动，色彩非常艳丽能赋予角色以生命力，在绘画上简便、快捷，形象上较适合标志和符号，常用于表现儿童和某些艺术类动画片，如图 14-27 和图 14-28 所示。

Q版符号造型（一）

图 14-27 符号类风格动漫造型

Q版符号造型（二）

简练、概括的符号化造型

Q版类动漫造型

Q版类《蜡笔小新》中的造型

Q版类造型（一）

图　14-27（续）

Q版类造型（二）

Q版类吉祥物造型

图 14-27（续）

图 14-28 动画电影《红孩儿大话火焰山》中的造型

4. 装饰类风格角色造型

装饰类风格动画角色具有浓郁的装饰艺术形态和民间艺术风格，其形象大多在丰富的民间或现代绘画艺术中吸取养分。画面构图完美圆润，色彩绚丽多彩，造型质朴夸张，具有强烈的审美特征。其作品常常能使人耳目一新，有新颖独特的感觉，观众看了心情愉悦，能产生共鸣。如装饰性壁画风格的动画片《九色鹿》和剪纸动画片《渔童》等，如图 14-29～图 14-31 所示。

动画电影《大闹天宫》中的造型

动画电影《哪吒闹海》中的造型

动画系列片《鼹鼠的故事》中的造型

动画系列片《葫芦娃》中的造型

《西游记》猪八戒剪纸造型

国外动画片装饰造型

装饰类造型

装饰画

图 14-29 装饰类风格动漫造型

图 14-30 动画电影《九色鹿》中的造型

图 14-31　动画片《渔童》中的造型

5. 写意类风格角色造型

写意类角色造型具有强烈的主观意愿，通过形式表达其内在的深刻含义。因此，造型也应具有意象的特征，并不是具体的形象，可能是现实中的形象与创作者内心的形象相结合的产物，往往形式感很强，表现性很强，个性特征明显。此种类型由于注重外在的表现形式，因此，角色原型就摈弃掉许多因素，以动画片的整体风格和印象以及导演的主观愿望为前提，带有较强的表现性。如果与其风格相统一的背景烘托的话，能给观众产生强烈的视觉效果。所以，这类动画片显得更另类，在极具风格的实验性短片中应用较广，如图 14-32～图 14-35 所示。

水墨动画《山水情》中的造型

水墨动画《牧笛》中的造型

动画电影《九色鹿》中的造型

图 14-32　写意类风格动漫造型

夜晚的意境

动画电影《功夫熊猫》中的造型

动画短片《木摇椅》中的造型

图　14-32（续）

图 14-33　写意类水墨动画片《山水情》截图

图 14-34　音乐动画片《幻想曲》中写意类风格角色造型

图 14-35　动画短片《木摇椅》中的片段

第 15 章
动画角色设计常用的方法

动画有其自身的形式、规律与设计要求，动画角色设计作为动画创作的重要组成部分，也有其自身的独特形式、规律和方法。其方式可概括为归纳与概括、夸张与变形、拟人与拟物以及嫁接与替换等几种。

15.1 归纳与概括

在动画角色设计中，一个成功、典型的造型设计，都是日常生活中的要素，通过设计者的再创造将零散的元素按照剧本和导演的要求有规律地加工而成的，再经过剧情的演化给观众留下深刻的印象。但在具体的设计中，创作者的理解方式和价值取向不同导致形象创作方式的不同。但造型的基本功能是要满足剧情的发展和导演的创作意图，无时无刻不受到时间、空间、文化背景的影响。因此，创作者必须对现有素材进行归纳与概括，以满足造型特定功能的需要，从而创造出既有文化底蕴又富现代感的动画造型来。如图 15-1～图 15-4 所示。

图 15-1　以“猪”为原型的动画造型设计

图 15-2　以“熊猫”为原型的动画造型设计（选自美国动画电影《功夫熊猫》）

图 15-3　以“狮子”为原型的动画造型设计

图 15-4　以“老鼠”为原型的动画造型设计

15.1.1　归纳与概括的含义

动画角色设计的归纳与概括是根据动画剧本和导演的意图，来突出角色的特征以及为整个动画提供便捷的制作规范，并对自然对象作形体的高度概括与提炼。作为一名动画设计师应当具备这样的基本素质和能力，但也不是对形体进行随意的简化，而是要建立在剧本的要求和深厚的造型基础之上的。创作的造型既要避免因形体高度概括造成的生硬呆板、易于雷同、降低表现力的弊端，又要减少因过于烦琐带来的复杂、提高制作成本、失去中心和重点的毛病。因此，动画角色设计的归纳与概括是建立在对剧本的深刻体会和认真梳理的基础上。通过高度的概括，使角色具有针对性、可视性和辨识性，是创作者对表现对象整体特点的自觉意识，体现其个人风格。也是综合了角色形象的比例结构、形体特征、运动方式等因素的总体印象，体现了创作者的艺术感受和追求。概括不是简单删减，它是创作者对形象观察、思考和孕育的结果，也是完成形象的开始阶段。理想的基本形一经确定，又能反过来引发创作者更强烈的想象和表现欲望。采用夸张、变形、嫁接等各种手段，产生出众多的形象来，从中选定最具特征、意味的造型。因此，归纳与概括是动画形象创作的关键一步，融合了创作者的感受和个性，可以说是创作者的再创造，如图 15-5 ~ 图 15-8 所示。

图 15-5　动画电影《花木兰》中花木兰的造型

图 15-6 动画电影《花木兰》中的截图

图 15-7 孙悟空的造型

图 15-8 动画电影《大闹天宫》中孙悟空的造型

15.1.2 归纳与概括的手段

动画角色设计的归纳与概括虽然艰难，但也有其创作的手段和方法。

1. 形象几何化

几何形是人们认识事物的高度概括，是从具体形象中抽象出来的。但为了认识上的方便，我们又反过来把复杂的形象进行几何化概括，摈弃掉较复杂的细节，只保留其本质的东西。在动画造型创作中，我们常常运用这种方法理解复杂的结构，并以此为基础进行信息的叠加和处理，还通过几何形体的组合造型来训练各种动势动态，可谓既便捷又实用。一般情况下，在设计动画造型时，把复杂的形象分解成较简单的几何形组合，确定不同体形、身高、头身比例及基本结构关系，并进行大胆地提炼和夸张，体现出整体动势和特征，然后再进行细化，使角色整体协调而丰富，如图 15-9 ～图 15-11 所示。

图 15-9　形象几何化的由简到繁的造型

图 15-10　形象几何化的造型

图 15-11　动画电影《僵尸新娘》中的造型

2. 形象符号化

符号化是一种标志。将形象符号化为一种简洁、明快、极具风格的动画样式，是动画创作者喜欢采用的一种方式。这类动画形象作为一种图像符号体系，能形成一种“有意味的形式”，如较流行的 Q 版造型等。在动画创作中，这种形象的符号化，能使观众产生一见钟情、过目不忘的效果。并且使用范围非常宽泛，不仅用于具有艺术性的动画片中，而且用于信息传播和意义表达的传递中，使得这种手段有较强的实用性，如图 15-12 所示。

图 15-12　形象符号化中的造型给人简洁、明快的视觉效果

3. 形象意象化

意象是客观现实与主观想象相结合产生的新的形象。在动画造型创作中，其动画形象有时并不能在自然界中找到与其完全相匹配的原型，而是创作者应用各种手段再加工原素材而形成的有意味的新的形象。创作者往往通过隐喻、比喻、暗喻和象征的手法，使新的形象具有一种更深层的意义和内涵。这也是为表现特定的主题而设计的，从而达到让观众获得另类感受的目的，并能体会、享受到另外的艺术魅力，如图 15-13 和图 15-14 所示。

图 15-13　形象意象化中的造型给人象征的意义

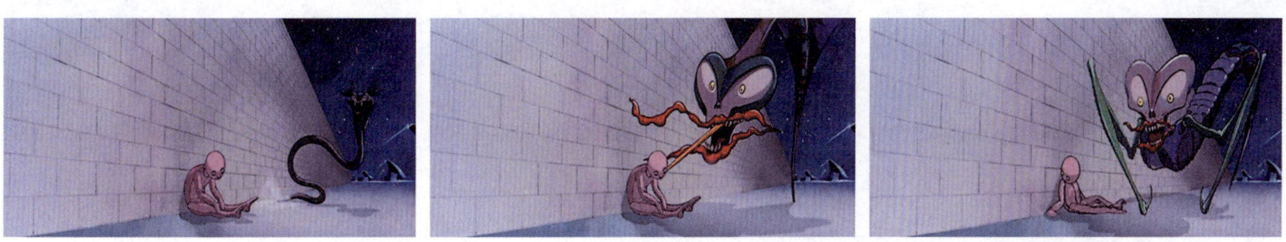

图 15-14 电影《迷墙》中动画片段的象征意义

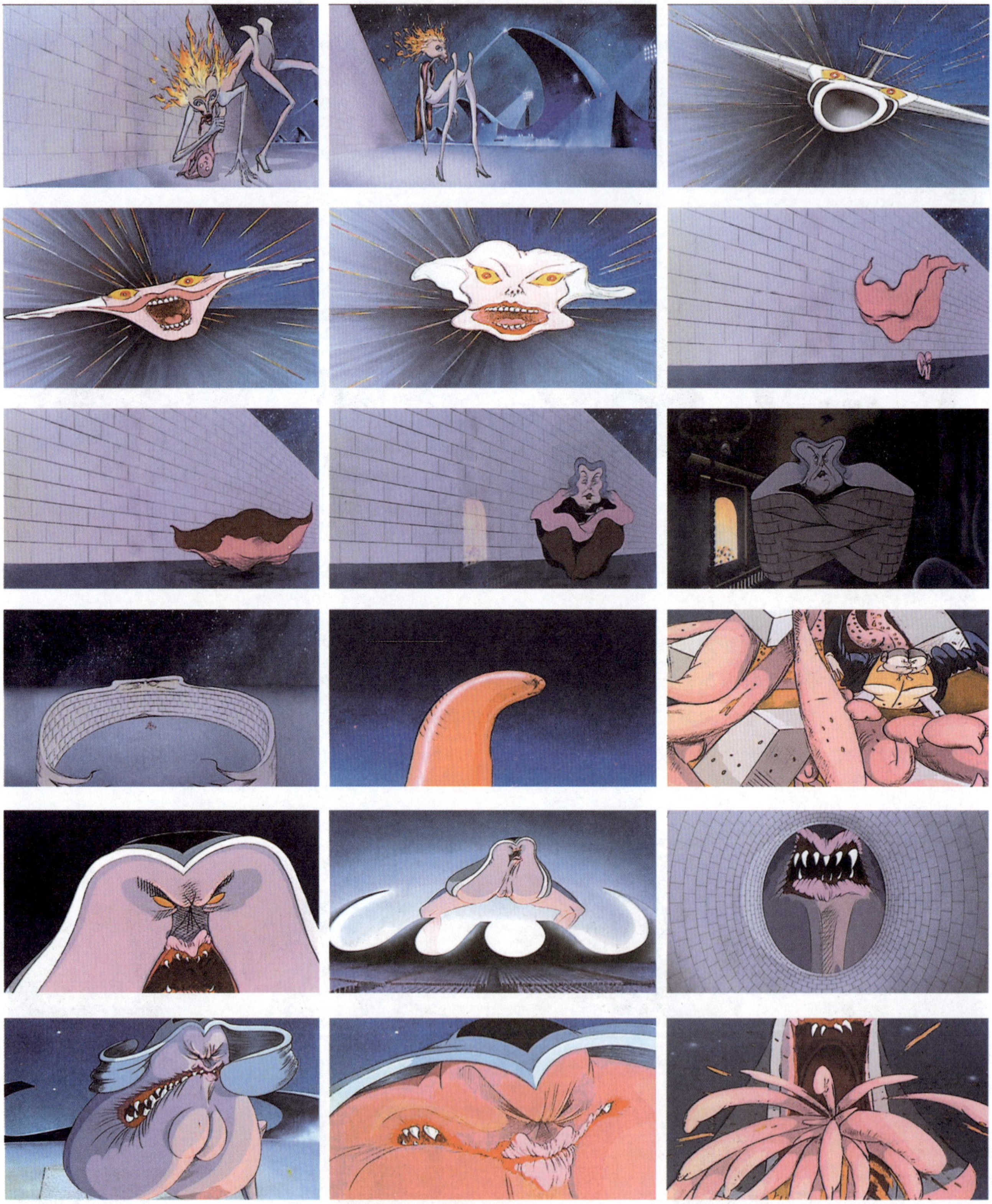

图 15-14（续）

15.2　夸张与变形

夸张与变形是动画角色设计中常用的表现手法，也是动画的本质特征之一。我们在一个造型基本形的基础上，对某一部位的特征作进一步的夸张与变形，改变形象的比例关系、形体关系使得改变后的造型个性更加鲜明，形象更加生动，更能符合剧情和导演的意图，同时给观众留下深刻的印象。

夸张是为了达到动画特有的视觉效果。无论对原型做局部的夸张还是整体的夸张，都是在表现一种主观愿望，使某些特征更加突出。比如：对人物或拟人化的动物的头、身部位的特征夸张，更能表现其性格气质。对头、身比例的夸张能表现出造型的气势，但也要考虑到角色关节位置的设计，以便后面的动作设计能够做得更准确、更合理，否则可能会出现动作无法完成的情况，这是对形体特征的夸张。对性格和神态特征的夸张，就要根据导演的要求进行特定的变化，也是产生众多具有艺术意味形象的重要手段。比如：在性格上有狡诈的、阴险的、开朗的、活泼的和忧郁的；在神态上有谦卑的、傲慢的、柔弱的、刚强的、灵巧的和笨拙的等，设计者都要作特定要求，酌情进行恰当处理，以明确动画角色在动画片中的地位、经历、个性和作用，然后在允许的范围之内进行夸张，用标准图的形式加以规定，如图 15-15 ~ 图 15-18 所示。

图 15-15　形体的造型夸张

图 15-16　形体特征的夸张

图 15-17　性格特征的夸张（一）

图 15-18　性格特征的夸张（二）

变形是让形体发生改变，是一种有意识的行为，能使动画造型更有特点，更有个性，更加生动，更能给观众留下深刻印象。如我们看到的哈哈镜，不是拉长就是压扁。这种效果的处理，也是动画创作中常用的一种手段，通过不同位置，不同比例的压缩或伸长，往往会塑造出不同效果的角色造型。如中国动画电影《金猴降妖》中白骨精变化的动作设计。在变形的方法上，也会用到加减法。加法是在原有造型的基础上，给某一部位增加一些元素以突出角色的个性特征，使其更具典型性和戏剧性，但也不能过分增加操作上的难度。这类造型方法常用于表现神话和科幻类的角色，以增加形象的神秘感。减法是在原有造型的基础上，减去一些不太需要的元素，其原则是可要、可不要的尽量不要。用最简练的形式保留角色的主要特征，以达到简洁的效果，创作出简约和单纯的形象。如一些 Q 版造型，但也不能过分的简练，过分简练就是简单，缺乏表现力。这种造型设计可降低成本，但也不是容易掌握的，因为越是简练的，完成动作越不容易。往往为了达到要表达的内容和内涵，需要好好斟酌。如《三毛流浪记》中主人公三毛头上的三根毛，要想动好也不是一件容易的事。如图 15-19 ~ 图 15-22 所示。

图 15-19　形体的变形（一）

图 15-20　形体的变形（二）

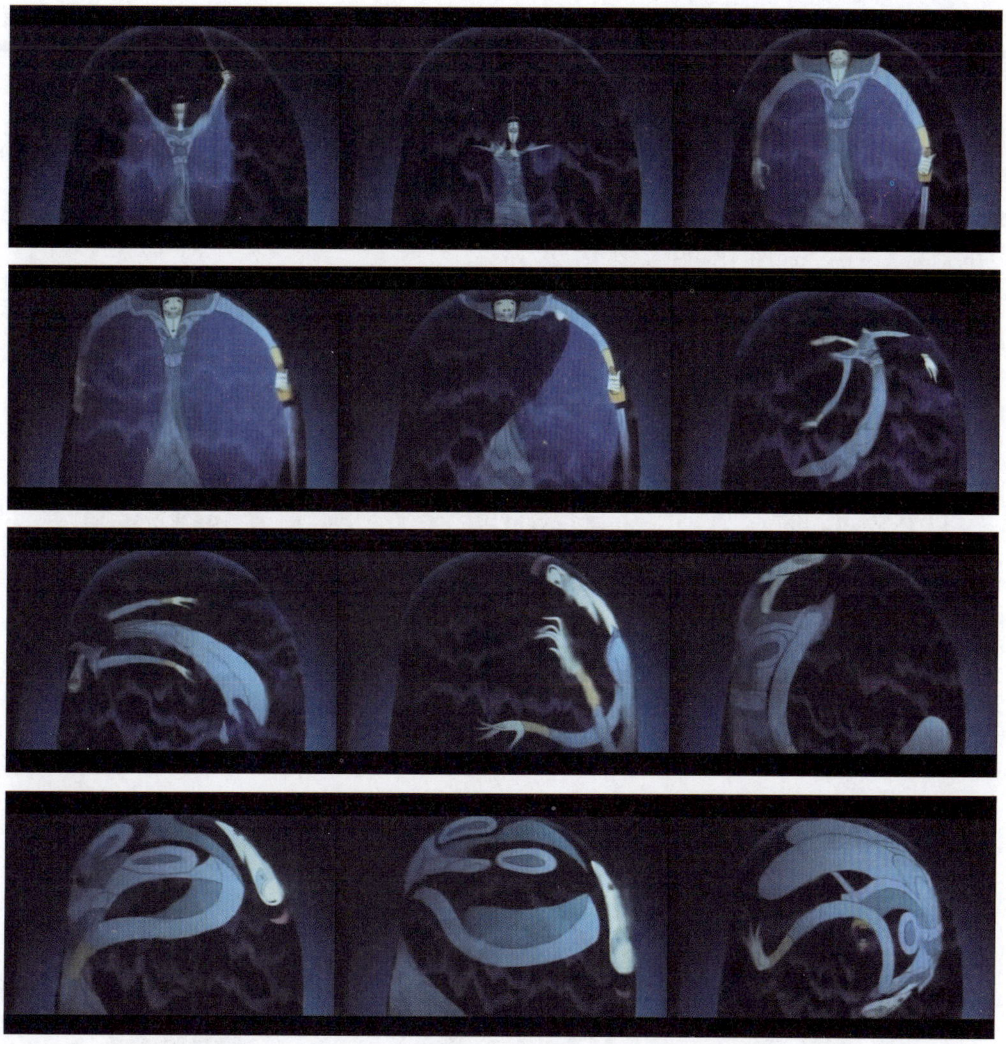

图 15-21　中国动画电影《金猴降妖》中白骨精变化的镜头截图

图 15-22　中国动画系列片《三毛流浪记》中的镜头截图

15.3　拟人与拟物

拟人与拟物在动画角色设计中也是常用的方法之一。拟人是将动物、植物或其他事物作人性化的处理，使这些角色赋有人的特征，增强作品的表现力和趣味性。拟物是将人作动物、植物或其他事物的处理，表现人的特殊现象和情感。

在拟人化的角色设计中，设计师首先要考虑剧本和导演的要求，既要保持和尊重动物、植物和其他事物本身的特征，又要赋予人的表情、语言、动作和习惯等的特征，找出结构元素的类比替换关系，以及符合整体的美术风格，而不是简单地给这些形态加上五官和四肢。如一些无生命的物体拟人化处理后，显得更生动、活泼。有生命的动物、植物即使没有添加人的元素，但其表现具有人的内在特征，也是拟人化处理的表现。如美国动画电影《狮子王》和《小马王》中的角色造型，虽然较写实，但表现出来的是人的本性，使得角色能起到深化主题的效果，让人百看不厌，如图 15-23 ～图 15-26 所示。

图 15-23　拟人化角色造型

动画片《蜀山传》里的虾卒　动画片《蜀山传》里的海龟　动画电影《功夫熊猫》里的牛造型

图 15-24　拟人化角色造型

图 15-25　美国动画电影《狮子王》中的镜头截图

图 15-26　美国动画电影《小马王》中的镜头截图

拟物是赋予人物角色以动物、植物及其他事物的特征，用来增强角色的个性、趣味性和可看性。这种表现方式并不多见，可以通过嫁接、替换的方法加以表现或表现出一种类似动物、植物等类型的内在性格特征，使角色更具特点，如图 15-27 所示。

图 15-27　美国动画电影《美女与野兽》中的镜头截图

15.4　嫁接、重复与替换

动画角色造型设计中嫁接、重复与替换是最有趣的设计方法之一。在设计动画角色造型时，可以将几种造型元素有机地结合在一起，可以是相关联的、相类似的造型，也可以是互不相干的造型，共同作用创造出一个全新的新形象。它能给观众带来全新的视觉感受，让观众感到好奇，处于幻想的境界之中。但在设计中一定要结合剧本和导演的意图来完成，本着使新生物结构合理，真实可信的原则。同时也要结合技术的可行性进行规划和设计。

嫁接是在角色形象需要加工的部位添加其他元素使之能有机地协调，达到剧本和导演规定的内容要求，更好地为影片服务，从而让观众在心理上产生一种好奇感，增强想象力。如美国音乐动画片《幻想曲》中的飞马形象就是在真实马的造型基础上嫁接了鸟的翅膀而得到的形象，让人想到天马行空的感觉，如图 15-28 ~ 图 15-30 所示。

图 15-28　嫁接的角色造型（一）

图 15-29　嫁接的角色造型（二）

图 15-30　美国音乐动画《幻想曲》中的飞马造型

重复是在需要加工的角色形象上，挑选某一部位，把相同的部件添加上去，以增强某一部件的力量，强调角色的某一特征，从而创造出新异的角色形象来。这种方法更能增强观众的好奇心，增进观赏的欲望。如四只手的人、九个头的鸟和九条尾巴的狐狸等形象，这在游戏中是经常见到的，如图 15-31 ~ 图 15-33 所示。

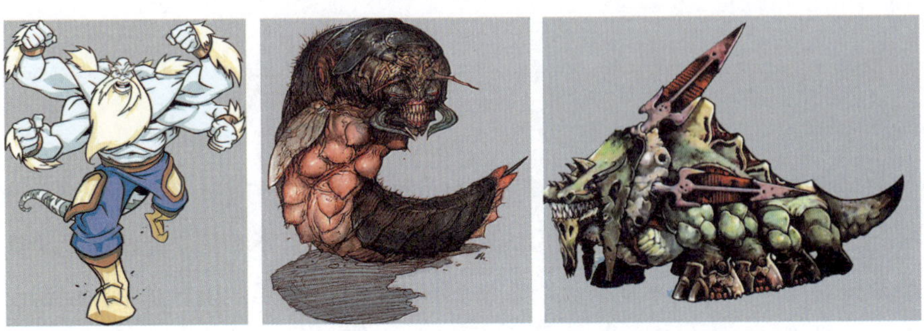

图 15-31　重复的角色设计造型

图 15-32　重复的角色设计造型的运动（学生作品）

图 15-33　中国动画电影《哪吒闹海》中哪吒的三头六臂造型

替换是一种类比概念在动画中的应用，将人们熟悉的形象植入不同的环境中，用相同类型的形象加以替换，改变其现有状态，从而产生出新奇的角色形象来。如把马的头与人的头进行替换，形成人头马的形象。这种设计理念在中国原始社会中就出现过。比如人首蛇身的女娲形象，人面鱼纹的彩陶文化等。古埃及金字塔前的狮身人面像，也是这种设计理念。人们在感受这种新奇的造型时，会产生似曾相识的感觉，信服感油然而生，不会觉得设计者太过荒诞，更能欣然接受，如图 15-34 ～图 15-37 所示。

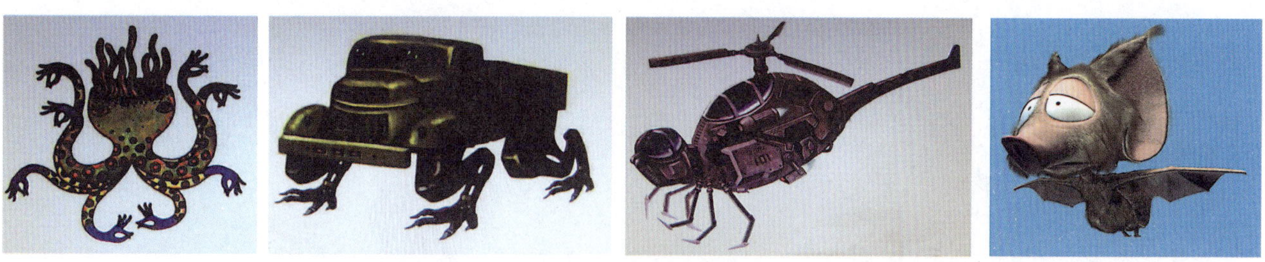

图 15-34　替换的角色设计造型（一）

图 15-35　替换的角色设计造型（二）

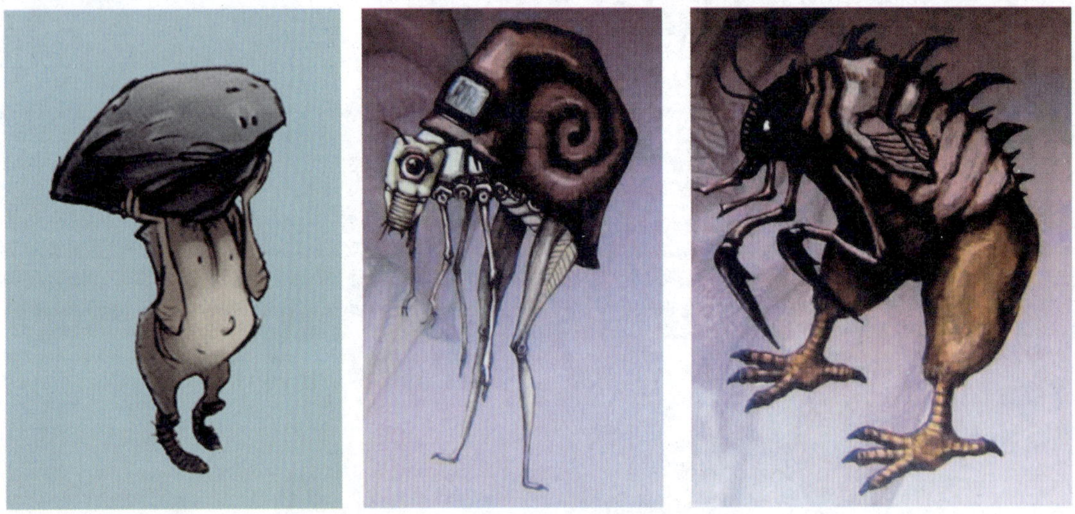

图 15-36　替换的角色设计造型（三）

图 15-37　美国音乐动画《幻想曲》中人头马造型

第 16 章 动画角色设计

动画角色设计工作是在美术风格确定之后开始进行的。虽然动画角色形象看上去很夸张，超越现实，但它也是建立在日常生活基础上的。它们通过美术设计人员以特殊方式进行设计加工，以超越现实的视觉形象呈现在观众面前。因此，在设计角色形象时，要依据剧本的描述，导演的设计思路，认真分析，熟悉角色造型的历史背景资料包括所处地域、民族、性别、年龄、体型以及职业等；形体特征、性格特征、服装特征、色彩特征以及角色之间的关系，生活习惯等，然后进行综合设计。

16.1 动画角色形体特征

动画角色形体设计要考虑到整部片子的所有角色形体设计的关系，即单个造型的形体要与整体造型风格与形体相统一。既要确保形象的独特性，又要保持不同造型同时出现在画面时的协调性，共同构成视觉上的完美表现，如图 16-1 所示。

图 16-1 动画角色设计造型的整体效果图

影响动画角色形体最大的因素有三点。首先是结构，即骨骼与肌肉的结构。无论是人、动物和拟人化的动物，其结构直接决定着自身的基本形体。一般来讲，人的高矮主要由骨骼决定，胖瘦主要由肌肉和脂肪决定。性别体型中，男人的骨骼粗壮，骨点突出，肩部较宽，胸部肌肉发达，臀部较胸部较小；而女人正好相反，骨骼纤细，骨点平圆，肩部较窄，胸部隆起，脂肪丰厚，臀部较大。东西方、男女体型也略有差别。年龄体型中，老人、中年人、青年人、小孩的体型差别较大。老人由于年龄较大，脂肪消退，肌肉干瘪且僵硬没有弹性，能够透过起皱的皮肤看到明显的骨点，结构清晰，形体略有些弯曲。中年人已向老年人过渡，男女除形体上的差别外，肌肉都较丰满，通过突起的骨点结构，体现其力度。而青年人发育已成熟，肌肉健壮，充满朝气。男孩骨点清晰，清瘦中显出精神；女孩身材修长、婀娜、苗条中显出韵味；小孩由于发育不成熟，肌肉不发达，脂肪丰满犹如莲藕般嫩而圆，结构不太明显，因而显得粗而短，不见骨点，只见抛物线。我们在基本结构特征的基础上，加上有目的的夸张、变形，使其更具趣味性和可操作性。如图 16-2 ～图 16-4 所示。

图 16-2　男人与女人的比较

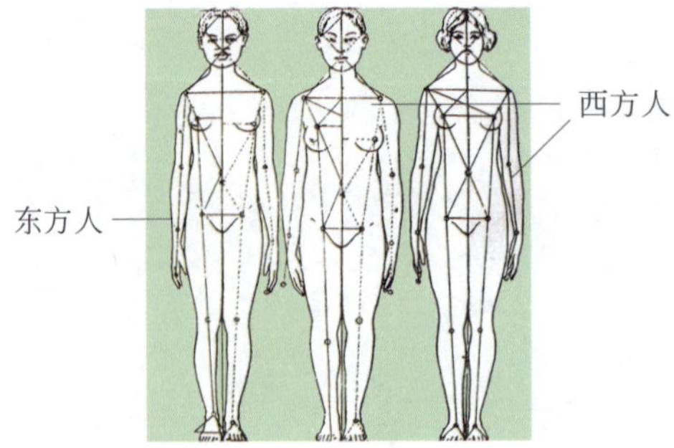

图 16-3　东方与西方人的比较

图 16-4　青年、老年与小孩的比较

其次，比例在动画角色设计中也是重要因素之一，是体现形象美的一个重要方面，也是形象的内在节奏和韵律的体现。它能赋予角色以外貌特征，传达角色的某些内在性格。比如人们常说的某人“结实健壮”，某人“小巧玲珑”，某人“黝黑粗壮”这些人体比例其实都与性格特征有关。但在表现某一角色时，掌握正确的人体比例是设计的基础。一般情况下，以自身的头长为单位来计算其比例，大致为 7～8 个头长为标准人体比例，但也不完全是尺度上的标准。在动画、漫画角色设计中，有着自身的规律，即符合节奏上合乎规律的变化和整体上的协调。这种协调来自客观形象对创作者的视觉熏陶，也来自于创作者本身的发现和经验总结。只要能抓住角色的主要特征，大胆地去夸张其特点，便可以创造出鲜明的属于自己的艺术形象，同时还可以形成良好的比例美感，使其形象各异，适合操作。如图 16-5 ～图 16-7 所示。

结实健壮　　小巧玲珑　　黝黑粗壮

图 16-5　比例体现性格特征

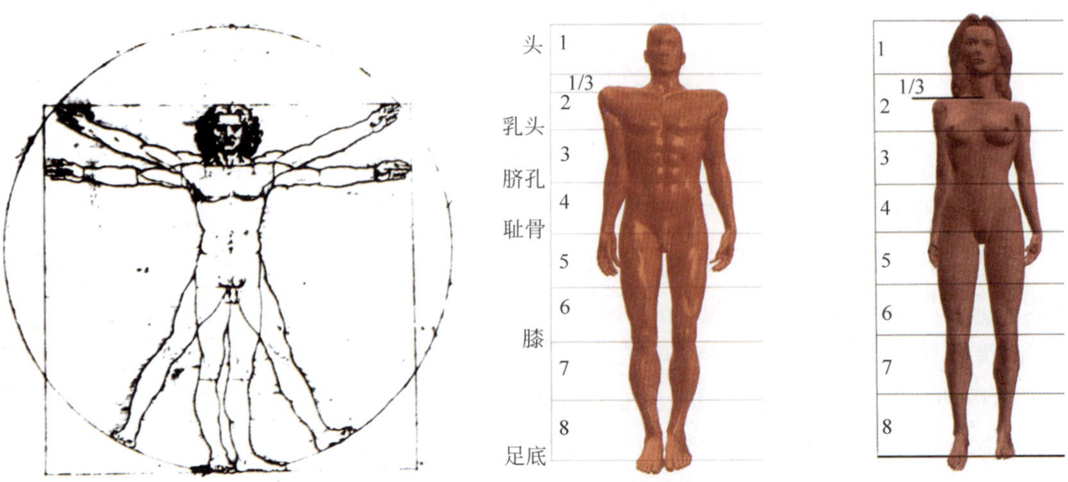

图 16-6　人体基本的比例图

图 16-7　动漫中的比例图

最后，基本形的概括也是动画角色设计中的必要手段。我们把复杂的造型概括成几何形去处理，以此来简化其细节，把主要特点加以强调，区分其他角色形象，强调角色间的形体差别，增强各角色间的对比效果，使其整体表现更合理。但在设计表现单个动画角色形象时，基本形的概括也是创作者对其整体特点的自觉意识，这种自觉意识也需要平时的不断训练。对于初学者来说，对简练的基本形不会合理地概括，总是被一些细节所吸引，因此，下手时就抓不住整体，出现“一叶障目”的弊端。只有经过一段系统的训练之后，再进行观察，才能运用自如。基本形的概括既是设计的起点，也是设计的归宿。角色形象的整体感、完整性最终要体现在基本形的明确和细化上。如图 16-8 ～图 16-13 所示。

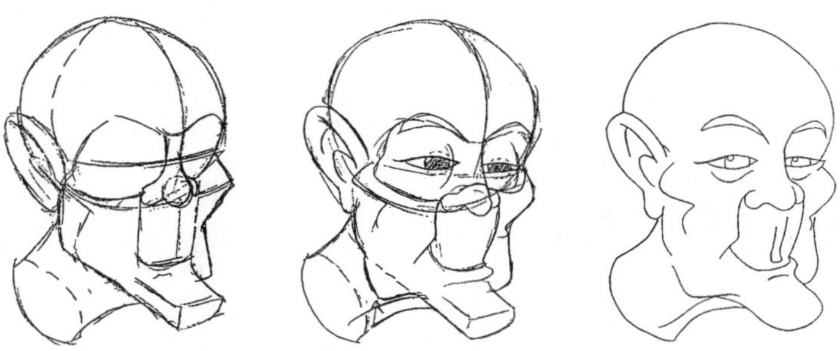

图 16-8　动漫人物头部的几何形概括

图 16-9　人体基本的几何形概括

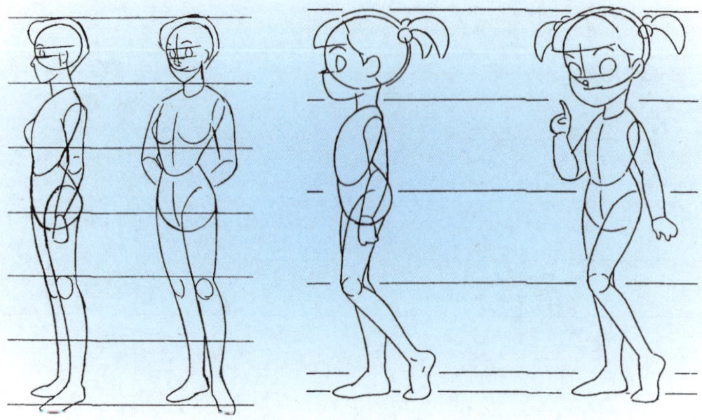

图 16-10　动漫人物的几何形概括

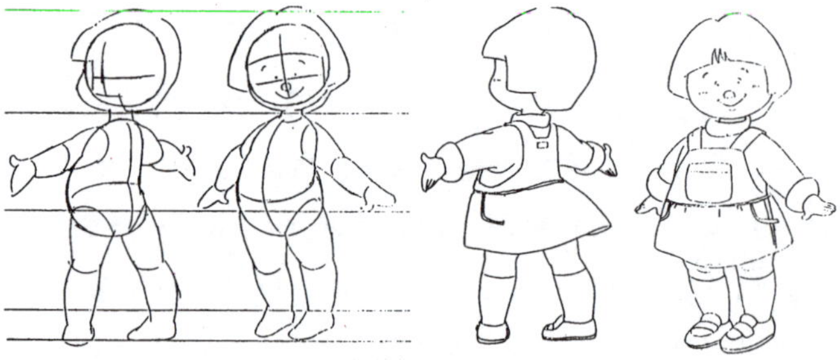

图 16-11　动漫人物造型的几何形概括（一）

图 16-12　动漫人物造型的几何形概括（二）

图 16-13　动物造型的几何形概括

基本形大致包括圆形、方形、三角形以及多种形的组合等几种类型。

圆形基本形的概括：最简练的几何形是从众多具体的物体中提炼出来的，是人类认识事物的第一次飞跃。如今这种摈弃许多细节从复杂形象中提炼出的几何形也展现了人们认识事物的智慧。从人们的认识经验可知，圆形或圆弧形具有柔和与圆润感，形成的形体较丰满，由曲线组成的圆弧形造型具有活泼、可爱、生动、饱满的特点。因此，在设计这类角色形态时，多采用圆形或圆弧形。如造型的头部设计、身体设计是圆形的，形体就显得胖而圆，给人一种憨厚可亲之感。如图 16-14～图 16-16 所示。

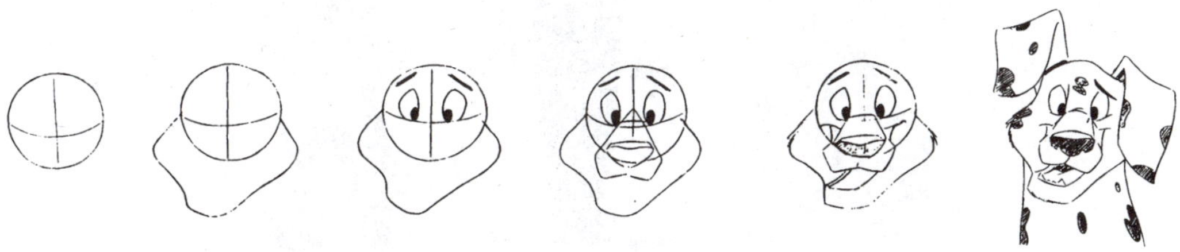

图 16-14　动物头部造型的圆形几何形分析

图 16-15　人物造型的圆形几何形分析

图 16-16　动漫圆形几何形造型

方形基本形概括：方形基本形包括正方形、长方形、梯形和不规则四边形等几种。由于方形是由直线构成的形状，具有端正、端庄、正直、憨厚、大方和力量之感。由其组成的角色形象也具有这方面的特点，给人一种威严之感。如图 16-17 ～图 16-19 所示。

图 16-17　具有方形特征的动漫造型（一）

图 16-18　具有方形特征的动漫造型（二）

图 16-19　具有方形特征的动漫造型（三）

三角形基本形概括：三角形基本形一般有正三角形、倒三角形、等腰三角形、等边三角形、不规则三角形以及三角形组成的菱形等形态。不管哪一种三角形，通常情况下，正三角形具有稳定、坚固的特征，由其组成的角色造型，给人一种顽固、狡诈、伶俐、刻薄、尖锐之感，常常用来突出一个人的尖酸刻薄、暗谋不爽的性格；倒三角形具有运动感、不稳定感和多变的感觉，由其组成的角色造型，给人一种多变、灵活、单薄之感，常常突出一个人的身材瘦小、古灵精怪的特点。如图 16-20 和图 16-21 所示。

图 16-20　具有三角形特征的动漫造型（一）

图 16-21　具有三角形特征的动漫造型（二）

多种基本形的组合：动画角色形象是极其丰富的，一个具体的、成功的、生动的角色形象并不是由一个简单的基本形就能够完成的，其中一个基本形是主要的，其他基本形与之配合而成的。比如有的人额头是圆形的，脸是方形的或者是额头是方形的而脸是圆形的；头是三角形的而身体是方形的，四肢又是圆柱形的。这样就体现出造型的复杂性和丰富性，如图 16-22 所示。

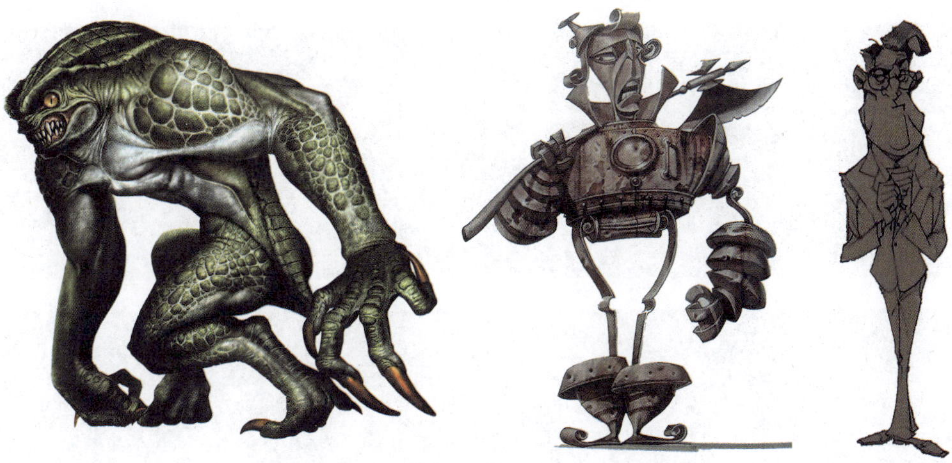

图 16-22　具有不规则形特征的动漫造型

动画角色形象设计是一个较复杂的心理经验和视觉经验相结合的过程。造型基本形一旦确定下来，设计者就要根据剧本和导演所描述的意图加以丰富。通过夸张、变形、想象进一步确定角色形象的服饰，所佩戴的道具等外形细节变化，使得所设计的角色形象更符合剧情，更具特点，能在众多的形象中迅速被辨认出来，承担起主角的任务。如国产动画电影《哪吒闹海》中的哪吒形象，浓眉大眼，出生时的小兜肚和师傅太乙真人给他的礼物混天绫和乾坤圈等道具，一看就知道是主角形象，如图 16-23 所示。

图 16-23　中国动画电影《哪吒闹海》中的哪吒造型

图 16-23（续）

16.2 动画角色性格特征

人物的性格是与生俱来的，但在动画中如何表现，有其独特的手法。一般是通过五官与面部表情、行为动作、声音等因素综合表现出来的。动画角色刻画手段具有一定的局限性，但能通过生动到位的表演，夸张的表情动作，形象的肢体动作语言以及有目的地变形处理有机配合表现出来。即运用外部的外貌特征和内在的神情将动画角色的性格形象地表现出来。因此，不同性格的角色在形象的设计上往往是差别很大的。设计者努力拉大角色形象特征来使角色的个性更加鲜明，给观众留下深刻的印象。如图 16-24 ～图 16-26 所示。

图 16-24　美国动画电影《僵尸新娘》中僵尸新娘的表情变化

图 16-25　美国动画电影《花木兰》中单于的表情变化

图 16-26　美国动画电影《花木兰》中木兰在军营中生活的表情变化

动画人物角色的性格决定其表情的变化，而表情是推动剧情发展至关重要的线索，也是引导观众情绪发展的关键。表情是通过角色五官的相互配合、行为动作以及声音等因素综合表现出来的。好的表情刻画可以提高影片的感染力和表现力。一般情况下，我们可根据角色的性格来体现角色的习惯表情，通过夸张、变形来强化其表情的表现。以下我们将九种人物性格，通过五官与面部表情、行为动作以及声音来分别加以详细论述。

第一种人物——完美型。其性格是不断追求进步，有极强的原则性，黑白分明，对自己与他人要求甚严，感情脆弱，在时刻反省自己的同时也会纠正他人的错误。能忍耐，有毅力，爱家顾家，守法，做事光明磊落。这种性格的人，内向、被动、爱批评、独立、喜欢吹毛求疵。其五官端正，眼光如炬，说话刻薄，面部表情没有笑容，不苟言笑，一旦出错就会埋怨、自责。行为动作一本正经，看到自身一些小瑕疵，趁别人不注意，迅速拿掉，又恢复原状。说话时，声音坚定有力，从不细声细气，经常用命令的口气。因此，适合做领导，如图 16-27 所示。

第二种人物——助人型、给予型。其性格是温和友善，随和，绝不直接表达需要，委婉含蓄，乐善好施。外向、主动热情、感情丰富。缺乏自主和想法，有耐性，借着对别人的付出来表现自己。很难拒绝有求于自己的人，即使拨不开时间，也会牺牲自己成全别人。但也有一些弱点，反映在内心的占有欲上，若你的付出，朋友非这样对你，你便很失望，觉得他们背叛了你，甚至，你可能会对他们施加压力，以控制他们。其五官端正，有一双善良的眼睛，厚厚的嘴唇和圆头浑厚的鼻子。脸上常常笑容满面，和蔼可亲，热情可爱，天真烂漫。永远有一张长不大的孩子脸。其反映在外在动作上，常有一种别人跌倒马上去搀扶的动作倾向，让人觉得既热情而又有戒备的心理。说话时，小声细腻，面带微笑，声音甜蜜而圆润，如图 16-30 所示。

第三种人物——成就型即实干家。其性格有强烈的好胜心，外向、主动、自信、充满活力、风趣幽默，对所做之事处处显得很有把握。但常会与人相比，以衡量自己的价值高低。在外人面前总是把美好的一面留给别人，是典型的工作狂。很惧怕表达自己内心的感受。同时也是一个野心家，不断追求有效，希望与众不同，受人注目，希望成为众人的焦点。但不能与人交往甚密，总是有一定距离，害怕朋友说出自己的短处，更有甚者还会在朋友面前撒谎，以保持自己在朋友心目中的形象。为了事业、成功、声望和财富，有时会牺牲情感、婚姻、家庭和朋友。穿着讲究，搭配整齐，仪表出众，五官端正，一双自信的眼睛，嘴唇较薄，面部总是露出成功、自满的表情。在行为动作上，干练，经常伸出右手食指下决心。声音铿锵有力，极少低沉，如图 16-29 所示。

图 16-27　完美型的人物

图 16-28　助人型的人物

图 16-29　成就型的人物

第四种人物——自我型即艺术型、浪漫型。其性格是多愁善感，极富想象力，追求浪漫，情绪化，会沉醉在自己的想象世界里。惧怕被人拒绝，占有欲强，我行我素，易忧郁、嫉妒。很珍惜自己的爱和感情，对不喜欢的事就不去做，不会考虑责任等问题。经常做一些令人震惊的事。对不符合自己意图的事就会拒人于千里之外，天生就有同情心，总是主动、努力地去帮助痛苦的人，常常被悲剧所触动。五官端正，有一双柔情似水的眼睛，目光永远是有所憧憬地凝视远方很长时间。行为动作上常常是两手托腮，一旦有灵感就会欣喜若狂，激动不已。穿着会赶时髦，但不讲究。说话时，声音忽高忽低，一会儿忧伤，声调低沉；一会儿兴奋，声调高亢。因此，感情丰富细腻。如图 16-30 所示。

图 16-30　自我型的人物

第五种人物——理智型即智慧的观察着。其性格温文儒雅、有学问、条理分明、表达含蓄、对人冷漠疏离、行动缓慢、欠活力、拙于辞令、沉默内向、爱观察、爱批评。一般表现为冷眼看世界，喜欢分析，常常要找出事情的脉络和原理，不会轻易地乱发脾气，必须要有自己的私人空间和高度的隐私。他们好辩，执着，却很少有“辩输”的空间和度量。害怕自己无知、懒惰和无能。不喜欢公共娱乐活动，人际交往较木讷，理解力强，有极强的好奇心，有深远的洞察力。面部表情沉着冷静，眼眸深邃。经常做一个头微低，手指支撑下巴颏沉思、观察的动作。说话声音较粗，深沉、浑厚有力，如图 16-31 所示。

第六种人物——疑惑型、忠诚型。其性格内向、主动、保守、警觉、谨慎、机智、务实是天生的纪律维护者。追求一种安全感，惧怕权威，害怕成就，逃避问题。喜欢团体生活，合作意识很强，为人做事会尽心尽力，安于现状，多疑，不轻易相信别人。五官长得端庄，浓眉大眼，但眼神充满了疑虑和矛盾，嘴唇较厚，常做的动作是微微地抬起头，眼眸偏向于眼角，发出“嗯”向上挑起的声音。但是一个脚踏实地、努力工作、值得信赖的人。如图 16-32 所示。

图 16-31　理智型的人物

图 16-32　疑惑型的人物

第七种人物——活跃型。其性格外向、乐观、快乐、热情。爱动、怕约束且多才多艺。对好玩的事非常熟悉也会花精力去研究，不惜任何代价，只要快乐，以嬉笑怒骂的方式对人对事。对自己喜欢的事是来者不拒，即使是筋疲力尽了，也能重新燃起热情。这类性格的人，热爱生活、喜欢创造、精力旺盛、头脑灵活、善于变通、富有冒险精神。但贪玩、缺乏耐心、不善于处理繁琐和细节之事。很少去聆听别人的感受，对别人内心的感受不容易察觉，有点马大哈的感觉。脸型较圆，五官长得开放，脸上总是露出笑容，容易被人接受，是天生的交际家。经常做拥抱的动作，带着别人去做一些“刺激”的动作。跟他在一起，不会有烦恼、痛苦和焦虑。说话时声音较大、豪爽，是一个乐天派，如图 16-33 所示。

第八种人物——领袖型、能力型。其性格是爱命令、说大话、追求权力、讲求实力、有正义感、说话算数、一想到就会马上行动。独立自主、自强不息、一切靠自己、具有攻击性。以自我为中心，轻视弱者，尊重强者。他会为受压迫者挺身而出，有什么不满会当场发作。他们穿着讲究，不拘小节，自视甚高，遇强越强。但独断专行，对家人粗心大意，缺乏温柔，可是一个负责任的人。喜欢被人尊重不是被人喜爱，善于调节，支配他人，是天生的领导者。五官长得气宇不凡，目光淡定，处事不惊，具有霸气。动作昂首阔步，行为落落大方。声音嘹亮，有号召力，有一种无形的磁力。如图 16-34 所示。

第九种人物——和平型，天生的调停者。其性格包容、大度、忍耐、随和、顺从、豁达、温和友善。做事爱拖，不到最后一分钟决不会完工。依赖于别人的提醒，督促。经常把注意力集中在细节上，次要的事上，不能够宏观考虑问题。对大多数事物表现不出兴趣，不喜欢与人起冲突，不爱出风头，个性淡薄，避开所有的冲突与紧张，希望与人和睦相处，保持平衡。但懒惰、压抑、怕羞、怕事、生活追求舒服，有时做事时不知道自己在做什么，优柔寡断，少见解。长相随和、圆润、朴实，眼神中有些惰性，经常用食指顶住下嘴唇，做害羞的动作。声音甜美，有一种融化别人内心烦恼的魔力，善解人意。如图 16-35 所示。

图 16-33　活跃型的人物

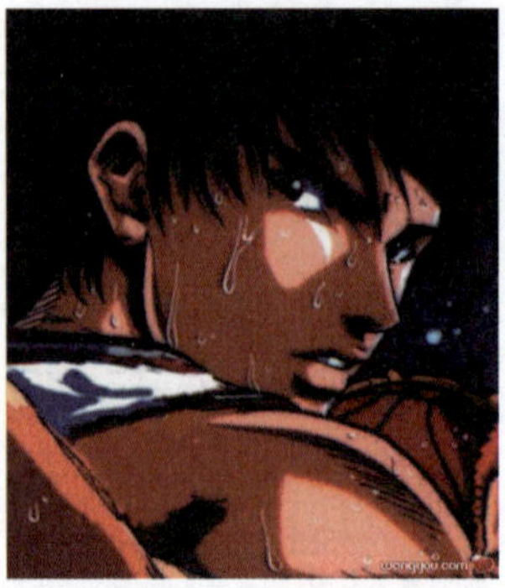

图 16-34　领袖型的人物

图 16-35　和平型的人物

这些人物性格类型并不是单纯的、单一的，在日常生活中往往表现出来的是多重的、复杂的综合性格。在设计特定的动画角色时，应根据剧情和导演的设计，争取表现出恰当的角色造型。这还得在生活中加以体验和总结，这样设计出的角色造型才能让观众有一种似曾相识之感，达到艺术的升华。

16.3　动画角色服装特征

动画创作中角色的服装设计，既是角色设计的重要组成部分，又是影片整体艺术风格的重要构成元素。它能通过服装的款式、色彩、饰物来反映时代背景、民族特色、身份地位、职业年龄以及性格特征等信息。但在设计服装时，必须要符合剧本的要求，导演的意图。尽可能淋漓尽致地体现角色的性格特征，从而增强角色信息的识别性，使观众能很好地与角色产生共鸣，达到感染观众的目的。

动画角色服装设计要体现时代特征：不同的时代有不同的时代特征，服装作为一个时代背景最具代表性的标志，必定要体现出时代特点。比如，远古时的洪荒时期，先民们的服装可能就是遮羞的树叶和兽皮，饰品也可能是植物的果壳和兽骨，图 16-36 所示。随着时代的进步，劳动人民发明了很多不同质地的服装材料，制作工艺也越来越先进和精良。同时，伴随着人们的审美习惯的改变，代表时代特征的服饰就有了更为深刻的时代内涵，浓缩成具有特色的时代标志，这些特色也可延续到未来或科幻类的影片题材当中。通过研究这些元素，并将其运用于角色的服装设计更能表现特定历史时期的故事。通过了解翔实的历史资料，并使角色服装与之相符使得影片更有说服力和表现性。如中国水墨动画片《山水情》中老琴师的人物设计，其服装就是宽袍阔袖的汉式款式，给人庄严、潇洒的仙风道骨的感觉，如图 16-37 所示。如美国动画电影《花木兰》中的角色设计，体现出中国古代较华丽富贵的风格特征，使我们感觉到真实可信，如图 16-38 所示。如美国动画电影《人猿泰山》中的主角泰山回到人类社会，为了得到现代人类的认可，穿上了西装。虽然服装与现代人们较接近，但对于泰山来说，觉得很不适应，表现出泰山很难融入现代人类社会的感觉，如图 16-39 所示。再如科幻题材的服装设计，更加开放、离奇，处处给人一种神奇的想象。三维动画电影《机器人 9 号》中主人公 9 号身穿麻布材质的线缝的衣服，手、脚的部分使用木头，肚子上用拉链连接，这种机器人更能显得有亲和感，而不仅是冷冰冰的，如图 16-40 所示。IMAX 动画电影《阿凡达》中主角杰克的服饰和潘多拉星球上原始森林中生存的近似原始野人的角色的服饰与周围环境非常融洽，反倒是拥有现代武器的地球人更显得与环境格格不入。如图 16-41 所示，这些服装设计充满了神奇和幻想，但也能表现出每个人的身份地位，性格和品质。因此，动画角色服装设计是要体现出不同的时代背景来，这样能让观众观赏时有一个明确的时间定位，更好地加以想象。即使是要进行夸张，也不能过分地脱离现实，否则将不真实，不易被观众接受。

图 16-36　中国动画片《女娲补天》中女娲的原始树叶服装

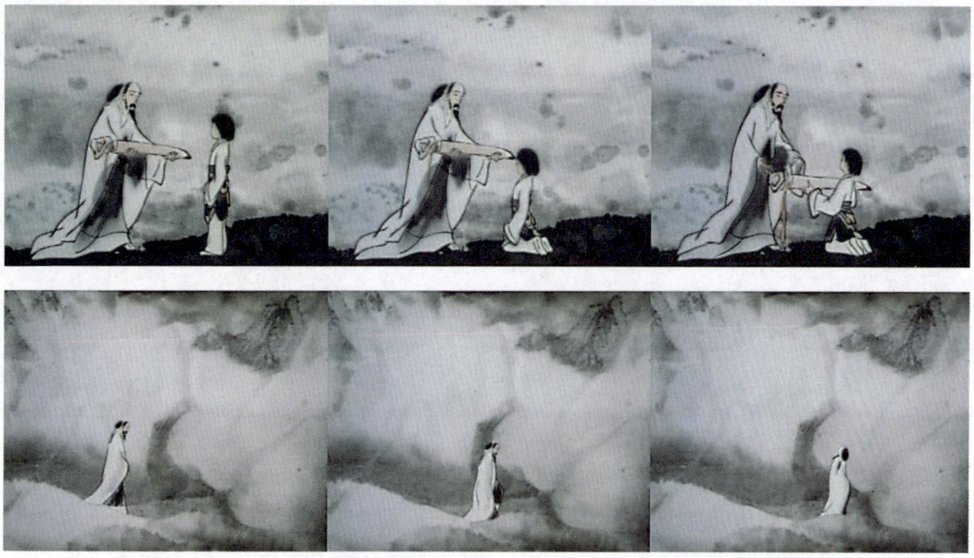

图 16-37　中国水墨动画片《山水情》中老琴师的宽袍阔袖服装

图 16-38　美国动画电影《花木兰》中花木兰的女式服装

图 16-39　美国动画电影《人猿泰山》中泰山的现代服装

图 16-40　美国动画片《机器人 9 号》中的机器人的类似麻袋的服装

图 16-41　美国动画电影《阿凡达》中的服装

动画角色服装设计要体现民族特色：一个民族的传统文化是由这个民族在不同的历史时期劳动人民的智慧积淀而成的，而服饰又是其重要标志之一，它能体现传达一个民族不同时期的文化信号、风俗习惯以及地域特色。因此，动画角色设计中对服装的体现是至关重要的。尊重历史的，好的服装设计不但能传递历史信号，体现文化内涵，还能区别不同民族之间的差别，增强识别性，体现出浓郁的地域特色。我国是一个多民族的国家，每个民族都有着不同的着装习惯，在设计角色形象时要强化民族特色，增强观众的观赏兴趣，同时，在生动曲折的故事中使角色的表现更加具有可信度，如图 16-42 所示。尤其在历史剧中设计更不能草率、马虎。如国产动画电影《蝴蝶泉》中就表现出浓郁的苗族风情，其角色的服装和饰物都具有独特的苗族特色，在感人的故事情节中，使主人公苗族姑娘的形象更加饱满、美丽。如图 16-43 所示。

动画角色服装设计还要体现出身份地位的特点：这个特点的体现有几种情况，在不同时代和时期，不同身份地位的人在服饰上是不同的，就连相同身份地位的人在服饰上也是不同的。并且，在相同时代和时期的人，不同身份地位的人是不同的，而相同身份地位的人在不同的季节和场合下也是不一样的。因此，在动画角色服饰的设计上要灵活应用，合理对待，把服装设计的功能性和艺术性有机地结合起来，深刻地表达主题内容，给观众留下明确的、一目了然的视觉印象。例如同样是表现九五之尊的帝王身份，其服饰在秦汉、隋唐、宋、元、明、清几个朝代中都是有所不同的，体现出不同的时代特征。但是在一些不太注重历史的动画影片中，对朝代的概念并不很讲究，只要能体现古代时间就可以了。如美国动画电影《花木兰》中角色的服装设计就是这样，影片没有严格按故事所在朝代的服装特点加以设计，只能说是基本符合了中国古代服饰的特点。这样设计的目的有两点，其一，由于中国历史悠久，朝代较多等原因，对于大多美国受众群和部分中国观众来讲，不是很清楚各朝代的服饰特点，因此，只需基本符合相应的历史时期特点即可。其二，各个时代的服饰样式各不相同，设计者只是综合了各种古代服饰的优点，达到符合现代观众审美要求即可。所以，《花木兰》中的服装设计看不出明显的时代特征。如图 16-44 和图 16-45 所示。

图 16-42 中国 56 个民族的传统服装

图 16-43 中国动画电影《蝴蝶泉》中的苗族服装

图 16-44 中国动画电影《大闹天宫》中玉皇大帝的服饰

图 16-44（续）

图 16-45 美国动画电影《花木兰》中皇帝的服装

动画角色服装设计也要体现出职业年龄特点：服装设计的其中一个分类就是职业装和便衣装。职业装一般使用在正式场合下，体现一种职业性质和相关的文化内涵。如古代的官服、民服等；现代的工作服、校服等款式。便衣装一般使用在非正式场合下，体现一种自由、休闲的特点。还有就是不同年龄阶段的服装设计，能从服饰上看出不同的年龄段的特点。如儿童装、少年装、青年装和老人装等的设计，都是有很大区别的。再与角色的其他因素相结合，使得角色服装设计更加具有准确的定位，更好地为影片故事服务。如图 16-46 和图 16-47 所示。

图 16-46 美国动画电影《美女与野兽》中晚礼服

图 16-47 美国动画电影《美女与野兽》中女仆人的服装

图 16-47（续）

动画角色服装设计更要体现其性格特征：人物性格在动画影片中是导演要极力表现的，也是最能打动观众的视觉元素。但除了故事的情节和角色自身的表演外，服装设计在其中起到的作用也是不容忽视的。一个准确、得体的服饰设计更能体现角色形象的内在兴趣爱好，映射出其内在的性格特点。如果导演能驾驭得好，这个角色将是饱满的、生动的、深刻的，必能给观众留下不可磨灭的印象。如国产动画电影《哪吒闹海》中小哪吒刚出生穿着的小兜肚，极富民间特色，表现出孩子活泼可爱的一面，给观众留下较深的印象。师傅太乙真人送给他的乾坤圈和浑天绫等道具，更增强了哪吒小英雄的气质。最后复活后的哪吒化身，其服饰更加奇异而神奇。像荷花一样的披肩，荷叶一样的裙子，手拿火尖枪，脚踏风火轮更是威风凛凛。映射出哪吒内在的英雄气概，更符合人们惩恶扬善的审美需求。如国产动画片《阿凡提》中阿凡提的服饰，有浓郁的新疆地域特色，他身着亚麻布的粗布衣服，新疆男子普遍穿着的尖角靴子，上身长下身短的身材，特别是长着两个圆溜溜的小眼珠和充满智慧的上翘的小胡子，成为家喻户晓的动画明星，被人们公认为是新疆的智多星。再如美国动画电影《阿凡达》中女主角妮特丽的形象，她身着乳白色的服装，表现出男女性别的差异，也体现了女主人公纯洁的天性，胸前的金属饰品也增添了一种柔中带刚的性格，她身材修长，弱化了肌肉，突出了女性的柔美，头上的小辫子和脸上的彩色花纹，显出了她尊贵的公主身份和地位，从眼神中能体会到她干练、果断、干净利落的性格，彩色的羽毛项链配饰显得十分柔美，使得角色形象更加轻盈、优美，更能打动观众的心灵。如图 16-48 ～图 16-51 所示。

图 16-48 中国动画电影《哪吒闹海》中哪吒的小兜肚服装

图 16-49 中国动画电影《哪吒闹海》中哪咤复活后的莲花服装

图 16-50　中国动画系列片《阿凡提》中新疆的民族服装

图 16-51　美国动画电影《阿凡达》中妮特丽的服装

16.4　动画角色色彩特征

在视觉传达中，色彩比形状更能引起人们的注意，能起到先声夺人的作用，成为动画角色设计的重要构成元素之一。而色彩的出现，必须有“光”的存在，无论是色光的正混合还是负混合。不同的色彩组合能形成色调，正是由于不同的色调才能组合成不同的气氛，表现出不同的情感。比如高明度、高纯度、暖色系色彩的服饰，更能表现活泼的、愉快的气氛，体现兴奋的感觉。低明度、低纯度的冷色系色彩服饰，更能表现郁闷的、忧愁的气氛，体现痛苦的感觉。另外，小而细的纹样能表现心思细密之人，含糊、迷乱的紫色纹样适合表现神秘内向型角色等。只有在生活中用心地去分析光线和色彩的变化给人们带来的情绪才能形成人们的通感。只有结合影片去分析色彩与情绪的关系，做到合理的色彩搭配才能表现出独特的审美价值和审美效果。比如美国动画电影《僵尸新娘》中的整体色调，表现活着的人及人间环境时，色调使用了低明度和低纯度而形成的灰褐色的色调，人们穿着的衣服也是冷色居多，成功营造出死气沉沉的气氛，虽然都出着一口气，但都没有一点生气和活力，有的只是僵死的教条。而相反的死去的人及地狱，却是一些暖色调，呈现的角色活泼可爱，气氛热闹，尤其是可爱的女主人公僵尸新娘，更是美丽大方，秀气十足，与人间形成鲜明的对比。导演这样处理的原因不言而喻。如图 16-52 和图 16-53 所示。

图 16-52 美国动画电影《僵尸新娘》中低明度和低纯度而形成的灰褐色的色调

图 16-53 美国动画电影《僵尸新娘》中对比强烈而形成的较暖的色调

动画角色色彩的应用，要根据动画片整体美术风格的定位和角色的性格特征来考虑，根据故事情节和每个镜头背景的色调来调整，使角色的表现在观众心目中留下美好的印象。每一种类型的动画片都有不同的表现形式和方法，其审美趋向和色彩风格都要高度统一，不能出现不协调的现象。比如在动画、漫画角色造型中，往往采用较夸张的手法，使其符号化。色彩同样也鲜明独特，趋向于单纯化。但要在色调上有所区别，使主、次分明，有效地区分主角与配角的特点。像国产动画电影《大闹天宫》中主角孙悟空的形象，整个色调是暖色的，橙色的上衣，褐色的兽皮围裙，红色的下衣，黄色的帽子还有手拿金光闪闪的如意金箍棒，威风凛凛，几乎成了家喻户晓的传奇人物，表现出孙悟空造型的程式化特征。而七仙女的形象和装饰，都是以敦煌莫高窟壁画中飞天的形象为原型，表现出婀娜、飘逸的艺术效果。但七仙女中大多数色调是冷色的或是灰色的，形成统一的模式，与孙悟空的形象形成鲜明的对比。在写实动画片中角色的色彩搭配较接近于真实自然，以客观性的标准进行归纳和运用。但艺术的真实并不等同于现实的真实，写实风格的色彩设定，同样也加入了设计者对色彩表现力的理解和创造性的应用。像国产动画片《蝴蝶泉》是以写实为主的，角色色彩的表现也是在自然光下展开的，是来自于客观的生活当中，但也加入了导演及创作者的一些主观色彩。苗家姑娘朴素的蓝色民族服饰，并没有现实中苗女的装束华丽，可体现出一种内在的善良、朴实，为故事的展开起到了很好的铺垫。像装饰类动画片角色的色彩处理同样体现了其特有的特色，角色表现并不太依赖光源和现实当中的色彩，而是采用散点式的装饰效果。根据主观感受去描绘表现，突出作品的装饰美。色彩的应用常常打破常规，加强夸张、对比、浪漫的色彩处理，体现更加单纯的意境与朴实的审美情趣。如国产动画电影《九色鹿》中的色彩应用。故事是采用佛教题材“鹿王本生故事”，形式手法是以原始敦煌石窟壁画为原型。影片整体风格是装饰性的，采用散点构图的形式，色彩单纯，层次分明，九色鹿显出灵性的华丽神奇，体现出色彩的魔力，让人在激动之余又有所回味，感受人性的洗礼。如图 16-54 ~图 16-57 所示。

图 16-54　中国动画电影《大闹天宫》中高明度和高纯度而形成的暖色调

图 16-55　中国动画电影《大闹天宫》中七位仙女的灰色调

图 16-56　中国动画电影《蝴蝶泉》中的冷色调

图 16-57　中国动画电影《九色鹿》中九色鹿身旁绚丽的色彩

第 17 章
动画场景设计概述

动画场景设计是美术设计中的重要组成部分，美术设计又是动画创作中的主要环节，因此，动画场景设计在动画创作中是必不可少的。动画场景设计主要解决的是角色赖以生活和活动的时空环境，主要包括动画场景的功能；主场景和分场景的设计以及动画场景的风格类型等内容。

17.1　动画场景的概念和任务

在这里我们要分清场景与环境的概念，场景是使动画片剧情展开的、具体的特定空间环境。它直接决定着动画片的艺术风格和艺术水准。而环境不仅包括剧本所涉及的时代、社会背景以及具体的自然环境、地域等，而且还包括角色活动的场所和空间，是一个广义的、宏观的概念。

一般情况下，动画场景能决定整部动画片的风格类型及气氛效果，也决定着动画片的成败。一部动画片中成功的场景设计是展开剧情、刻画人物特定的时空环境、生活环境、社会环境、自然环境以及历史人文环境的有机组合。从中能表现出特定角色的相互关系，给观众留下深刻印象，如图 17-1～图 17-4 所示。

图 17-1　虚幻的长背景

图 17-2　学生动画短片《父亲》中的室外背景

图 17-3　学生动画短片《父亲》中的室内背景

图 17-4　电影《龙帝之墓》中的大背景

动画场景设计的主要任务是设计和绘制两个方面。美术设计人员拿到剧本，在导演的要求下，认真阅读和体会文学剧本中所描绘的空间、时间、场合和地点的特征，确定场景风格类型。根据剧本所涉及的时空，构思出“主场景”，再根据角色活动范围确定空间布局，建立起立体结构框架。然后进行分类场景的设计，确定单元场景的结构与规模，整体色调及气氛效果图。最后确定细节，使局部服从整体，达到统一和谐的效果。如 1994 年美国迪士尼公司创作的动画电影《狮子王》，故事发生在非洲大草原。影片一开始的几个主要镜头都围绕着高耸而突出的山崖，这也就形成影片中的主场景。以后大量的镜头和故事情节以及正邪两派多次交锋都发生在这里，因此，“高耸而突出的山崖”就成为一个具有典型性的标志性场景。动画场景设计应充分发挥动画假定性的特征，使角色能在看似虚拟实则更真实的时空中自然发展、表演，有利于深入刻画角色，让观众有身临其境的感受，如图 17-5 和图 17-6 所示。

图 17-5　美国动画电影《狮子王》的主场景山崖的色彩草图

图 17-6　美国动画电影《狮子王》中的山崖场景

场景一般分为室内景、室外景和室内外相结合的场景三种。

1. 室内景

室内景主要是指角色所居住与活动的房屋建筑、交通工具等的内部空间。包括个人空间和公共空间两种，个人空间主要有书房、客厅、卧室、餐厅、卫生间、厨房等以及办公室、工作室、机舱、船舱、太空舱等空间。其特点是空间较小、个性化、私密性强。从其室内陈设和布局，能体会出主人的身份、地位、贫富、喜好、时代、地域等方面的特征。如果与剧情结合起来设计，就能揭示出人物的情感，很好地为剧情服务。如学生宿舍的写实练习，通过夸张、变形处理，使其更具动画特点。学生宿舍是学生们生活起居的地方，门、窗、书柜、电视等基本设施，决定了其宿舍的基本特点，但从床上的被褥和摆设的东西等状况，能看出宿舍的生活情况。从墙上和衣架上挂着的物件，能表明是间女生宿舍，也能体现出每个床位上的女生的性格喜好。如农民家中的摆设，从陈设家具的造型和布局都能很明显地表明主人的农民身份以及生活状态，体现出他们所处的社会地位和经济收入。从墙上所贴的年画来看，感知其审美爱好。再如美国动画电影《怪物公司》中小男孩房间的一个场景，这是一个私人用的小卧室，有一张造型简单的单人床，右边放一个小凳子，上面有钟表和台灯，下面放有一些积木，在床头的上面有一个小架子，上面放有一些玩具，墙上贴有一些儿童画，这一看就是一个小孩子的房间。再看地上的滑板车、玩具火车和火车轨道，就知道是一个小男孩的房间。这样的摆设和布局，能很充分地表现出孩子的身份和喜好，从而也能感觉到他的一些性格特征，为角色的表演打下一定的基础。因此，场景表现的力量是非常大的，一下就能把观众带到所设定的环境之中，如图 17-7 ～图 17-11 所示。

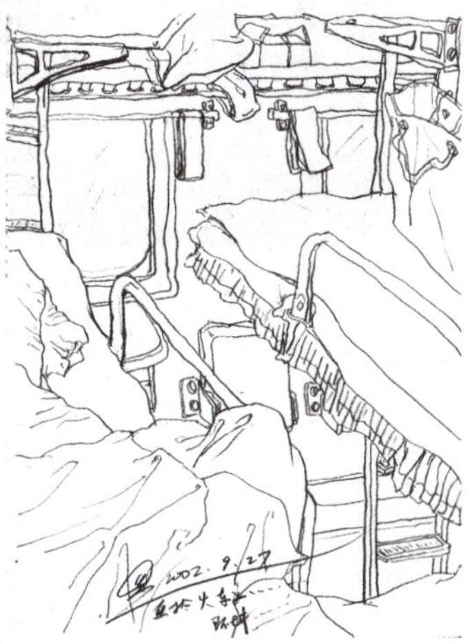

图 17-7　速写火车上的空间

图 17-8　动画短片中的室内背景

图 17-9　“学生宿舍”中的空间“写生、变形、上色”（学生作业）

图 17-10 速写老农家的摆设

图 17-11 美国动画电影《怪物公司》中小孩的室内空间布置

公共空间主要有音乐厅、会议厅、剧场、电影院、商店、饭店、图书馆、学校、礼堂、太空站等非个人拥有的、大家共用的空间。其特点是空间较大，更具实用性，体现地域、时代、用途的空间较大，更能表现整体的环境特征，如图 17-12 和图 17-13 所示。

图 17-12 日本动画电影《魔女宅急便》中的超市空间

图 17-13 一个机器工厂

2. 室外景

室外景主要是指房屋建筑内部以外的一切自然和人工场景，像亭台院落、宫殿庙宇、工地码头、车站街道、森林山谷和太空星球等场景。这些场景最能体现一部动画片的时空特征、人文景观和风俗习惯的特点，但必须与剧情和导演的意图相一致，更好地为剧情展开服务。如美国动画电影《小马王》中的开片，给人们展示出一幅美好的、充满诗情画意的原始森林景观，各类动物在这里和谐地相处、生活。这么美好的环境，怎么能够破坏呢！开头室外景表现得越美好就越能为小马王后面的表演埋下伏笔。如中国动画电影《大闹天宫》中的蟠桃园场景，构建了一幅天上桃园的景象，充满神秘和神奇。再加上猴子爱吃桃的天性，难怪孙悟空一去不返，大闹蟠桃园，为刻画孙悟空的形象浓浓地加了一笔。再如学生毕业创作动画短片《一杯水》中的开片大场景，浓厚的黄土高坡景色慢慢跃入眼帘，把观众带到了北方的生活环境中，勾引起儿时的一些回忆，为故事的开展提供了明确的时空环境和地域特征，如图 17-14～图 17-17 所示。

图 17-14 《云天之城》室外背景

图 17-15　美国动画电影《小马王》中的室外背景

图 17-16　中国动画电影《大闹天宫》中的蟠桃园室外背景

图 17-17　动画短片《一杯水》中的室外背景（学生作品）

3. 室内外相结合的场景

室内外结合的场景是指室内景与室外景结合在一起的景，包括室内室外、院内院外、墙内墙外等，属于一种组合的场景。它既可以表现室内的一些情况又能够表现室外的一些情况，其特点是结构复杂、内外兼顾、富于变化，层次丰富，具有一定的空间感，便于不同层次的角色活动，同时也能表现较复杂的情感。如日本动画电影《夏日之战》中的一个场景，室内景是一个饭桌周围坐着的两个人和右边凳子上的一个电视，能看出是一个较休闲的地方。尤其是后面有一块很大的落地玻璃，透过玻璃能看到外面很大的一片草地，草地的后面有一大片森林，也能感到是一栋别墅。画面中，外面骑自行车的人和室内正吃饭的两人的对话，从表情上看感觉很惊讶，好像有什么事要发生一样，显得很着急。这就是用室内室外相结合的景给动画人物提供了一个非常合理而恰当的表演空间，有层次感，空间也很大，还可以表达较复杂的情感，如图 17-18 所示。

动画场景的绘制主要是根据剧本的要求。导演要把文学剧本中所描写的场景按镜头的形式处理，美术设计人员按导演的意图把场景总图、场景气氛图和每个镜头的背景设计稿都画出来，并仔细刻画和渲染，然后，再根据设计稿把每一镜头背景绘制出来。由于表现手法不同，有二维的、三维的；有手绘的、有电脑绘制的。由于风格类型不同，有写实的、有写意的；有漫画的、有卡通的等。背景绘制的好坏，取决于美术设计师对动画剧本的理解以及与导演的沟通程度，还取决于美术设计师的艺术造诣，再创作的能力等因素。如中国动画电影《哪吒闹海》中水晶宫的场景设计，既表现了水中的情景，又表现了龙宫的华丽富贵，气势逼人，让观众感到神秘而神奇。这是动画创作人员对剧本和中国传统文化深入理解、体会的结果，是幻想与现实相结合的产物，如图 17-19 和图 17-20 所示。

图 17-18　日本动画电影《夏日之战》中的室内外场景

图 17-19　手绘的背景图

图 17-20 中国动画电影《哪吒闹海》中的龙宫场景

17.2　场景设计在动画创作中的功能与作用

一部完整的动画创作影片是由故事（情节）、角色（人物）和场景（环境）三部分组成的。而动画场景作为动画片的构成元素之一，是构成画面的重要组成部分，对情节的发展，人物的刻画具有相当重要的作用。随着人们审美需求的日益提高和科技的不断发展，场景设计的构成方式也越来越灵活多样，表现手法也越来越丰富生动。其在表现客观空间的同时也要体现社会空间和心理空间，与角色达到完美的和谐。

动画场景具有决定动画片艺术风格的功能和作用：一部动画片艺术风格的确定，很大程度上取决于场景的艺术风格。因为，动画片是视听艺术，而视又是其重要组成部分，在视的范围内，除了角色、道具等因素外，就是场景的因素，每个镜头又必须有相应的背景。因此，场景在动画片的创作中具有举足轻重的地位。一部成功的动画影片中，场景风格的选择和设计，从宏观上决定了动画片的艺术风格，通过场景的气氛、光线，空间的表达，意境的渲染，镜头的运动等因素，使得动画影片的风格类型更加突出，更有特点。如果场景设计的风格不够统一，会直接影响其艺术表现力，使观众觉得不伦不类，艺术效果将大打折扣。例如，国产动画电影

《九色鹿》中，画面一出现，就把观众带到敦煌石窟之中，沉浸在久远而富有神秘感的佛教石窟壁画艺术之中，其基本的装饰绘画基调已确定。再如，美国动画电影《小马王》中的开场庞大的原始森林场景，一群马儿的自由驰骋，把观众带到了如梦如幻的时空当中。并且其写实手法凸显，让观众不仅感受到角色与环境的和谐，更感觉到这就是真的，为以后故事的展开做好了铺垫，这也正是场景的作用，如图 17-21～图 17-24 所示。

图 17-21　中国动画片《三个和尚》中的场景

图 17-22　中国水墨动画片《牧笛》中的水墨场景

图 17-23　中国动画电影《九色鹿》中的场景

图 17-24　美国动画电影《小马王》中的森林场景

动画场景具有塑造空间关系的功能和作用：场景最本质的功能之一就是表现空间。通过线条、透视、形体、色彩以及肌理等造型元素，塑造出真二维假三维的空间关系，为角色的活动提供载体，在剧情和导演的安排和意图下，合理地表演，以满足观众的视觉需求，从而达到心理愉悦的目的。空间关系包括物理空间、社会空间以及心理空间等几类。物理空间是实际的，满足人们生活需求的特征，是一切可视的环境空间，也是故事发生、发展得以展开的空间环境。同时也能体现出故事发生的时代背景、地域特征、民族文化特征等。社会空间不是具体的环境空间，而是由人与人之间表现出来的一种社会关系的综合特征，是一个虚化的空间，是抽象的，可以感受到的空间，一般能通过特定的历史阶段与人物情绪来铺垫出来的。心理空间也不是具体的环境空间，也是通过角色在不同时间、不同空间、不同事件中的特定表演来体现出来的，再通过观众的联想，深入感觉到的一种状态。因此是演员的表演和观众的感受共同作用的结果，如图 17-25～图 17-27 所示。

图 17-25　美国动画电影《埃及王子》中的沙漠场景表现真实物理空间

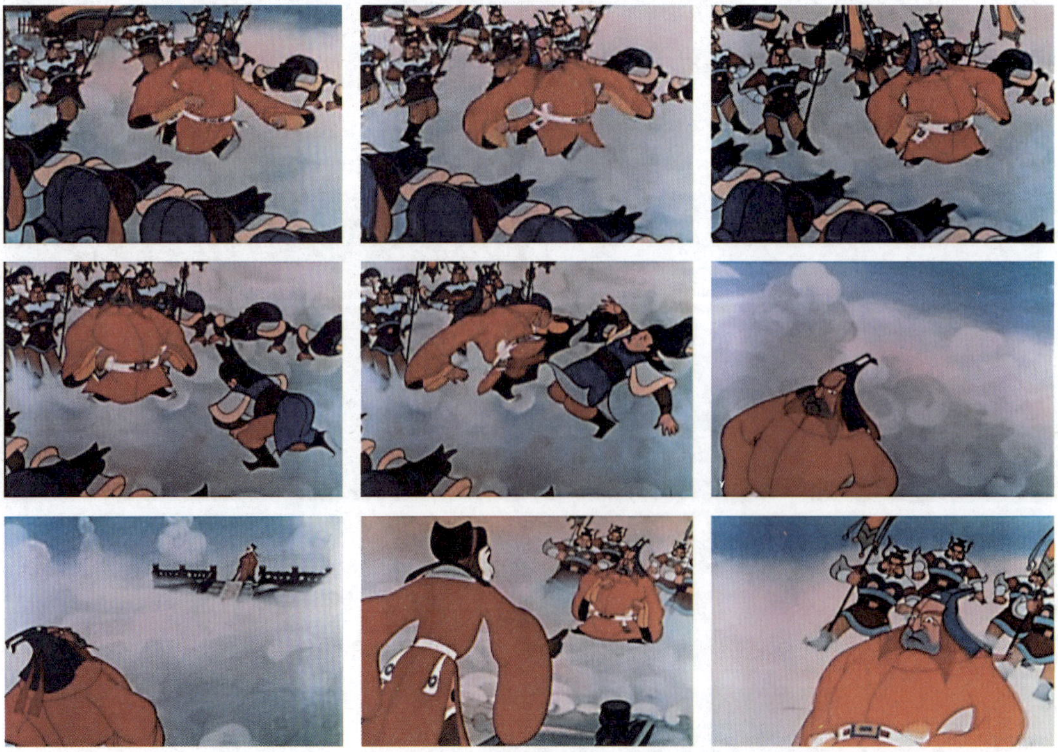

图 17-26　中国动画电影《大闹天宫》中的孙悟空与御马监斗争中的场景体现社会空间

图 17-27 美国动画电影《狮子王》中的刀巴演练部队的场景体现心理空间

动画场景具有营造气氛的功能和作用：场景可以通过景物、光影、色调、场面调度、画面运动、烟雾、音乐与音响等因素来合理地营造、渲染气氛。目的是使情景交融，以景托人，借景抒情，表达特定的意境，达到强烈的艺术效果。但在营造气氛时，场景设计师必须从剧情出发，从角色出发，通过对场景设计要素的有机组合，构建一个典型情调的艺术空间，使角色更好地去表演，达到与观众共鸣的效果。如：美国动画电影《花木兰》中主角木兰经过艰苦的抉择，决定替父从军。在出行的晚上，乌云密布，雷电交加，她的父亲、母亲和奶奶在雨地里目送的情景，用低中调，接近于无彩色系列的色调，营造出悲伤、痛苦的离别之情，给人一种心碎的感觉。再如：美国动画电影《狮子王》中辛巴最后集合所有的狮子们打败叔叔刀巴的黑暗势力，一场大雨冲刷荣耀谷，色调由黑暗变得光明，营造出一种明快、活泼的气氛，同时，也预示着在新国王辛巴的领导下，动物们开始了新的生活等。这些都是场景设计师要着重考虑和解决的问题，如图 17-28 和图 17-29 所示。

场景不仅能营造客观的气氛，也能营造角色性格、心理的气氛。在动画片中，角色性格和心理活动，除角色自身的表演之外，还能通过背景的变化来表现其内心世界，体现其性格特征。因为，场景具有营造意境的功能。场景设计师巧妙地利用人景的互换，使场景变成人心理活动的外延，很好地将角色的内心情绪和情感变化通过稳定的场景表现出来。比如，反映角色内心的向往、梦幻、回忆、想象等画面，用虚实、明暗等手法对角色的心理和精神进行适当地表现，充分运用视听语言的手段，向观众展示角色的内心世界。例如，动画艺术短片《回忆积木小屋》中主人公在寻找不小心掉落的心爱的烟斗时，进入被水淹没的以前住过的小屋，面对场景进行的美好回忆。就是运用不同色调、布局的场景来使时空倒流，产生强烈伤感的艺术效果。再如美国动画电影《小马王》中小马王被抓到火车上在雪地里行走的过程，小马王看到火车外面下着的雪，雪慢慢凝聚幻化成马儿，在广阔的原始森林家园自由驰骋的场景，表现了小马王向往以前生活的强烈愿望。最后又幻化回行进在火车上的现实场景，使观众的心情愈发沉重，如图 17-30 和图 17-31 所示。

图 17-28　美国动画电影《花木兰》中营造出悲凉、痛苦的离别之情

图 17-29　美国动画电影《狮子王》中营造出一种明快、活泼的气氛

图 17-30 动画短片《回忆积木小屋》中营造角色心理的气氛

图 17-31 美国动画电影《小马王》中营造角色心理的气氛

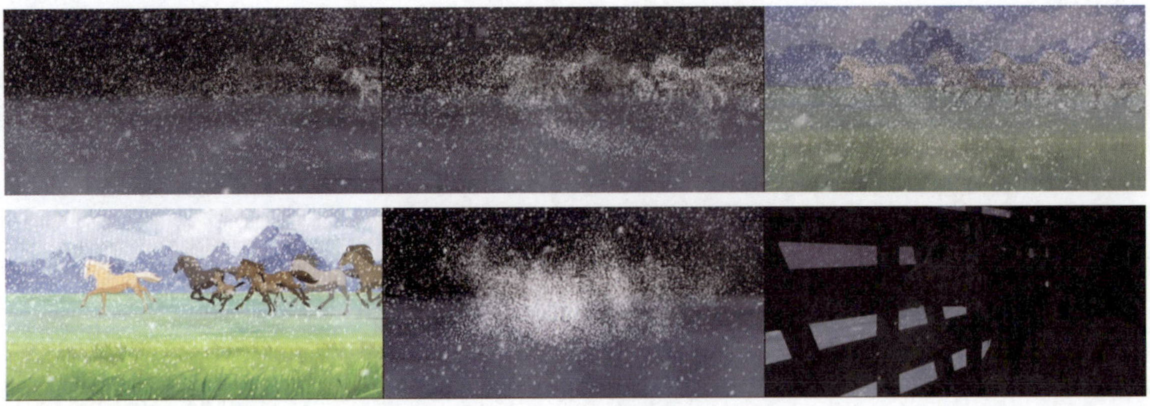

图 17-31（续）

动画场景具有叙事的功能和作用：动画场景的叙事功能对剧情的发展起着很重要的作用，归纳起来有几种情况。

（1）表现连贯的叙事时间，即故事中的时间与现实或历史的时间基本一致，由前到后，由古到今，由头到尾单向发展，是一种常用的叙事方法。场景、背景的变化也是按部就班地进行，没有时间上的跨度与反复，观众容易接受，如图 17-32 所示。

图 17-32　美国动画电影《恐龙》中连贯的叙事时间

（2）错乱的叙事时间，主要是打破正常的时间发展顺序，在叙事的过程中，有回忆过去，想象未来的时空画面，形成时空穿插、颠倒等形式。这样的时间组合自由、灵活、随意、夸张和充满想象，但应用不好，容易产生凌乱、不统一的感觉，使观众理不清头绪。多用在一些实验性动画短片中，以追求特殊的视觉效果和艺术探索为目的，场景与背景的不同时空转换能很好地表现这一现象，使视觉与感觉能相对吻合，如图 17-33 所示。

图 17-33　动画短片《回忆积木小屋》中错乱的叙事时间

（2）夸张的叙事时间，主要是在故事情节中有意地延长或缩短时间，以夸张和写意的手法表现一种特殊的时间段，使故事表述时更加简练、概括。例如，表现回忆、瞬间、延续、悲伤和冲动中的时间变化，用一个和几个背景的不同色调变化来表现一年、多年或一生的时间跨度，就像一个手风琴一样把时间拉开或收拢，故事演绎的紧凑而有艺术感。例如，美国动画电影《小马王》中，用同一个大草原的背景表现小马王长大成人的时间跨度，不仅把小马王成长的过程在几秒钟之内表现出来，而且也让观众感到美好而自然。再如，美国动画电影《狮子王》中，小辛巴在不同色调的几个背景下慢慢长大的时间跨度，几个叠化处理，既自然而又抒情，把观众带到了小辛巴长大以后的时空，如图 17-34 和图 17-35 所示。

图 17-34　美国动画电影《小马王》中夸张的叙事时间

图 17-35　美国动画电影《狮子王》中夸张的叙事时间

（4）虚幻的叙事时间，主要是一种非现实的时间表现手法。通常用于神话、科幻、传说等的题材中，可以通过现实、过去和未来的时空转换，相互交织在一起以产生扑朔迷离的效果，让人难以忘怀。例如，美国立体动画电影《阿凡达》中的场景，在现实与非现实之间来回转换，让人畅游在网络的虚拟现实之中，场景的美丽神奇与生活在其中的人们和谐自然，让人大开眼界，如图 17-36 所示。

图 17-36　美国动画电影《阿凡达》中虚幻的叙事时间

（5）弱化的叙事时间，在一些动画片中，对时间的概念比较模糊，只是表现一种抽象状态，始终表现不清发生的具体时间和地点，但我们能在时间的推移中得到一种感悟和启发。如在一些实验性艺术短片中故意使叙事时间颠倒、错乱，以达到某种艺术追求。例如，动画艺术短片《线与色的即兴诗》中，单纯的背景上一些不同色彩、不同长短、粗细的线条随着音乐在活泼自由地跳动，给观众留下欢快的印象。因此，场景的叙事功能是讲述故事不可缺少的要素之一，巧妙地应用会增强、丰富故事的曲折变化，同时也能起到塑造角色形象的作用，如图 17-37 所示。

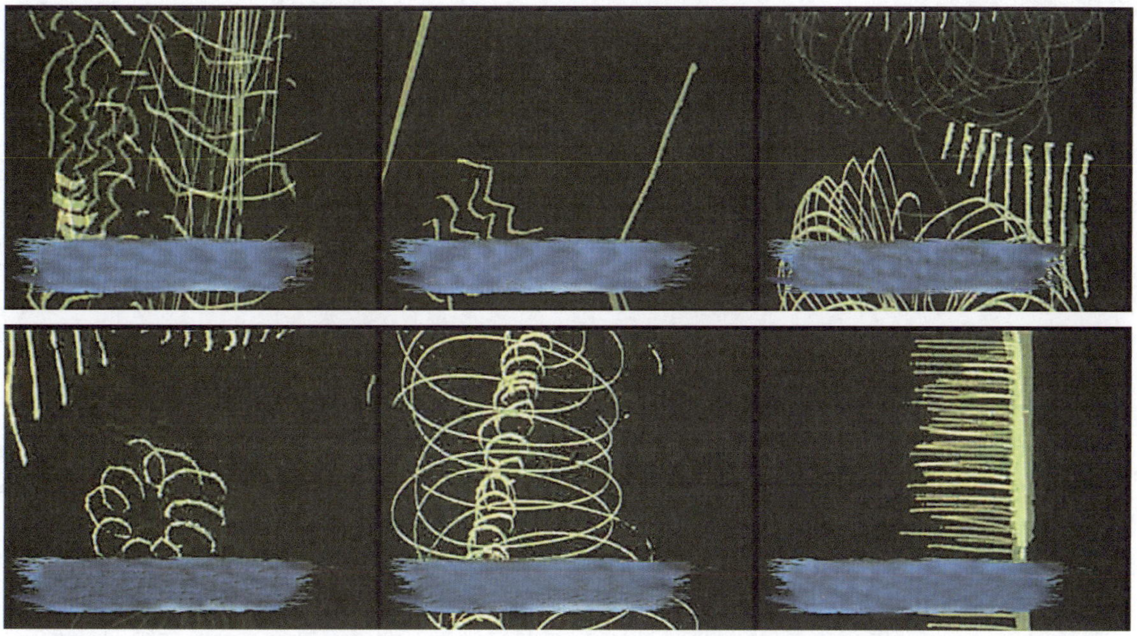

图 17-37　动画短片《线与色的即兴诗》中弱化的叙事时间

动画场景具有场面调度的功能和作用：场景是角色赖以活动的空间环境。场面调度是指场景与角色应该存在的位置，主要包括场景与角色的角度调度，场面画面调度，场景的景别、构图、视觉和运动等。场面画面调度是场景在不同方位的变化，主要包括在场景总图中，主场景与不同次场景之间的调度，以及同一场景中在推、拉、摇、移、升、降等镜头运动中的调度。这些变化能展示场景与场景之间，场景与角色之间的各种关系，环境氛围以及事件的进展。导演能充分利用这些因素来变化，恰到好处地形成故事的起伏跌宕，营造强烈的艺术感染力，让观众如临其境，满足视觉需求，如图 17-38 所示。

图 17-38　动画电影《红孩儿大话火焰山》中拉镜头的叙事方法

图 17-38（续）

17.3 场景设计要遵循剧本和导演的意图

在动画创作流程中，场景设计是属于美术设计的范畴。狭义地讲，场景设计是创造虚拟的空间来满足动画角色表演、剧情展开、观念传达的需要，为观众提供耳目一新的视觉空间。导演要遵循剧本的要求，根据自己的设计意图，决定场景设计的类型风格。不同的故事情节决定不同的风格表现形式。美术设计人员要按照导演的创作意图，设计出适合的艺术风格类型，使整部影片达到完美的统一。不论是喜剧还是悲剧，正剧还是闹剧都有相应的基调。科幻的还是鬼怪的，童话的还是青春偶像的各有各的创作风格，都要设计出相应的场景设计样式。一般情况下，观众普遍认为，科幻题材的场景设计具有神秘、幻想的色彩，充满无穷的想象力；童话题材的场景设计要有卡通感，显得可爱、圆润、甜美；鬼怪题材类的场景设计则要突出神奇、恐怖、怪异和狰狞；青春偶像类题材的场景设计要充满阳光、健康、积极和明亮等特点。因此，美术设计师要按照导演的构思，认真分析场景类型、布置等因素，把握特定环境下的基调，进而挖掘场景特有的情感，创造出具体、鲜明的环境空间来，很好地为角色活动、情节推进服务，如图 17-39～图 17-42 所示。

图 17-39　美国动画电影《阿凡达》中的科幻背景

图 17-40　童话背景

图 17-41　怪异背景

图 17-42　青春活泼背景

第 18 章
确定和设计动画片主场景

动画片主场景是动画创作前期中美术设计的主要任务之一。美术设计师按照导演的创作意图，全面思考，设计并绘出整部动画片角色活动的总体范围及路径，为整体大的场面调度做好准备，也为绘制者指明方向。

18.1 主场景的概念及重要性

18.1.1 主场景的概念

主场景是展开剧情和主要人物活动的特定空间环境。一般来讲，每一部动画片都有特定的主场景，以此来设计规定角色活动的方向、范围与空间。美术设计师按照剧本剧情的场次来划分，表现故事主体在何种环境下发生的，是在哪几个主要的地点发生的；故事的主要角色又是在何种特定的环境下进行活动的。一部动画片有时不止一处主场景，可能有几处主场景，绘制出各个主场景的地点以及连接方向，方便以后调度所用。如中国动画电影《大闹天宫》中的主场景就有几处，即孙悟空的居住地花果山，水中的龙宫，天上的金銮殿，王母娘娘的蟠桃园以及太上老君的炼丹房等。每一处都充满了神奇、幻想。以主角孙悟空的活动将其串联起来，为故事的展开以及正、反两方面的交锋提供了空间与场所。再如美国动画电影《狮子王》中的主场景非洲大草原，影片一开始展现了一片非洲大草原的繁荣景象，几个镜头交代了高耸而突出的山崖——荣耀石，成了整部影片的主要场景之一。正邪力量的几次交锋都在这里，为故事的展开提供了可能，让观众认为是具有典型性的标志场景，如图 18-1 所示。

花果山水帘洞

龙宫

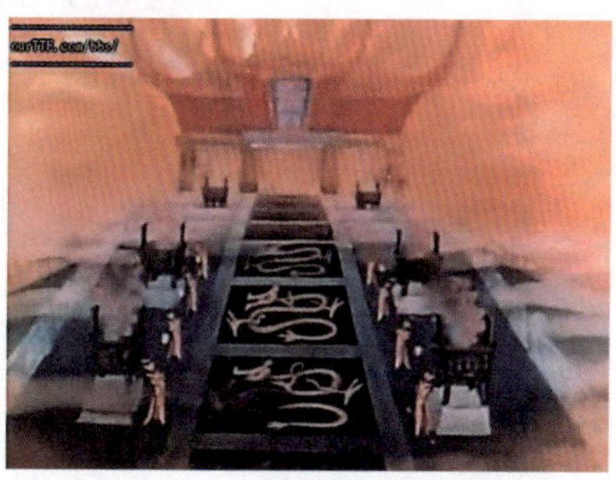

凌宵宝殿

图 18-1 中国动画电影《大闹天宫》中的几个主场景

御马宫

蟠桃园

炼丹房

图 18-1（续）

18.1.2 主场景的重要性

主场景的设计在整个动画片创作中是至关重要的，堪称动画片美术设计的灵魂。主场景的美术设计风格和色调，为最终动画片的艺术风格起决定的作用，并也展现了角色的主要活动场所。只有确立了主场景，才能确立其他次场景，以及相互位置关系，并为细节的设计提供空间。同时，主场景也能确定故事发生的时代背景、地域特征以及时间季节等信息，还能对整部动画片的场景有一个全方位的了解，像一张地图一样，无论场面往哪里调度都能一目了然，如图 18-2 所示。

图 18-2　日本动画电影《猫的报恩》中猫的城堡主场景

18.2 主场景的设计要点和具体步骤

一部动画片的场面调度路线，都要在场景总图中体现出来。主场景的位置与周围环境的关系在总图中看得非常清楚，这样在设计主场景时就有了依据，然后，再考虑其方位、风格、比例、时空等设计要素及具体步骤，最后形成设计稿供动作创作使用，指导每一具体场景、背景的绘制。

18.2.1　主场景的设计要点

按照主场景的概念、功能和目的，在设计一部动画片主场景时要遵循以下要点。

1. 要认真分析剧本，根据剧本要求收集齐相关资料，以备设计时用

编剧编写的剧本只是提供了一个宏观的，有广阔想象空间的文字结构。导演和美术设计师要认真分析剧本，在整体构思的基础上，明确所要表达的主题思想、追求的艺术境界以及最终要展示给观众的视觉效果。要大量地收集资料，并整体合理地应用，最大限度地为剧本服务。因此，在明确了主场景在场景总图的位置以后，就要深入生活，尽可能到剧本描述的“第一现场”去实地写实并收集材料，获得第一手资料。如美国迪斯尼公司在创作动画电影《狮子王》时，曾拿出大量资金让主创人员到非洲野生动物保护区去体验生活，与那里的狮子生活了很长一段时间，观察那里的日出日落，体验色彩变化，描绘那里的山川地貌，了解生态环境，记录狮子们的生活习惯，每一只狮子的性格特征、动作姿态等的变化。为动画片的创作搜集第一手资料，然后精心制作，才出现片子中的美丽景象，很好地为主题表达服务，使片子不仅剧情曲折感人，而且环境也给观众留下了深刻的印象。但并不是每一部动画片都能进行第一手资料的搜集，由于所表现的时代不同，时空不同以及资金等问题，现场采风不太可能，那么，只好进行“第二手资料”的搜集，并通过自己的想象来达到较理想的效果。如美国IMAX动画电影《阿凡达》中的场景，描绘出了神奇的幻想色彩与景观，表现了不同时空下的原始森林，尤其是那一棵生命树，体现万物有灵的理念，很好地表现了现实与非现实之间的时空转换，有力地支持了“正义战胜邪恶”的主题思想，让观众在强烈视觉享受的同时，感受到一种内在的精神动力，如图18-3和图18-4所示。

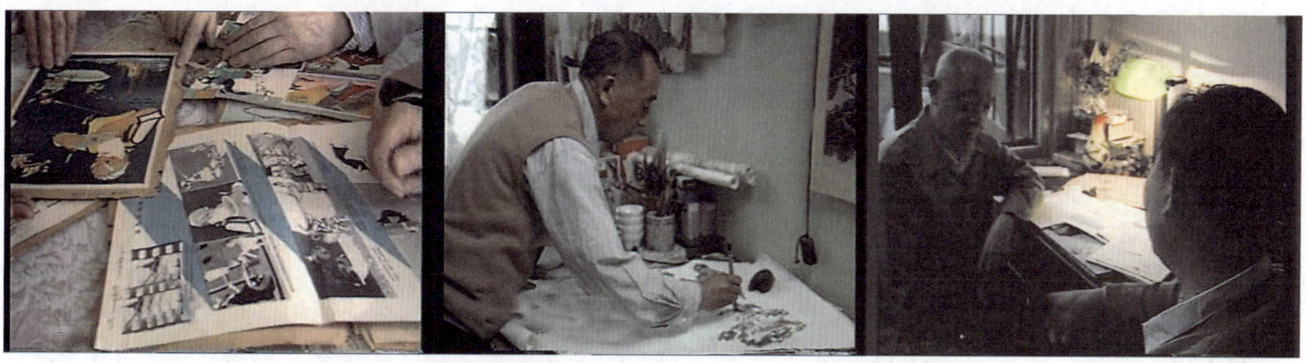

万氏兄弟创作《大闹天宫》时的资料

漫画大师张光宇创作《大闹天宫》中孙悟空时的资料

图 18-3　中国动画电影《大闹天宫》的创作资料

图 18-4　美国动画电影《阿凡达》中的生命树

2. 主场景要体现出时代特征

剧本体现的时代背景是设计主场景很重要的因素，时代背景具有很大的时间跨度，或是过去的，或是现代的，或是未来的某个特定时期。这在影片一开始时就能从背景或者是角色的穿着打扮中体现出来，让观众把时间锁定在某一时空中，在这种特定的时空中进行思维。比如美国动画电影《花木兰》，从影片一开始的场景到角色出场的装束，都带有较鲜明的时代特征。虽然没有非常明确地提出具体的朝代，但一看就是中国古代的某个时期所发生的故事。观看这部动画片的观众，被影片中所流露出的设计者严谨而具有创新的场景设计所吸引。再通过角色生动而形象的表演，使影片带有很强的观赏性，观众也在这样一个特定背景下思考，如图 18-5 和图 18-6 所示。

图 18-5　中国动画片《南郭先生》的时代背景体现中国汉代风貌

图 18-6　美国动画电影《花木兰》中的背景和服饰

图　18-6（续）

美术设计师在剧本的引导下，确立了故事发生的时代背景，接下来就要设计出这一时代环境下所形成的社会面貌和景象，从而体现出人们的精神状态和当时的风俗、礼仪和时尚特点来。比如在日本导演高天勋执导的动画电影《萤火虫之墓》中，就很明确地点出故事发生的年代是第二次世界大战中日本刚刚被原子弹袭击后的社会环境。讲述了一对小兄妹在母亲遭遇空袭身亡后，二人相依为命的悲惨生活。场景更是显得凄惨无比，到处是残垣断壁，受害难民，烧毁的房屋，萧条破败的城市，两个孤儿躲在一处废弃的防空洞里生活，最终因饥饿寒冷而死亡的悲惨结果。同样有明确社会环境的电影《迷墙》中的动画表现，更深层面上表现出第二次世界大战给人们带来的除外部破坏以外的精神层面上的伤害，人们内心恍恍惚惚，精神极度疯狂、浮躁、残忍、麻木，几乎到了崩溃的边缘，如图 18-7 和图 18-8 所示。

图 18-7　日本动画电影《萤火虫之墓》中的背景

图 18-8　动画电影《迷墙》中的背景反映第二次世界大战后人们的精神扭曲

确立了时代背景下的社会环境，再仔细地考虑具体的生活环境，人们生活的方式、家庭状况、工作环境以及日常细节等状态。这往往决定了一部影片的成败，观众的喜好。如中国动画片《大闹天宫》中孙悟空所居住的花果山里的环境：中间有一张石桌，两边有石凳；有很多桃树、果树；外面流动的水帘门；孙悟空坐在石桌中间，威风凛凛。这样的生活环境必然是自由浪漫、无拘无束，体现出孙悟空的性格、身份和兴趣爱好。再如美国动画电影《101 忠狗历险记》中年轻音乐家的书房，是一间破旧的房屋，到处堆满了书，唯一值钱的是一架钢琴，钢琴上放置着乐谱，主人公正在练习。表明了主人公的身份、爱好，是一个勤奋的音乐家。从整体环境看，主人公并不富有，从表情上看，显得很豁达。在这样的环境下还坚持他的事业和艺术，表现出他的执著。因此，观众在这些细节中很容易走近角色，这也是场景带来的魅力，如图 18-9 和图 18-10 所示。

图 18-9　中国动画电影《大闹天宫》中孙悟空具体的生活环境花果山

图 18-10　美国动画电影《101 忠狗历险记》中年轻音乐家的工作室

3. 主场景设计要突出地域特色

导演和美术设计师一开始就要依据剧本，考虑主场景所体现出的地域特征。这也是使影片更具特色，更具魅力的主要保证。设计的主场景要很明确地表现出该地域的自然景观、风土人情、建筑风格以及生活道具等特色，以区别其他地区特色。越有特色越能吸引观众。如中国木偶动画片《阿凡提》中，其房屋建筑、场景样式、室内布置以及器皿道具，无不体现出强烈鲜明的新疆地域特色。比如中国动画片《九色鹿》中的场景设计，借用敦煌石窟壁画中的风格样式，反映了古西域的建筑风格和风土人情。画面中的皇宫建筑、自然景观，表现出浓郁的西域风味，给观众留下深刻的印象。再如美国动画电影《埃及王子》中的场景设计，同样体现出强烈的地域特色。华丽神秘的埃及王宫，场面宏大的壁画以及辽阔、一望无际的埃及沙漠。这些都表现出了埃及的自然风光和特定历史阶段的具体历史内容，观众看了，无不被气势恢宏、细节严谨的场景设计所折服。如图 18-11～图 18-13 所示。

图 18-11　中国动画片《阿凡提》中独特的地域风情

图 18-11（续）

图 18-12 中国动画片《九色鹿》中的壁画风格

图 18-13 美国动画电影《埃及王子》中恢宏的气势

4. 应用色彩调式，营造环境气氛，强化风光类型

主场景是一部动画片中的主要组成部分，所占比例、分量极大。一般情况下，只要主场景的色调定下来了，就基本上决定了整部动画片的基调，每一处分场景和背景的色调都要遵循主场景的色彩关系，包括所有细节。但是无论是如何应用色彩，都要遵循一定的规律，符合观众的审美心理，还要考虑到剧情的发展需要以及个人爱好和审美趣向。如美国动画电影《狮子王》中的主场景“荣耀石”以及周围环境，大量的场景和镜头都出现在这里。开始时优美和谐的色彩，万兽朝贺的场面，表现了木法莎国王统治时期的繁荣景象以及影片中期辛巴和娜娜偶尔相遇时的美丽景象，影片后期正反两派势力的交锋场景。木法莎国王的儿子辛巴战胜叔叔刀巴，“荣耀石”的色调由冷调变为暖调；由灰调变为鲜调，恢复到美丽和谐的色调当中，暗示出由黑暗走向光明的寓意。在刀巴利用卑鄙的手段夺得王位，统治整个荣耀国的场面，其基调是蓝灰色的、紫红色的还有乌云密布的天空，表现出万象萧条的景色以及在夺得王位后的红色调。这些色调能强烈地营造气氛，体现出内在的精神空间，让观众去考虑，如图 18-14 和图 18-15 所示。

图 18-14　美国动画电影《狮子王》中营造和谐的气氛

图 18-15　美国动画电影《狮子王》中营造邪恶的气氛

5. 主场景要尽可能考虑角色最大限度的活动空间以及导演灵活的场面调度

“场面调度”一词来自于法语，主要指“摆在恰当的位置”或“放在场景之中”，即将角色放在场景的适当位置。导演将角色放入设计好的场景中，并对角色表演的动作、行为路线、人物与人物之间的关系加以有意识地安排，看角色能否在设计好的场景中自由、最大限度地加以表演活动。场景设计也要按剧本和导演的意图，尽可能地给角色活动、表演留下余地，让角色能自由灵活地加以表演。因此，场面调度是人物的调度。场面调度还要适应镜头的调度，主场景的设计要为镜头的调度提供方便。主要是通过景别、视角、构图、运动等因素的运用来表情达意，丰富镜头感。这也是导演所特别重视的。在表现合理的意图时，要让镜头之间富于变化，画面、角度更加新颖独特，最终使画面效果更精彩。如美国动画电影《埃及王子》中驾马车追逐的场面，角度变化丰富，前面不断出现物体，使视觉空间感无形地拉大，场景空间宽广，给角色留下足够的空间去表演，场面变化激烈而惊险。同样是追逐的场面，美国动画片《小马王》中追逐小马王的场景。美国西部大峡谷，不仅再现了美国西部风情，而且凌厉高耸的大山，给场景增添了无限的风光。小马王与西部牛仔的追逐，在恢宏的场面中，给观众以巨大的视觉冲击力，激烈而浪漫。给角色以足够的空间加以表演，同时也提供了广阔的空间表现。巨大的三维空间模拟，给导演留下了场面调度的自由，如图 18-16 和图 18-17 所示。

图 18-16 美国动画电影《埃及王子》中驾马追逐的场面

图 18-17 美国动画电影《小马王》中骑马追逐的场面

18.2.2 绘制主场景的具体步骤

分析了动画主场景设计的要点，对绘制主场景的具体步骤作如下说明。

(1) 认真分析剧本，在导演的指导下，美术设计师找出主要场次的戏和情节，明确主场景是一个还是多个，相互是什么关系，绘出场景总图的平面图，标出相互的位置关系，如图 18-18 所示。

(2) 绘制出主场景的具体平面图，并标出角色活动的空间及行动路线，使具体运动时一目了然，便于场面调度。

(3) 绘制出主场景的三视图，以便更清楚地了解其布局。

(4) 绘出主场景的气氛图，表现出时代背景、地域特征等要素，决定其艺术风格。

(5) 进一步明确室内、外景与角色的比例关系和空间距离，应用合理的透视关系，使相互关系更趋细致明确。

(6) 绘制不同时间下光源的方向、角度，并标明是日景还是夜景，如图 18-19 和图 18-20 所示。

图 18-18 日本动画电影《魔女宅急便》中总平面图

图 18-19 有光线的背景

图 18-20　动画短片《父亲》中的日景（学生作品）

第 19 章 动画场景的风格类型

动画属于视听艺术，“视”主要侧重于“绘画”，“听”侧重于“声音”。作为视听的绘画艺术有不同的风格类型，那么，以绘画为主要因素之一的动画也有着不同的风格类型。一部优秀的动画片是“绘画”艺术风格与“音乐”艺术风格的有机结合。动画场景属于绘画范畴，全片整体的最终的视听效果主要取决于场景设计的风格。因此，认真去研究场景的艺术风格是非常必要的。动画场景的风格样式因其题材的多样而丰富多彩。大体可分为写实风格、装饰风格、漫画风格、幻想风格以及非常规艺术短片的美术设计风格等类型。

19.1 写实风格

“写实”是一种风格和流派，是对客观现实的再现，但又不等同于客观现实。在动画创作中，写实是一种基于时间与空间相对固定的，符合自然规律和历史真实以及人们日常心理、生理习惯的相对的真实。由于接近于客观现实，因此，能让人感觉到一种亲和感，成为目前比较流行的一种艺术形式。主要遵循自然材质、透视规律、光影效果、色彩规律相对真实以及叙事时空、人们正常的生理、心理习惯的原则，再现客观实在。具体地讲，是能让观众在银幕上感觉到逼真的山川、大地、森林、瀑布以及精致美妙的花草、植被、城市乡村建筑。美术设计师用细致入微的观察和逼真准确的表达，让观众面对着逼真的视觉效果对剧情本身全身心地投入，跟着故事的情节发展与角色同呼吸、共命运。如美国动画电影《小马王》中开片的宏大场面，用写实的手法艺术地再现了美国西部拓荒时代原始美丽的风光，像茂密的原始森林、清澈的河水、奇幻的大峡谷和高大的山石等原始景象，让观众有一种身临其境之感。而这种感觉的真实性也不是完完全全地再现了原来的面貌，而是经过了导演的构思和美术设计师们的再创作而表现出来的。因此，给观众更加真实的感觉，如图 19-1～图 19-4 所示。

图 19-1　宿舍室内景（学生作品）

图 19-2　写实的室外景

图 19-3　写实的高坡外景

图 19-4　写实的路边花草

场景与背景的写实性是整部动画片写实性的主要表现内容之一，因此，要表现整部动画片写实性，第一，要考虑历史背景的真实以及当时的地域特色，但不能照搬，而要经过艺术加工，使真实的更真实，如美国早期动画片《白雪公主》中的场景设计，设计师首先考虑到的是它是德国的一个民间童话故事，要符合德国的地域特征，再考虑白雪公主住在城堡里，于是就有了高大而坚固的石头城堡，使白雪公主显得更加高贵。在古城堡的石头墙上加了一些类似树藤的植被，既增强了石头城堡的视觉效果，又较符合当时的历史、地域的特色和自然规律的真实性，如图 19-5 所示。

图 19-5　美国动画电影《白雪公主》中的石屋

第二，在材料的表现上要尽量达到自然真实的效果，符合常规。如美国动画电影《美女与野兽》中野兽居住的城堡及被巫师施了魔咒变成各种各样动物与物体的不同材质的东西，更像一个各种不同材质的大荟萃。在对金属、木质、玻璃、陶瓷、皮毛等不同质地、不同硬度、不同光泽和反光的描绘中，更使人感到一种真实性和亲切感。这种亲切感不仅来自于对不同质感的表现，更来自于被施了魔咒的各种有生命的人和动物。这种反常态的表现，更加使得场景画面生动、鲜活，如图 19-6 所示。

图 19-6　美国动画电影《美女与野兽》中的不同质地的有生命的物件

第三，写实性的表现还体现在对场景透视关系的正确把握上。即对平行透视与成角透视法则的正确应用。如中国动画电影《小兵张嘎》中的场景，用写实手法再现了抗战时期的真实环境，是严格按透视规律来表现的。以地平线的高度为标准，上下两方与地平线构成一定的角度，其远端必然分别逐渐汇聚到地平线的左右两个灭点上。这样表现体现了更加真实的效果，如图 19-7 所示。

图 19-7 《小兵张嘎》的场景

第四，写实性的表现还体现在光影关系的正确处理上。对场景的表现一定要符合自然科学的光学规律，即符合自然中物体被光线照射后所产生的投影效果与角度。如日本动画电影《龙猫》中午后的田野场景，所有的物体包括人物角色在被太阳光照射后与地面的角度都是一致的。这样能给观众一种非常真实的感觉。如图 19-8 所示。

第五，对真实性的表现，正确真实的色彩规律应用是至关重要的。在大自然中，人们长期生活在大环境中，早已形成了一种固定的模式。如天是蓝色的，地是黄色的，云是白色的，树是绿色的等。如果在写实的动画片中不按这种程式去表现，就会显得不真实，不能引起观众的共鸣。如果在其他风格类型的动画片中，不这样表现，是很合理的。但是如果要表现在写实动画片中，就要符合人们的共同习惯，以达到真实再现的目的，这样就能有一种身临其境的感觉。如美国动画电影《小马王》中美国西部耸立的黄色高山，碧蓝的天空，绿色的森林、树木，无不再现了当时真实的色彩规律，如图 19-9 和图 19-10 所示。

图 19-8 日本动画电影《龙猫》中的乡间田野

图 19-9 大自然中的蓝天、白云、绿树

图 19-10　美国动画电影《小马王》中的自然景色

19.2　装饰风格

装饰风格也是动画片常用的一种风格类型，以其图案画、规则化、秩序化和适形化的特点，给观众一种强烈的美感。此风格的秩序化就是将自然、生活中较复杂、随意的行为和形体，经过有规律地删减、概括、归纳，去繁就简、去粗取精得到一种具有规律性的形体造型。适形性就是在限定的形状中体现、塑造形体和形象。如图案中的二方连续、四方连续和适合纹样等形式。在设计时，要将生活中大量的原型进行一定的艺术处理，把各种要表现的形象有机地组合在一定的空间范围之中，使其规则化、秩序化，追求一种平面上的强烈对比，从而达到一种形式上的美感，以表现一定的故事情节。如中国古代秦汉、魏、晋、南北朝时期的画像石和画像砖以及隋唐时期的铜镜上的图案，用特殊的形式表达一些生活情节，是我国古代的装饰性绘画作品。作者巧妙地利用长方形、圆形和其他形的外形 ，把所表现的内容即人物、动物、植物等形象，进行高度的夸张和概括，再有序地排布在具体的形状之中。如果使这种形式的画面按时间的推移运动起来就成为动画。这不仅能体现历史文化内涵，也能使作品有另外一种味道，产生强烈的形式美感。这类型的动画片在中国很多动画片中都有体现。如中国动画电影《大闹天宫》、《哪吒闹海》和《九色鹿》等具有典型装饰风格的代表作品，它们形成了具有中国民族化特色的经典之作。片中场景设计、人物造型大量吸收了中国传统艺术如敦煌石窟壁画的装饰形式、京剧舞蹈的装饰和音乐特点以及中国传统武术动作等特征，应用散点式的构图，使作品充满了无限的生命活力，散发着浓郁的民族气息和艺术魅力。再如捷克斯洛伐克动画系列片《鼹鼠的故事》也是装饰性极强的动画片，为儿童所喜爱。背景设计与人物设计都单纯、简洁，这与儿童的欣赏习惯和他们自身感觉与听觉系统发育不完全有关，采用大色块的装饰效果作为整部动画片的美术风格，更能突出主题和美好愿望的表现，观众看了以后能使心灵得到净化，产生一种意想不到的美感，如图 19-11～图 19-13 所示。

由于装饰风格具有一定的规则性，不太适合表现具有宏大气势的大型动画片，而大多表现一些简洁、短小、明晰的小品或动画系列片以及一些寓言、神话题材的动画故事。

画像石——青龙

画像石——白虎

图 19-11　中国古代画像石、铜镜、瓦当和浮雕艺术作品

画像石——朱雀

画像石——玄武

铜镜

瓦当

浮雕

图 19-11（续）

图 19-12 教师装饰动画作品背景

图 19-13 捷克斯洛伐克动画系列片《鼹鼠的故事》背景

19.3 漫画风格

漫画能给人以自由、轻松、幽默、自然的感觉，得到儿童以及中、老年人的喜爱。在当今生活节奏加快、工作繁忙的生存环境中，人们需要一种既轻松又省时间的休闲形式来调节一下。而漫画的简洁、概括、单纯、幽默的形式正好适应了人们这一需求并且不断发展起来。尤其是有一定哲理的漫画和漫画风格的动画片，观众在高兴之余，有一种回味。因此是一种动画表现的最佳形式。

动画片的制作与发行都有一定的局限性。而漫画这种形式，制作成本较低，发行途径广，也容易被大众所接受。因此，日本在动画发展初期，采用先出漫画作品，在市场上由观众们观看、挑选，如果有哪一部漫画作品的受众群广，喜爱程度高，就进一步改编成动画片或动画系列片，把这些相对不动的画面搬上银幕。这样成功率会大大提高，降低动画片投资的市场风险。如日本的动画系列片《蜡笔小新》和《樱桃小丸子》等，就是先出漫画书，市场反响很好，才改编成系列动画片的。还有欧洲动画系列片《丁丁历险记》；中国上海美术电影制片厂制作的动画系列片《大耳朵图图》和《大头儿子和小头爸爸》等作品。放映之后，由于故事与情节本身短小精悍而深受小孩子们的喜欢。鉴于小孩子们的一些生理和心理上的特点，往往对大色块和简洁的造型感兴趣，更能集中注意力，导演和美术设计师就将场景和造型处理成主题单纯、主角突出、个性鲜明、色彩简化的漫画风格，使动画片取得成功，并为以后的衍生产品打下基础，如图 19-14～图 19-16 所示。

图 19-14　中国漫画动画片《三个和尚》背景与造型

图 19-15　中国漫画动画片《大耳朵图图》背景与造型

图 19-16　中国漫画动画片《大头儿子和小头爸爸》背景与造型

漫画的艺术风格更具幽默、讽刺特点，并能在观众大笑之余有一些思考。往往是全家人一起观看，一起放声大笑。原因是片子中抓住了生活中的许多不起眼的细节，并将这些细节编辑成典型的故事，故意扩大这些细节。在语言、台词上下功夫，达到简洁、幽默的效果。因此，大人孩子都喜欢。在制作成本上既省钱又省力，在场景和角色设计上较夸张，能取得很好的艺术效果。如中国动画系列片《三毛奇遇记》，由著名漫画家张乐平先生的同名漫画作品改编而成。讲述了一个 20 世纪三四十年代的三毛在上海生活的情景，塑造了一个孤苦伶仃、聪敏机智、心地善良、品格高尚的中国少年儿童的形象。本片也是采用了自由、幽默的漫画手法。在场景设计上，融入了老上海的地域特点，开拓了漫画书上的内容，并应用现代化的三维技术处理，使之既古老而又现代，得到了少年儿童的喜爱。再如我国台湾著名漫画家蔡志忠的中华智慧系列漫画，如《老子说》、《庄子说》、《周易》等，是根据中国古代智人对自然、人的一些观点的解说，虽然不能尽解其意，但也能感到现代人对古代人的一种朴素的理解，为人们所喜爱，使观众在观看之余也有一些回味。如图 19-17 和图 19-18 所示。

图 19-17　中国动画系列片《三毛奇遇记》

图 19-18　我国台湾蔡志忠的漫画动画片《庄子说》

19.4　科幻风格

科幻风格的漫画和动画片更是儿童所喜爱的类型。里面充满了冒险、幻想，现代高科技的应用，使其画面更加变幻、离奇。因此，在动画领域中频频出现，以至于许多编剧和导演对这一类风格的动画具有浓厚的兴趣和长久的偏爱。

“科幻”顾名思义是“科学”与“幻想”。是非现实的，超乎人们日常生活和常规视觉与想象的非常规的思想。孩子们天真烂漫，富于想象，充满冒险精神。在编写和设计这类型的动画片时，就要有独特大胆、离奇诡异、超乎自然常规、超乎常人的想象力，才能吸引热爱这一形式的青少年观众，但不能有不利于青少年身心健康的因素存在。因为这个年龄阶段的孩子最喜欢模仿，又没有自控能力，行为上容易出偏差。因此，设计师在设计场景时，既要大胆，又要营造气氛，出乎意料，使人惊叹不已。如美国迪士尼早期的动画电影《爱丽丝梦游仙境》中的场景设计，是基于梦境视觉时空的无规则性和超常规性。爱丽丝梦见进入树洞后，身体可以像进入太空一样不由得漂浮起来，周围的一切东西都处于这种状态，同时也利用超常的比例来产生幻觉感。像爱丽丝吃了某种神奇的食品，身体竟然大过房子，四肢从房间的窗户和门里伸出来，而后又变小了，使得很小的花也变成了大树等。应用这种忽大忽小的超乎常规的比例来产生神奇感。甚至还采用超出正常光源的光影效果，来使场景变得幻影莫测等。这些都能造成孩子们的一种幻想感。再如日本动画电影《天空之城》、《风之谷》、《猫的报恩》和《千与千寻》等，都是科幻的表现，让人百看不厌，如图 19-19～图 19-21 所示。

图 19-19　科幻背景

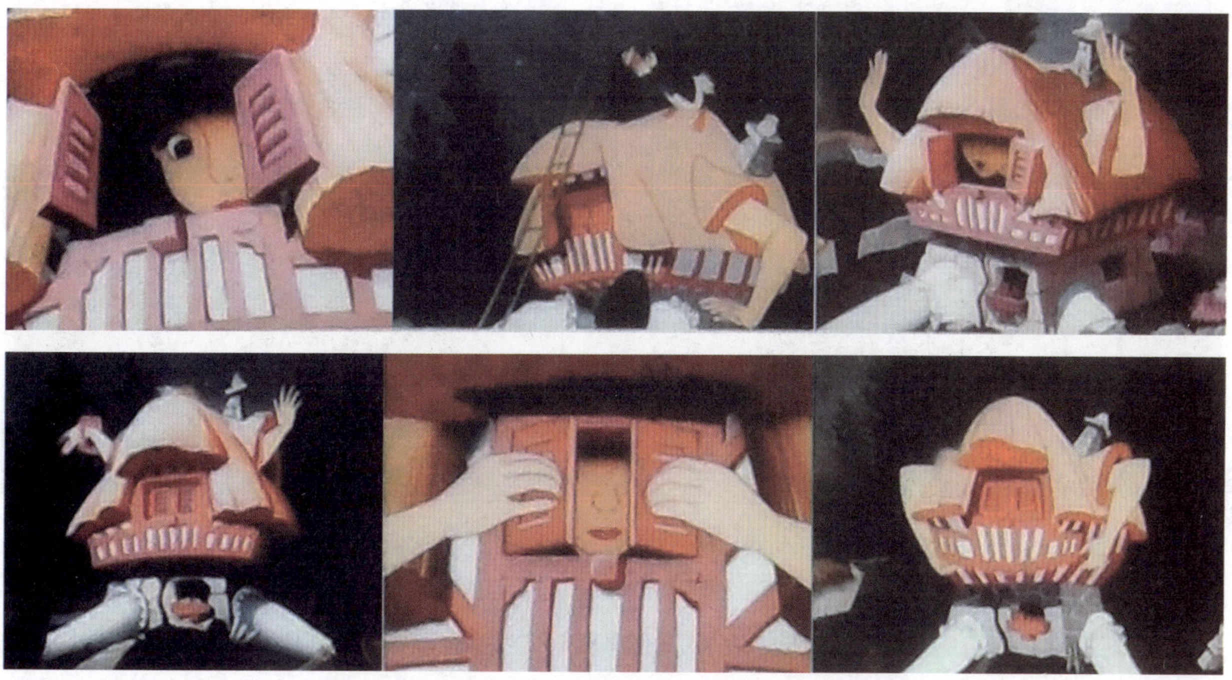

图 19-20　美国早期动画电影《爱丽丝梦游仙境》

图 19-21　日本动画电影《风之谷》中的奇妙背景

图 19-21（续）

科幻风格类型的场景特色往往新奇、大胆、夸张、独特、充满想象力。如法国动画电影《幻想星球》中外星空间的各种新奇、独特的场面环境。故事讲述了一对人类母子被大而智商高的外星小孩捉弄，结果人类母亲被折磨致死，一个好心的外星小孩将人类的小婴儿“地球”豢养在自己的房间里，每天与其进行交流，并教他知识。最终人类“地球”长大了，意识到自己的处境。出逃后，联合其他地球人一道与外星人争夺自由的故事。这部科幻动画片的内容和题材从一开始就充满了神奇、幻想。美术设计师们将各个场景设计的怪诞、夸张、独特，他们大量借鉴了欧洲的各种绘画流派，将众多不同时空的主张与个体进行分解、重构、嫁接使其变得更加离奇古怪。从色彩到造型无不使观众惊叹，同时也激发了观众的想象力和对外星空间的向往与好奇，如图 19-22 所示。

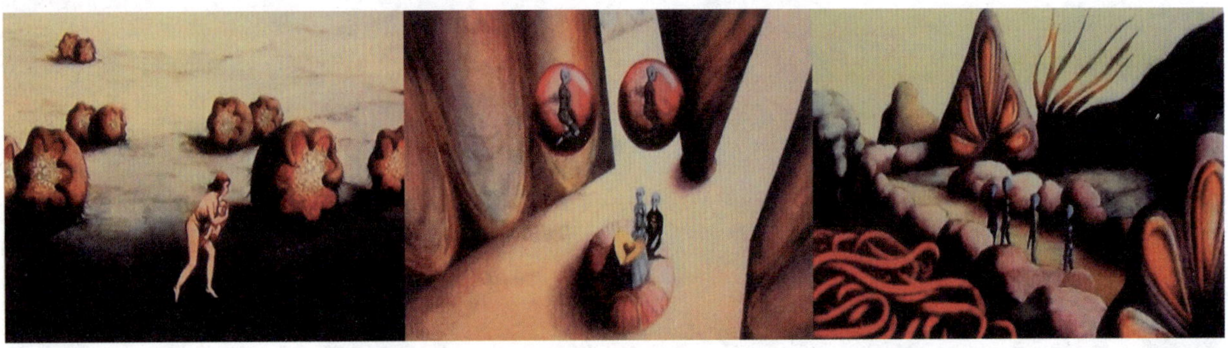

图 19-22 法国动画电影《幻想星球》中的神奇背景

科幻风格能让观众感到好奇的

常用的手段，表现在打破常规的比例关系，超乎常规的主观色彩处理，奇异的透视关系以及不合常规的光影效果等几个方面。如日本动画电影《天空之城》中一棵树木就是一幢巨大的空中堡垒。场景、道具与主要角色的比例关系，采取或大或小等超乎常规尺寸比例关系处理，打破人们的常规心理比例，使观众觉得好奇、新颖。如水幕动画“魔鬼篇”中的色彩应用都是反常态的。像海水在正常的状态下是蓝色的，而在片子中却表现成“红色”的；花朵是五颜六色的，在片子中却是“黑色”的；岩石在常规下是红、黄、白和黑色的，而片子中是“蓝色”的；太空常规下是蓝色的，在片子中却是“玫瑰色”的。这些表现与本片内容相吻合，表现出诡异的，具有强烈视觉感应的效果。还有借鉴著名超现实主义画家埃舍尔的近小远大的反透视，独特畸形的超常透视的效果，更让人们觉得奇妙无比。为表现科幻的效果，设计者们也大量采用虚幻的光影效果。如日本动画电影《千与千寻》中场景与环境中诡异的光影处理，制造一种神奇超常的氛围，让观众产生许多神奇和幻想的视觉感受。像片子中小女孩千寻去找锅炉爷爷的一段戏中，锅炉房的场景本来并没有太让人怪异之处，但通过镜头的组接和一些运送煤块的小黑豆出现，再看到锅炉爷爷 6 只手臂的画面后，就会使人感到一种奇异、怪诞的心理反应。还有千寻在汤婆婆的房间里出现了许多怪异的大人头时，使得这个环境更加神奇了。所有这些手段的运用，无非是能让幻想的成分浓厚一些，产生观赏的效果，但也应是剧情所需要的，如图 19-23～图 19-25 所示。

图 19-23　日本动画电影《天空之城》

图 19-24　水幕动画“魔鬼篇”中的色彩应用

图 19-25　日本动画电影《千与千寻》

19.5　写意风格

“写意”是相对于“写实”而言的,“写意”更注重的是心领神会,以“写实”为功底,在绘画时所表现出的意念,瞬间一挥而就，有强烈的随意性，是不可模仿重来的。这是中国传统水墨画和书法中的草书所具备的特征。由于动画的制作特殊性，与中国水墨画的技法相结合，产生了中国独特的动画艺术形式——水墨动画，奠定了中国动画在世界动画中的地位。而“写意”风格的动画主要以中国的水墨动画为主线，其他写意动画手法为辅线。中国水墨画的意境通过作者应用中国特制的毛笔、墨、宣纸和砚台等工具，把胸中的“意”气瞬间在宣纸上酣畅淋漓地表现出来，并通过动画制作原理，使这些满载着作者“意”气的水墨画活动起来，配以高雅的音乐，让人看了觉得妙不可言，看在眼里，美在心里。这一有机的结合是中国动画的一大创举，那种虚虚实实的意境和轻灵优雅的画面使动画片的艺术格调有了重大突破，能使外在形式与内在精神有机地结合在一起，折射出中华民族的文化、气韵。

1960 年，上海美术电影制片厂拍摄了第一部水墨动画片《小蝌蚪找妈妈》，是以国画大师齐白石笔下的小动物为造型，齐白石笔下的小蝌蚪和虾等小动物在银幕上活动起来，让人激动不已。此片一出，轰动了全世界。这类形式的动画片与其他动画片的不同之处在于是用水墨画出来的，没有明显的轮廓线，造型在宣纸上自然渲染，浑然天成。由于动画制作的特殊性，其制作工艺是十分复杂的。每一个动作的完成是平常动画制作的 5 ~ 6 倍，即完成水墨动画的一个动作就相当于完成五六个普通动画的动作。这种形式追求一种“似与不似之间”的美学效果，意境深远。在 1988 年上海美术电影制片厂又拍摄了一部带有人物的水墨动画片《山水情》，无论从构图布局上，还是意境表现上，都是豪放壮丽，充满诗意。因此，制作成本是既昂贵又费力，在目前商业竞争的模式下，真正的水墨动画无疑面临着尴尬的局面，只能处于欣赏的领域，投入产量较少，如图 19-26 和图 19-27 所示。

图 19-26　中国水墨动画片《小蝌蚪找妈妈》

图 19-27　中国水墨动画片《山水情》

图　19-27（续）

19.6　非常规艺术短片的美术设计风格

非常规艺术短片主要指实验性艺术短片。因为这类型动画是属于非主流的以艺术家个体独立制作的小型动画片，其美术设计风格追求个性和创意，无论从内容上还是形式上都与传统动画迥然不同。表现手法多样，绘画性较强，带有独特的个性特征，极大地丰富了动画片的表现风格样式。

实验性动画短片的首要特征是个性突出，特色鲜明。就是指此类动画片的场景和造型风格都有鲜明的个性特征，有别于商业动画片和大制作动画剧场片以及系列片的传统手法，追求强烈的个性手法，运用一些非常规的设计理念和制作手法等。如用沙子做的动画短片《天鹅湖》中，所有的场景和造型都是应用流动性极强的沙子进行制作的。场面变幻丰富，有一种流动的音乐美，这种材质的动画片就不利于商业制作，只能作为一种特殊的短片加以艺术性处理，如图 19-28 和图 19-29 所示

图 19-28　钢丝材料制作的动画片

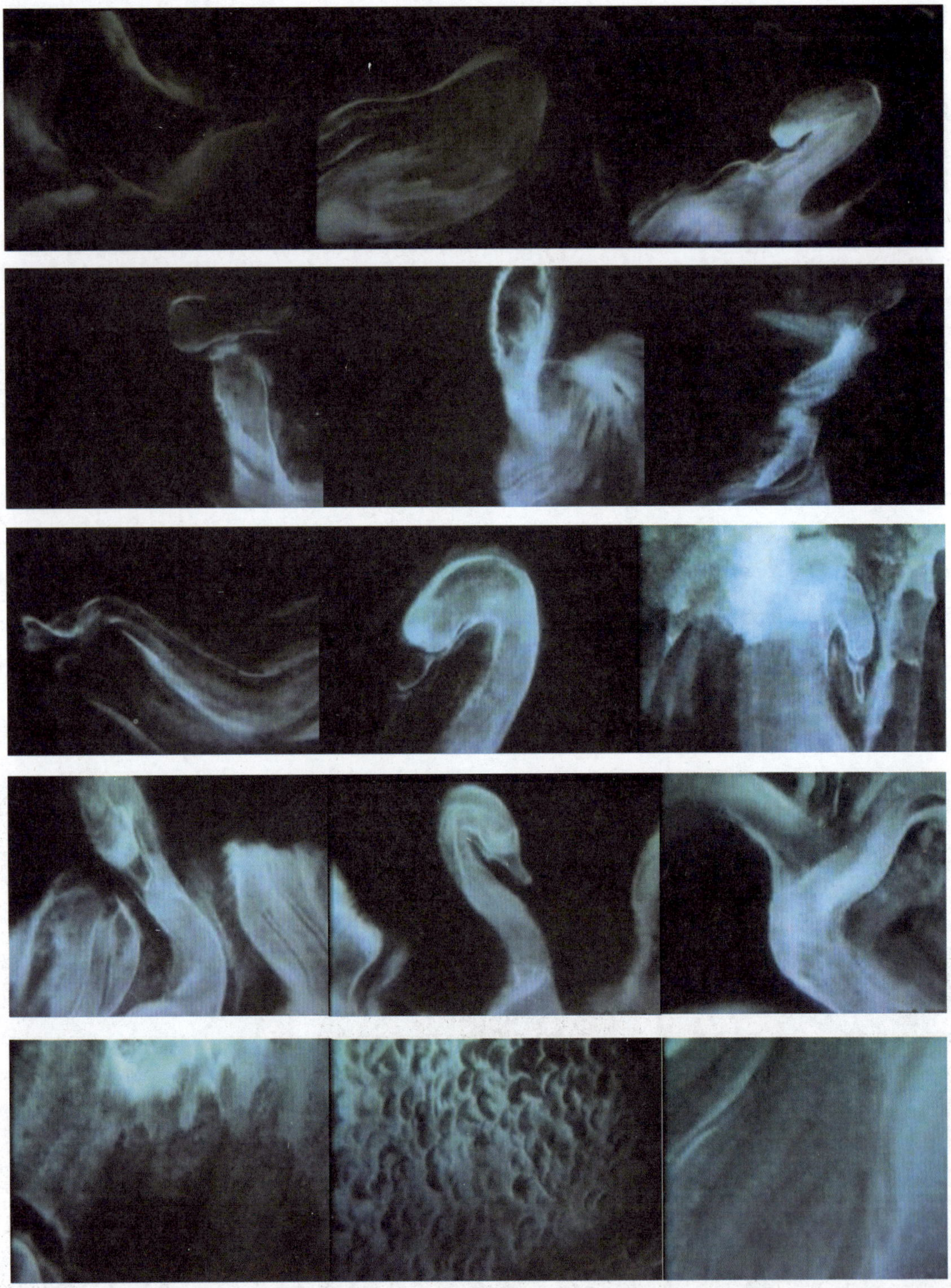

图 19-29　沙子材料制作的动画片《天鹅湖》

有很多实验性动画短片的效果更趋向于绘画和雕塑等美术形式。这类动画片体现出不同绘制工具所表现的不同的绘画艺术效果，甚至塑造成一种真实的三维造型，体现一种雕塑美，形成玩偶动画片。如用彩色铅笔和蜡笔绘画的风格，画面具有很强的绘画效果，可以把写实的、装饰的、漫画的多种风格融入其中，出现一种温馨、和谐的艺术效果。这类动画片比较倾向于年龄层次较低的观众或较高雅的受众群。因为彩笔、蜡笔常常是小孩子们认知外界的首选工具，对表现出的色彩和随意性较为认同和喜爱。如用水彩去表现动画，画面不仅有绚丽的色彩，高雅清新的格调，丰富的表现技巧，还有自然天成、亦真亦幻、神奇美妙的艺术效果，给人以通透、清新之感。由于水彩画对水分的掌握要求甚高，往往“水”应用的不同，会出现不同的效果。因此显得较为轻松、随意。如用油画去表现动画，因为油画的表现力较强，对色彩、明暗、线条、肌理、笔触、质感、光影、空间、构图等诸多因素都能很深入地加以表现，但如果能使油画动起来，就要与动画的原理相结合。制作起来也是非常费力的，但得到的效果却是独特的，有一种雕塑感。如果绘制到位的话，每一幅动画都是一幅美妙的油画。如实验性动画短片《小牛》中的场景和造型，都表现出一种独特的油画效果，感觉很厚重。还有一种就是用泥或木偶做的有立体感的偶动画，这类形式的动画具有很强的立体效果，给人一种可信服感。但制作起来也有一定的困难，尤其是对表情的刻画表现。可制作高超的动画艺术家，同样也能把人物表情处理得淋漓尽致，让人感到入木三分。如泥偶动画片《星期一闭馆》中泥偶造型的表情刻画，都是很生动的。中国木偶动画片《阿凡提》中的场景和造型都是具有很强立体感的范例。因此，无论应用什么样材质，都能与动画的原理结合起来，丰富动画的表现形式。但主要还是以剧本和导演的思想为最终目的，不能只沉溺于形式之中，为表现而表现，如果是这样，就会使动画这种艺术形式失去光芒，不能发展，如图 19-30～图 19-34 所示。

图 19-30　彩铅绘制的动画片《父亲》（学生作品）

最后，实验性动画短片追求强烈的形式感，形成简约或繁复的画面。如加拿大动画片《种树的人》和《大河》，是被称为“动画诗人”的著名动画大师巴克所作。画面采用纯手工制作，应用较简约和随意的手法，产生强烈的笔触效果。要从头到尾保持相对统一的效果，只有一个人从头到尾一张张画出来，才能完成。这需要超乎常

图 19-31　水彩绘制的动画片

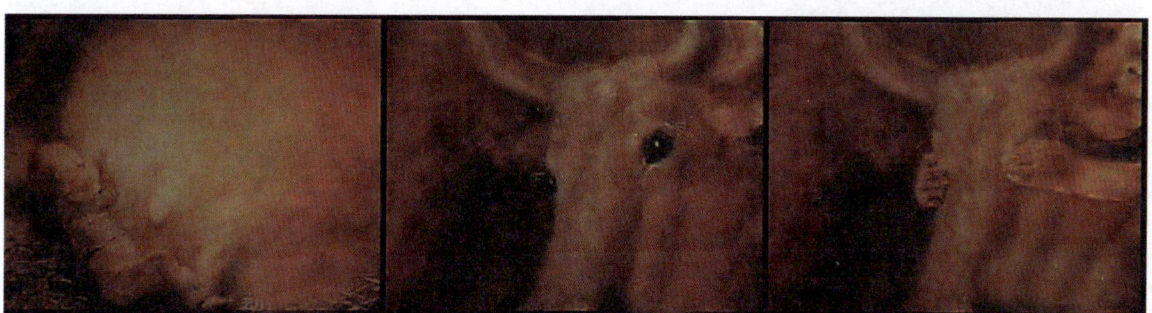

图 19-32　油画绘制的动画片《小牛》获奥斯卡提名奖

图 19-32（续）

图 19-33　泥材料制作的动画片《星期一闭馆》

图 19-34　用特定材料制作的木偶动画片《阿凡提》

人的毅力和追求完美的信念才能做到。所以，我们应该向这位老人致敬，他给我们带来了美的享受，从而也洗涤了我们的心灵。如图 19-35 和图 19-36 所示。

图 19-35　加拿大动画片《种树人》

图 19-36 加拿大动画片《大河》

以上这些艺术形式远不止于此，还有更多的材质和艺术形式需要开发。但无论我们使用哪种材质和艺术形式，都是一种心灵的流露。

第 20 章 画面技术性处理手法

原画设计人员在进行创作时，会碰到不少画面的技术性处理的问题，如果不了解这些技术性处理，就不可能完美地体现导演的意图，例如，摄影表如何填写，推拉摇移如何处理等问题。所有这些，都是作为原画设计人员必须要了解和掌握的。

20.1 摄影表的作用

摄影表是整个动画片镜头的绘制和拍摄以及制作的主要依据，如果摄影表填写紊乱，或有错误，那必定严重影响镜头制作的进行，甚至无法制作下去。

摄影表是摄影人员或电脑扫描人员进行拍摄和扫描的两者之间的重要联系表格，摄影人员和电脑扫描人员必须依据摄影表逐张把原、动画进行拍摄和扫描。如果原画创作人员在摄影表上填写错误，那就会造成严重后果。

原画设计人员在填写摄影表时也是动作表演的一个重要体现，对于动作的节奏、快慢，哪里该拍多少格，哪里该停顿，哪里该多层合成；哪一段该重复循环使用，哪里该说什么话，口型怎样；所有创作人员包括加动画，哪里该注意什么，有何要求等，都必须在摄影表中体现出来，所以，原画设计人员在填写摄影表时必须要考虑再三，要准确填写。同时还要经过动检仪检查后，再一次调整摄影表上的数据。往往同样一个镜头的同一套动画填写两套不同的摄影表，就会出现两种截然不同的视觉效果。

还有，摄影表除供拍摄人员和扫描人员使用外，同样跟上色、校对、合成、剪辑等工作有关系。各个工序都要依据摄影表的记录展开工作。特别是加动画，更要依据原画写的摄影表。弄清楚是哪两张原画放在一起加动画，应该加多少张。一般是依原画在原画上的编号顺序加动画。也有的需要加循环，有的为了特殊效果，也可能是跳号加动画。还有动画应注意的问题、提示等。

因此，摄影表在动画片制作过程中是非常重要的。在进行国外和外单位加工动画片时，填写摄影表往往由原画设计人员自己填写动作，如图 20-1 所示。

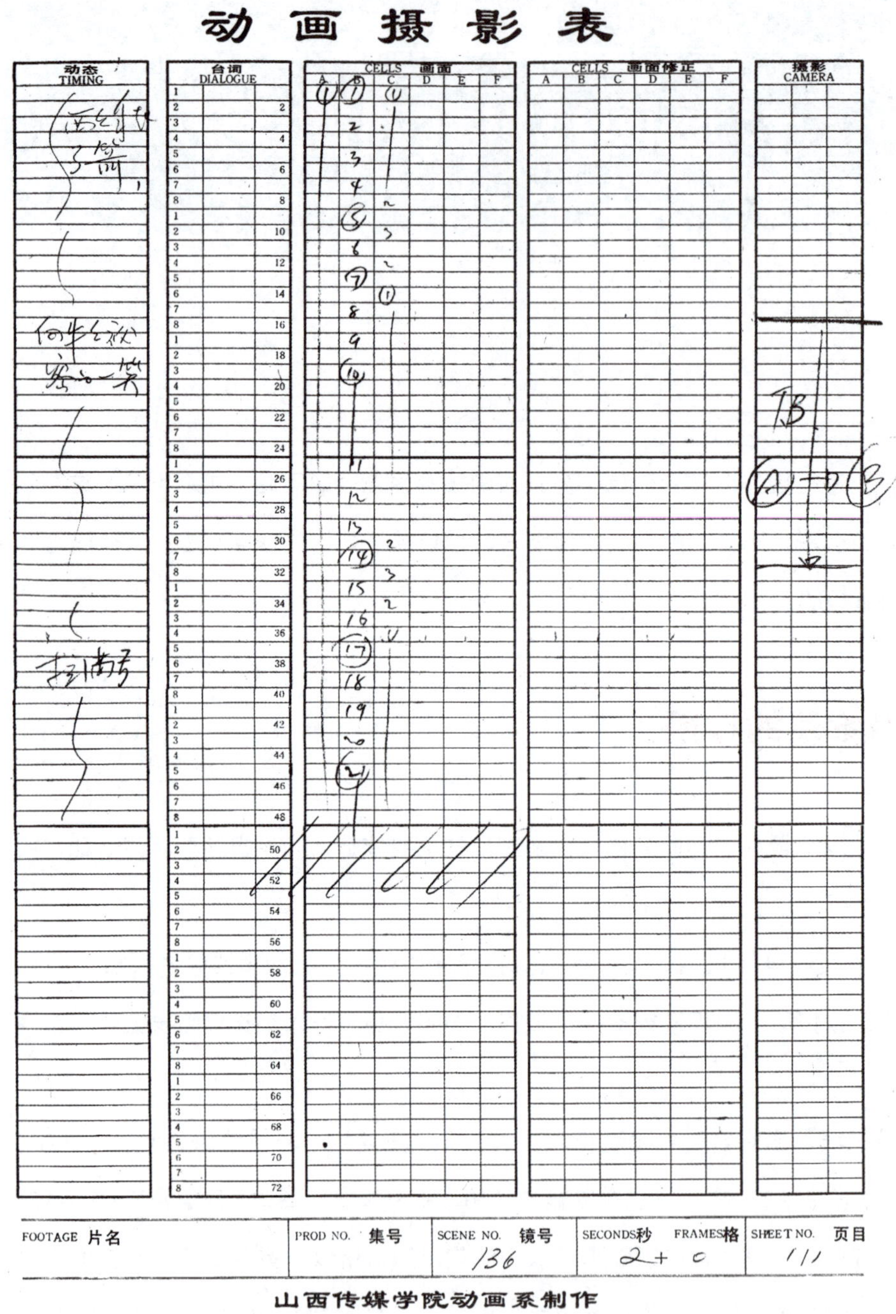

图 20-1　动画摄影表

20.2　摄影表的填写方法

填写整个镜头摄影表，主要包括两部分。

1. 镜头袋表格填写

镜头袋表格犹如镜头的索引和说明书，上面标明该镜头是属于哪部片子，哪一集，还有镜头、规格、长度等；原画是谁，原画总张数及角层的张数；动画是谁，每层张数及总张数；还有描线、上色、校对、背景等每道工序具体工作人员名字及工作情况及完成日期；一些针对各工序工作人员的注意事项关照及技术要求，如原、动画设计还要注意什么；有无技巧处理；描线、上色及摄影应注意什么问题；分层拍摄，上下镜头有无联系；要不要做特技摄影处理等都必须写清楚。导演一栏，在铅笔稿动检后由导演审查通过签字，再交下道工序描上及拍摄或电脑扫描。

在镜头袋右下角还有制作单位的落款和通讯地址电话等。

一般原画设计人员拿到镜头袋，有些项目已由导演写好，袋中装有人物及背景设计稿及摄影表，如图 20-2 所示。

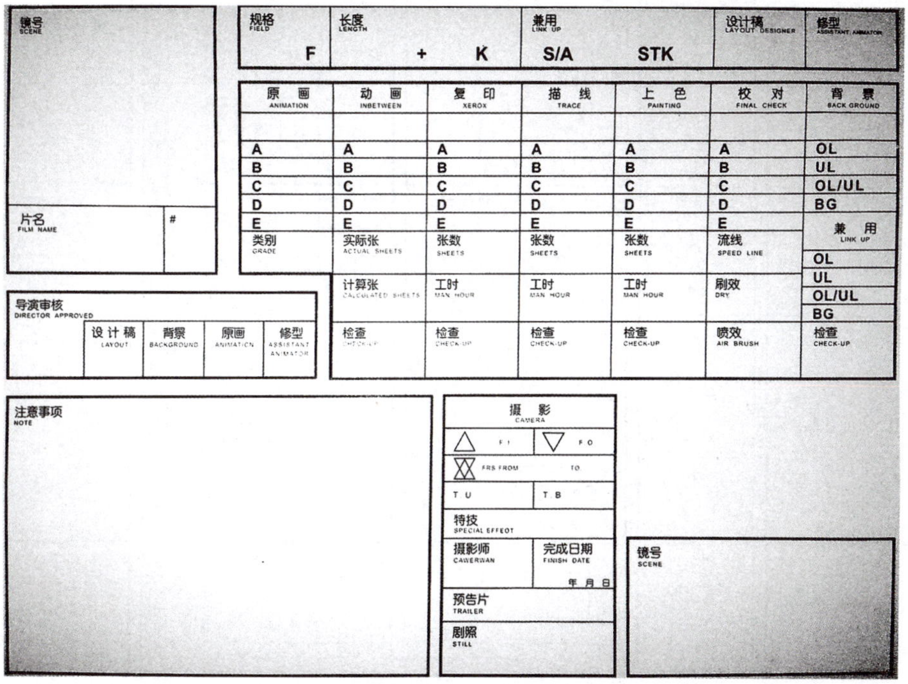

图 20-2　动画镜头袋

2. 摄影表填写

(1) 先写上片名及集号、集名、镜号、长度、原画张数及摄影表张数。

(2) 时限：有些片子摄影表中时限由导演填写，供原画设计人员在设计动作时参考用，主要填写人物动态在镜头内的部位及动态内容。

(3) 口型：对白的内容及每个字音的位置、长度，以便对口型，如果是先期录音的影片，先由剪辑员根据录音磁带，量出每个音符的格数，再由原画设计人员填在摄影表上，作为设计时口型的位置对照。

(4) 原、动画都由原画填写，按原画的张数排列及动画张数，包括停格情况，节奏体现，分层填写。

(5) 摄影：原画设计人员根据动作提出技巧处理的要求，如淡出、淡入、叠化、闪光等各种特技处理，填写时还要标明做技巧的起止部位、时间、变化情况等。

在填写摄影时要注意几点，动作分层要层次分明合理。特别是碰到中途跳层，更要注意不能填错。例如，一人拿茶杯在 A 层，把茶杯递给 B 层的人，原画在 A 层茶杯就跳层到 B 层去，在跳层过程中要注意，特别要提醒加动画避免弄错或遗漏。另外，碰到中途要移动背景停止的，一定要详细注明移动的起止，否则加动画不清楚，拍摄和扫描的人也搞不清楚。还有一些原画需要重复使用多次，也有的前面已使用过的原画，到后面还要使用，所以，必须要注明，千万不能把原画编号弄错。对于口型一行中每个台词的位置必须准确，这直接影响到口型变化的准确性。如图 20-3 所示。

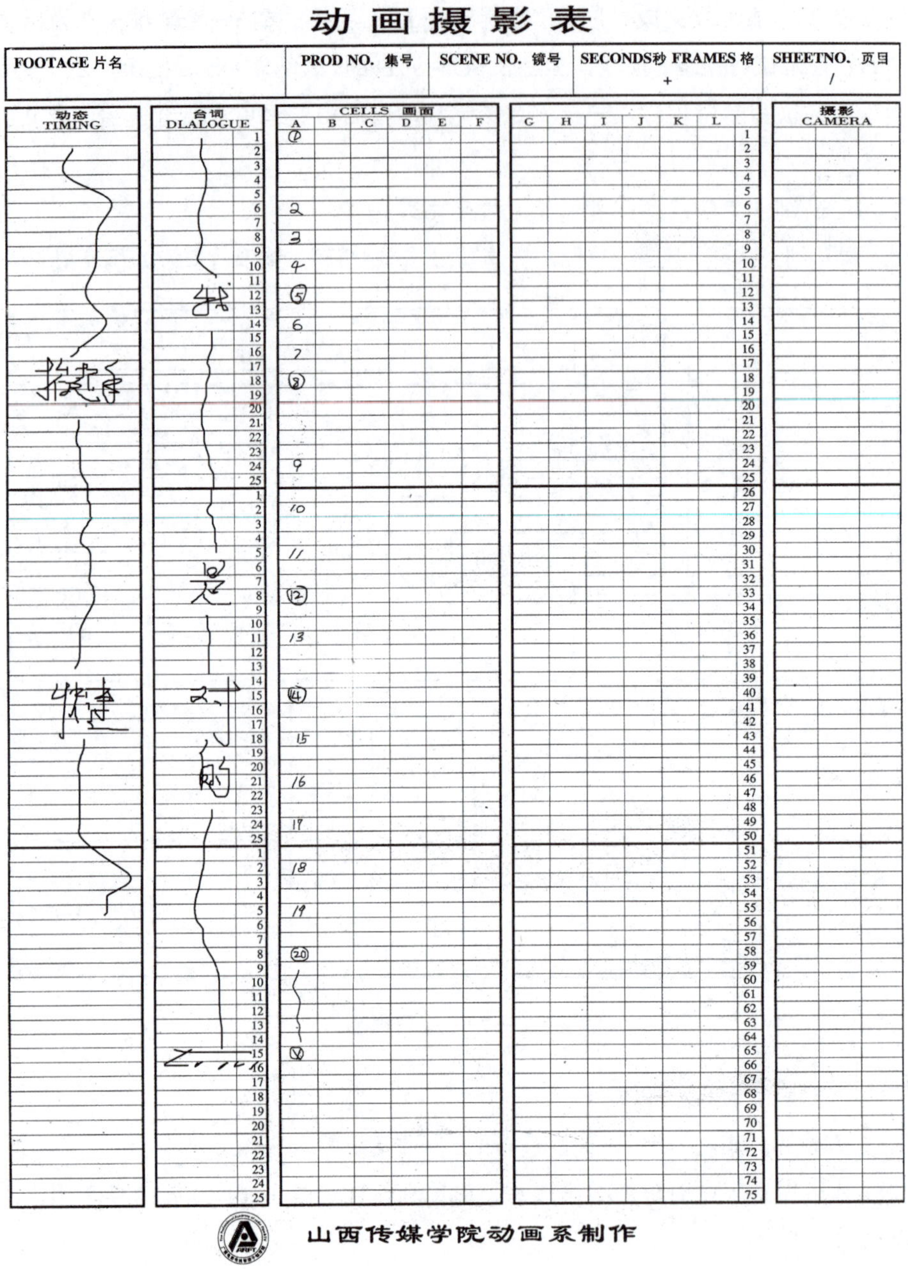

图 20-3　动画摄影表的填写

第 21 章
画面与规格的处理

21.1 构图与画面

我们设计的人物和景物放在一个规格内，称之为画面，二维动画片的每一个画面都是经过原、动画设计和背景设计创作出来的。而三维画面是依电脑制作出来，我们也往往把没有拍之前的画稿称为画面。而画面的内容和形式都成了镜头。导演依据剧本内容画成分镜头画面台本，通过镜头的各种形式的组合成了电影语言而叙述故事。分镜头画面台本中的每一幅画面体现人物的思想感情和动作。作为原画设计人员就要依据导演规定的画面，使人物活动起来，按照剧情和导演意图做戏，如图 21-1 所示。

图 21-1　中央电视台制作的动画系列片《哪吒闹海》和画面分镜头台本

21.2 景别的运用

在实际生活中，当我们去观察某种事物、现象或情况时，时而近、时而远、时需登高远望、时需俯身鸟瞰；时而看事物中的主体，时而需要目睹它们所处的背景环境；时而需要集中注意某一对象的某一部位，时而则需要紧跟着某一对象在运动中的状况……总之，我们每个时刻，都不是待在一个地方从一个角度去看，而是想从不同的地方，各个不同的角度去观赏。这就是为什么影视艺术在摄制时，需要划分镜头来表现各个不同事物及事物的各个不同侧面这一原理，除了典型化，人物塑造的艺术需要之外，其主要原因和根据就在此，而动画片也同样有镜头景别的运用、角度的调整，就像人们的眼睛一样，代替观众做各种各样的运动，在不同的视角上把观众看到的东西表现出来。那么，镜头的景别如何分类，下面作分别介绍。

（1）大远景——表现非常广阔的场面，大范围的背景。主要说明地形区位，如远山河流、辽阔的景物等，远景在特定情况下还是刻画人物心理的一种巧妙手段，如图 21-2 所示。

图 21-2　中国动画电影《小兵张嘎》中的大远景

（2）远景——在画面中，主要是全身人像及人物周围广阔的空间、气氛、环境、自然景色或广大群众活动的情形，主要是交代环境和气氛，如图 21-3 所示。

（3）全景——主要指人物及其周围环境或自然景色的介绍，适用于在一定范围的情景下，表现一个景的全部，即我们在舞台上所看到的那种景别，一个整体的景和人，如图 21-4 所示。

图 21-3　中国动画电影《小兵张嘎》中的远景

图 21-4　水墨动画电影《山水情》中的全景

以上三种景别在描写环境、烘托气氛、表现人物活动上比较合适，而人们在观看远距离景物和人物时需要的时间多，因此，类似这三种景别的镜头时间相应要延长一些，让人们能看清楚，所以这三种景别的镜头在整个片子节奏方面往往可以发挥特有的作用。

（4）中景——表现人物膝部以上的活动情形，它能给人物表演以自由的活动空间，同时人物又不会因此与周围气氛、活动地点脱节，如图 21-5 所示。

图 21-5　中国动画系列片《葫芦娃》中的中景

图 21-6　中国动画电影《大闹天宫》中太上老君的中近景

（5）中近景——处于中景和近景之间，表现人物半身活动，一般如讲话、二人感情交流等，如图 21-6 所示。

（6）近景——指人物胸部以上的镜头。在深入刻画人物的情绪、心情时近景用得较多，可以让观众看得清，感受真切，另外，近景具有造成气氛的紧张，绷紧节奏艺术效果，如图 21-7 所示。

（7）特写——指在两肩以上的头部或突出地把强调的物体占满屏幕，是获得动画片艺术效果强有力的表现手段，它不仅可以细致地表现人物的面部表情，或任何物体的局部及事物的细节，而且更重要在于特写是动画片节奏的重点，像音乐中的强音一样，它强调突出人物在外形行为、状态上的细节，如图 21-8 所示。

（8）大特写—— 一般指人物某个细部很突出、很清晰地展示对象的细部，所以又称为细部特写，如图 21-9 所示。

图 21-7　日本动画电影《天空之城》中的近景

图 21-8　美国动画电影《小鸡快跑》中的特写

图 21-9　日本动画电影《阿童木》中的大特写

21.3　规格板和定位器

规格框是动画镜头在整个绘制和拍摄过程中，从开始的设计稿就已确定的，在以后的每道工序中都要严格按照这一规格框进行操作。

动画片中使用的规格框，是按照普通电影银幕和电视银幕的统一画面标准 3×4 的画面比例定的。并采用透明赛璐珞制作的规格板，上面印有 12 个规格框线，即从最小 5 规格到最大 12 规格，如图 21-10 所示。

我们在使用画面规格时，经常使用的规格有以下几种。

（1）特写和近景的画面，一般采用 6 ~ 7 规格；

（2）全身或大半身的中、全景，采用 7 ~ 9 规格；

(3) 大全景和远景的近面，一般采用 10～12 规格。

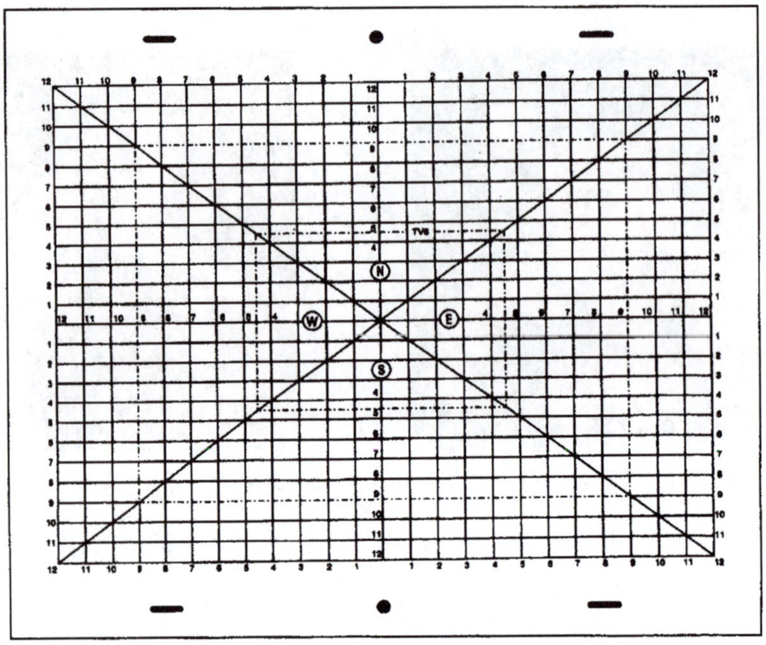

图 21-10　制作动画片统一使用的规格板

在绘制过程中，一般填写规格的记号采用规格大小号码，例如 8＝8，5＝5 等。

每个工序在进行工作时，都必须严格按照设计稿上已确定的规格进行，都不容许随意改动规格大小。在画原画动作设计时，人物如有超出规格框的，为了避免图像不足的毛病，所以，必须把超出部分的人物图像画全，也就是按原规定规格把超出部分多画出一个规格。

从以上所讲规格框，如果在设计稿上定下以后，那么所有工序都必须严格执行，因为规格框好比摄像机的取景框，是我们动画绘制过程中确定画面大小，观察构图的重要手段。

定位器，又称固定器，这同规格板一样，是动画片绘制过程中，每一道工序的工作人员都必须严格使用的，能确保图像位置固定不变的重要工具。定位器，是一条金属薄片，上面固定装有三个等距离的定位钉。定位器是国际上标准化的动画绘制工具。它的作用是固定绘制动画所用的纸张的统一位置。所以为了确保动画纸的固定不变，所使用的定位器必须是完整、不变形，而动画纸上的三个定位孔也必须完整，无破裂和残缺，如图 21-11 所示。

图 21-11　制作动画必须使用的定位尺、动画纸及铅笔

第 22 章
推、拉、摇、移的处理

电影和电视拍摄动感的镜头，例如推、拉、摇、移等处理都是采用摄影框和摄像机进行拍摄的。而动画片就不同了，动画片的摄影机以及电脑扫描都是在台上进行，对象是一张张画出来的动画纸上的画面，所以要获得动感效果，必须把不动的人物和景物移动起来适应于固定的、逐格拍摄的摄影机和电脑扫描机。

22.1 推、拉镜头的处理

动画片中镜头的推、拉处理，是一种较为常见的拍摄处理手段，主要是通过运用摄影机与拍摄对象之间在同一镜头内视距的变化，改变画面的视野，从而产生不同的视觉效果。

推——摄影机镜头与画面逐渐靠近，画面外框逐渐缩小，画面内的景物逐渐放大，使观众的视线从整体看到某一局部，这种推镜头可以引导观众更深刻地感受角色的内心活动，加强情绪气氛的烘托，如图 22-1 所示。

图 22-1 推镜头的处理

推镜头有快推和慢推。慢推配合剧情需要，产生舒畅自然，逐渐把观众引入戏中的作用。而快推则产生紧张、急促、慌乱的效果。

拉——摄影机镜头与画面逐渐远离，画面外框渐渐放大，画面内的景物逐渐缩小。拉镜头能使观众从一个局部逐渐扩大，看到景物的全貌。拉镜头适宜表现人物角色将采取的行动，以及和其他人物与环境的关系，产生宽广舒展的感觉，同时也是场景转换的契机处，如图 22-2 所示。

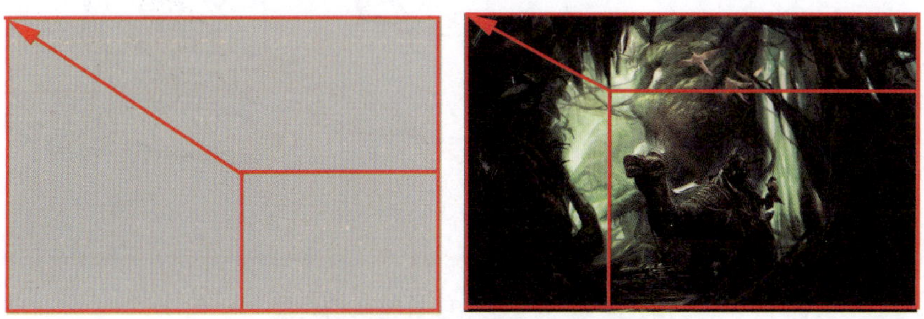

图 22-2 拉镜头的处理

动画片推、拉镜头的处理，在设计稿上必须清楚表明规格大小即推拉方向，而其他各项工序人员也必须严格按这些规格框规定进行操作。动画片在处理推、拉镜头时有以下几种类型。

（1）正中心推拉：按照动画规格框标准中心位置进行的推、拉。这样的处理方法，也称为“正规格推拉”，原画在设计这类镜头时，必须要在摄影表上详明地说明，共有几秒推、拉，从什么地方开始推、拉，到什么地方停止推、拉，总共需要多少秒，如图 22-3 和图 22-4 所示。

图 22-3　正中心推镜头的处理

图 22-4　正中心拉镜头的处理

（2）偏中心推拉。在动画镜头拍摄时，按照规格的标准大小，不按照规格板中心地位的推拉，可称为“偏规格推拉”处理，原画在设计这类镜头时，除了在摄影表上注明镜头推拉的起止位置和秒数外，还必须附有推拉规格大小的起止地位设计图样，如图 22-5 和图 22-6 所示。

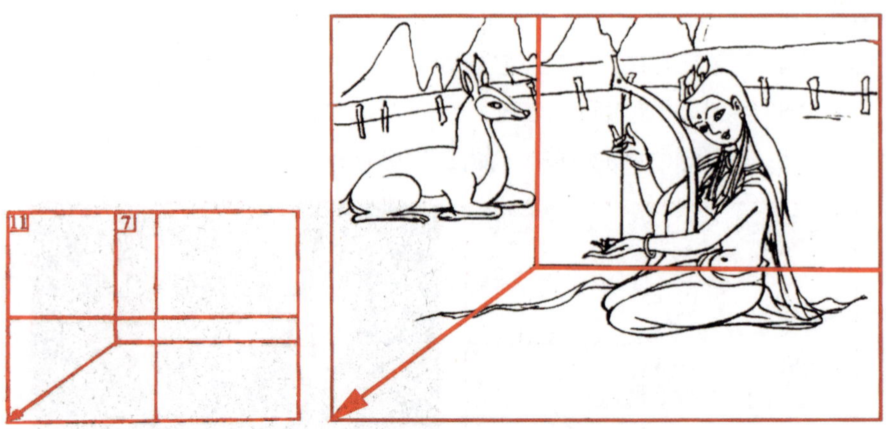

图 22-5　偏中心拉镜头的处理

图 22-6 偏中心推镜头的处理

（3）变焦距推拉：运用两层和多层拍摄，来加强画面多层次空间感效果，在多层拍摄中，还可以在推拉镜头的前后，或推拉过程中变换焦距，焦点由前层转到后层，这就是变焦推拉，如图 22-7 所示。

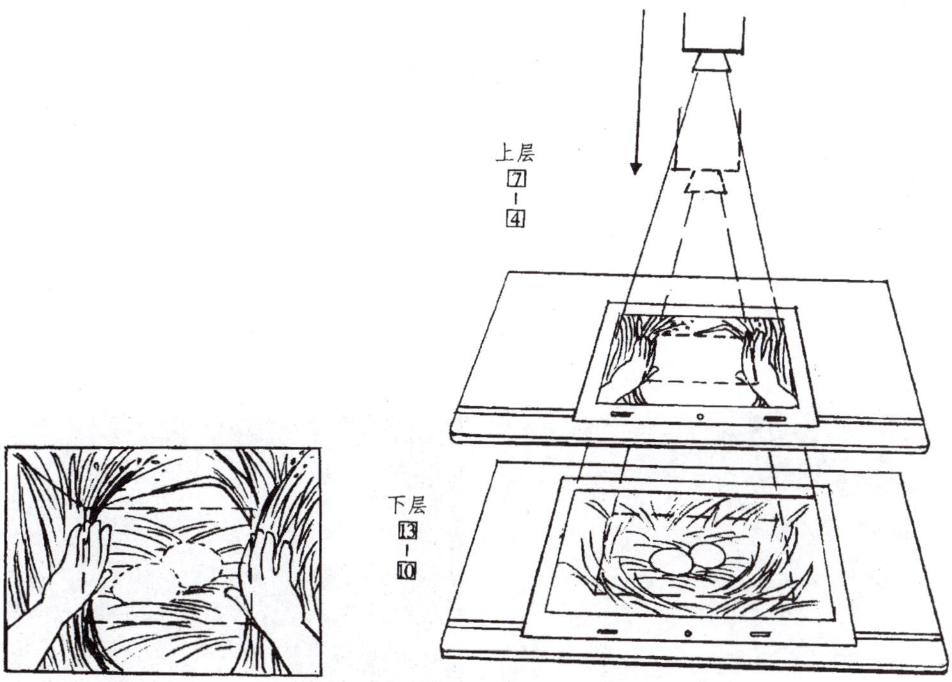

图 22-7 变焦距推拉处理

22.2 摇镜头的几种类型

摇镜头是把摄像机固定在一个位置上，原地转动方向，像转头一样由左至右，或由右至左，改变观众的视线，即视点不变，而视向边拍边改变。具体有如下几种情况。

22.2.1 跟摇镜头

跟摇与跟拍不同，跟摇是将摄像机固定在一个位置上，使机体左右摆动，追随运动中的被摄物体。跟摇与跟拍最大的区别是跟摇时背景和运动物体有透视变化，如图 22-8 所示。

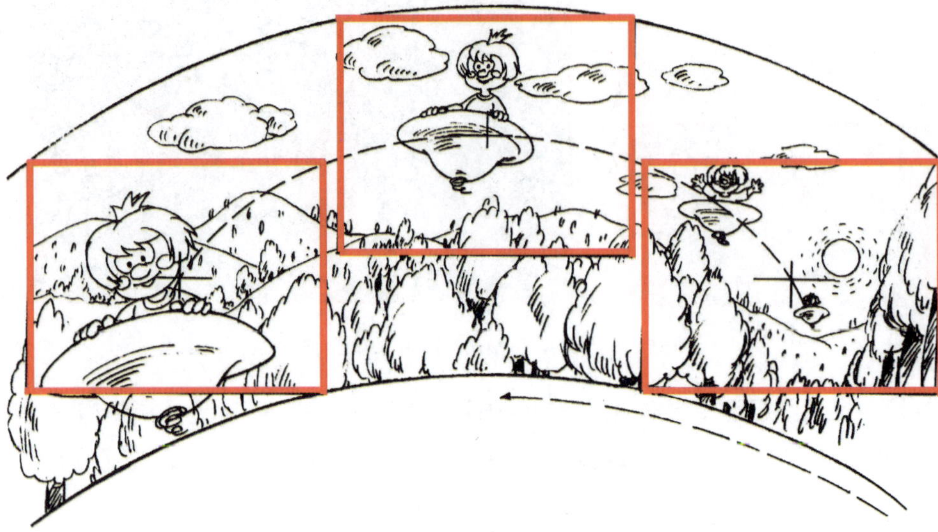

图 22-8　跟摇镜头处理

22.2.2　上下摇（直摇）

摇镜头时，由上向下摆动摄像机叫下摇，由下向上摆动摄像机叫上摇。如设计下摇镜头时，要自上而下移动背景。背景必须要画出由上方视平线位置，到下方俯视位置的透视变化。确定背景移动的时间，一帧一帧地拍摄，如图 22-9 所示。

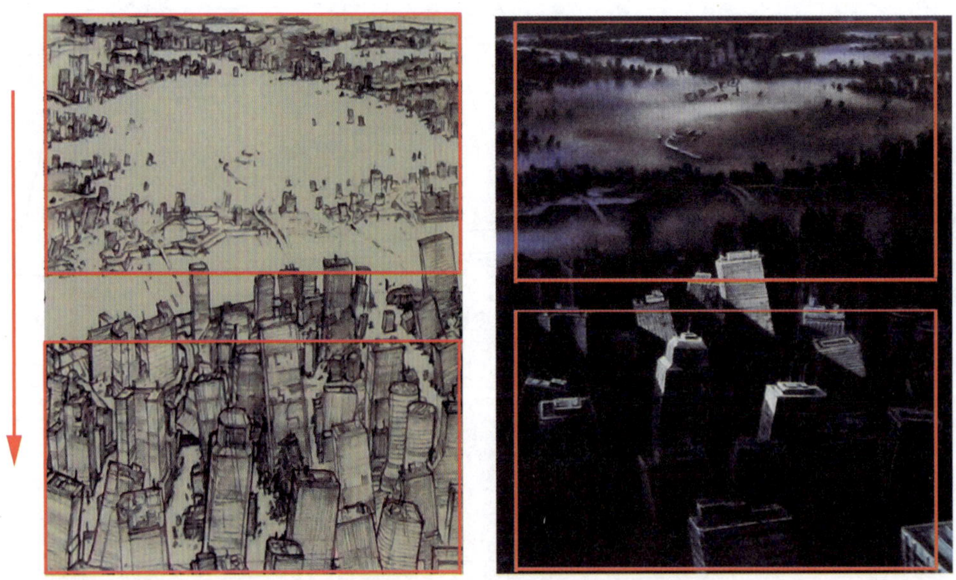

图 22-9　直摇镜头的处理

22.2.3　180° 摇镜头

摄像机放在中间，或从左摇到右，或从右摇到左；或从上摇到下，或从下摇到上。这同样也要在背景上画出这种透视变化，使景物移动来代替摄像机的移动，以达到模仿实拍中摇镜头的效果。在设计此类镜头时，要特别注意前景的角色要与背景保持高度的一致性，正确表现角色和背景的关系，如图 22-10～图 22-13 所示。

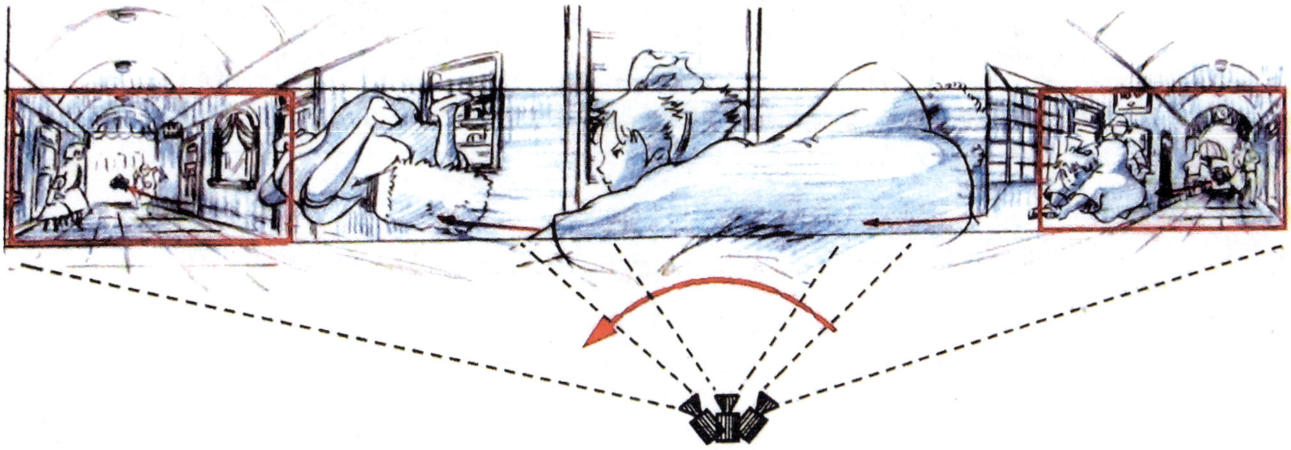

图 22-10　日本动画电影《魔女宅急便》中的 180°摇镜头的处理

图 22-11　日本动画电影《魔女宅急便》中的 180°摇镜头的最后效果

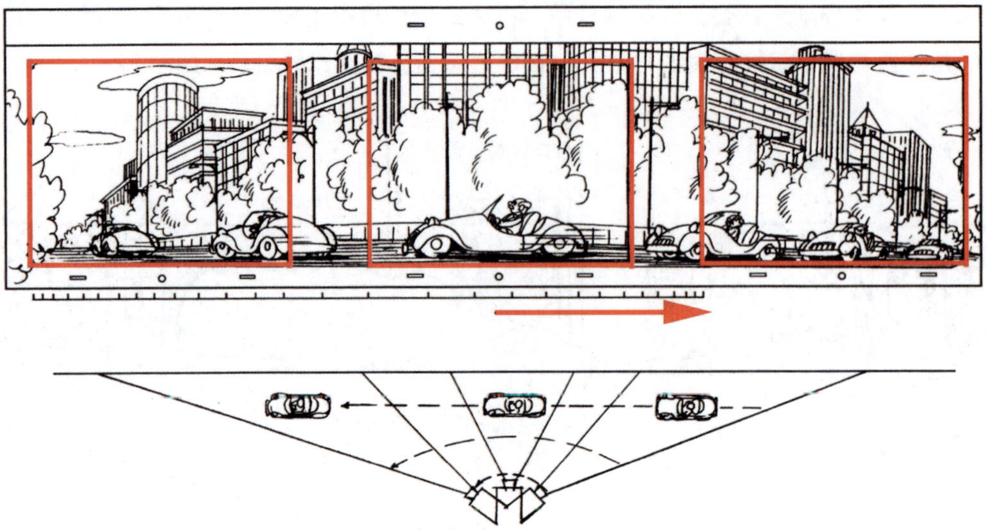

图 22-12　动画中的 180° 横摇镜头的处理

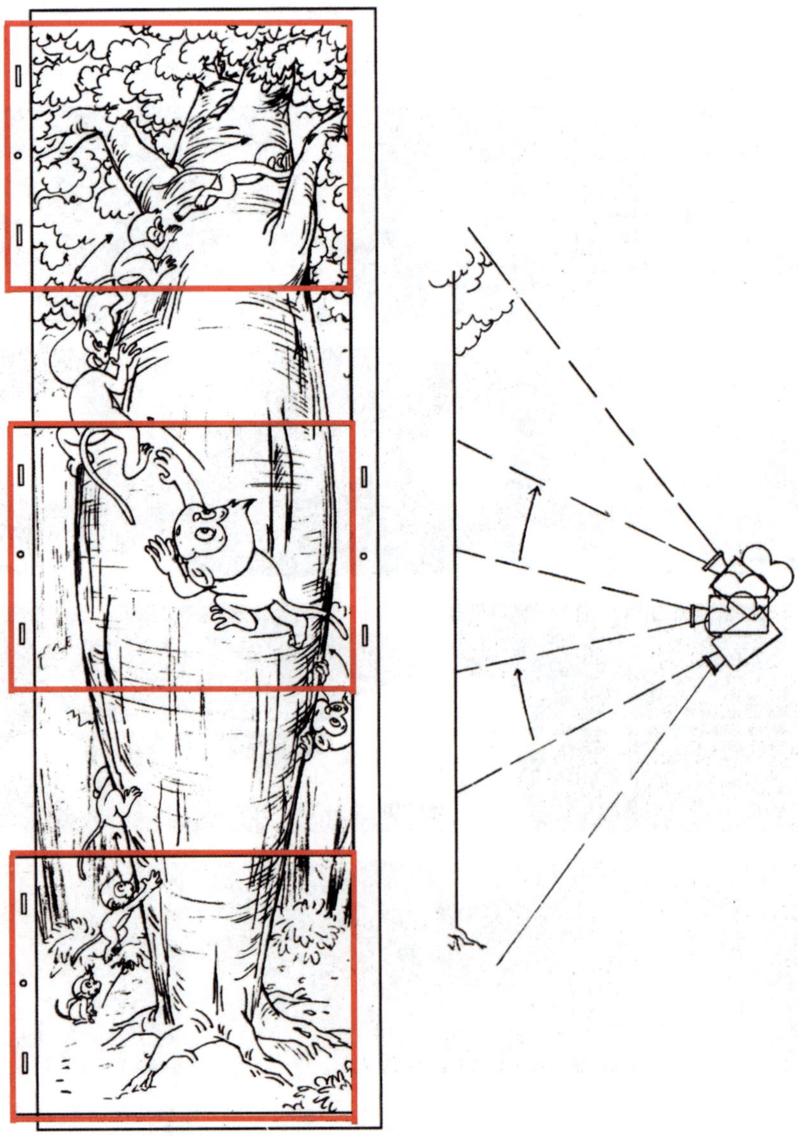

图 22-13　动画中的 180° 竖摇镜头的处理

22.2.4 大角度摇

大角度摇镜头，同样需要画一张较大的背景，拍摄物体沿着大背景转圈移动。用绘画的手段完成实际电影大摇臂拍摄的效果，难度是非常大的，但给人的冲击力很大，效果非常壮观，如图 22-14 所示。

图 22-14 日本动画电影《龙猫》中的大角度摇镜头的设计稿

22.3 移动镜头的几种类型

在实拍故事片中，为了让观众看清运动中的人物和背景，往往采用跟镜头拍摄，也就是将摄影机放在机动车上，跟拍拍摄对象。而在动画片中的移镜头，只能采取移动背景的办法，就是指镜头的视距不变，摄影机是固定安装在机架上面，所拍摄的景物是画在纸上的，要移动拍摄，就是只好把画面上的景物向左右或上下等方向移动位置，这就是移动镜头。

22.3.1 横移镜头

横移镜头主要是指背景移动方向是与摄影机镜头成平行方向的左右移动。原画在设计横移镜头时，假定这一镜头内的人物走路始终保持一样的动态向前走着，那么我们只要设计一套人物向前走路在固定位置上的循环动作。拍摄和电脑扫描时只要不断地重复拍摄和扫描人物走路的循环动作，每拍摄和扫描一个人物背景后退一格，拍出来的银幕和屏幕效果就是镜头始终跟着人物向前走，如图 22-15 和图 22-16 所示。

图 22-15 横移镜头（一）

图 22-16　横移镜头（二）

具体绘制横移人物镜头的方法如下。

（1）根据镜头内容和规定的时间，确定横移背景移动长度（假设是九规格的三个画面），并准备相应长度的动画纸，作为设计稿使用。

（2）在动作设计稿上，确定人物走路的全过程运动路线。随后，在运动线上，画出每张人物走路的关键动态原画的位置，并计算出每张原画之间的中间画张数。

（3）在设计稿下端规格框线上，相应标出每张原动画的移动格的距离，作为背景向相反方向移动的依据。

（4）从设计稿上拷贝原画稿时，在每张动画纸上，必须按规格框做上直角线，对准设计稿上移动格标明的原画号码，逐张复制。

（5）为了使移动不产生突然开始和突然停止的生硬感觉，移速可采用由小到大或由大到小的过渡，有一种柔和感。

（6）背景移动必须与人物走路成相反方向，并在摄影表上标明移动的起止。

22.3.2　直移

直移主要是指景物画面定位器与摄影机镜头成垂直方向的上下移动，这就是直移动。直移动镜头的设计基本同横移动方法相同，操作时，应注意以下几点，如图 22-17 所示。

（1）人物画面动画纸上的定位孔，必须放在左边。

（2）背景的定位孔位置放在右边，必须与动画纸定位孔成相对平行方向。

（3）背景移动与人物移动的方向是相反的。

图 22-17　日本动画电影《千与千寻》中的直移镜头

22.3.3　斜移动

斜移动主要是指景物画面定位器与摄影机镜头成斜角度方向的移动，这就是斜移动，斜移动的处理方法基本与横移动相同。但在设计时必须注意以下几点，如图 22-18～图 22-21 所示。

（1）动画纸上的定位孔必须与斜移方向平行。

（2）动画纸应当比规格要大，能完整地斜放一个所需规格的画面。

（3）背景定位器与动画纸定位器位置成相对平行。

（4）在动画纸上必须划出规格框和斜角移动线。并标上刻度，即斜移距离。

图 22-18　中国动画电影《小兵张嘎》中的斜移镜头

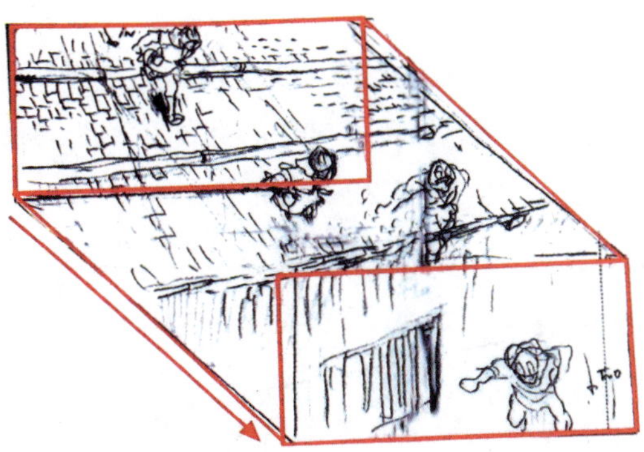

图 22-19　日本动画电影《幽灵公主》斜下移镜头

图 22-20　日本动画电影《龙猫》斜下移镜头

图 22-21　日本动画电影《龙猫》斜下移镜头的最后效果

22.2.4 弧移

弧移主要是指景物画面定位器与摄影机镜头成弧形角度的移动，称为弧移动镜头，也可称为扇形移动。原画设计人员在设计时，基本方法与一般移动处理相同，但还要注意以下几点，如图 22-22 和图 22-23 所示。

（1）在设计稿上面要划出弧形运动的轨迹线，而且上下两条弧形要一致。

（2）拍摄时，以动画画面中心十字线为准，采用手工操作。

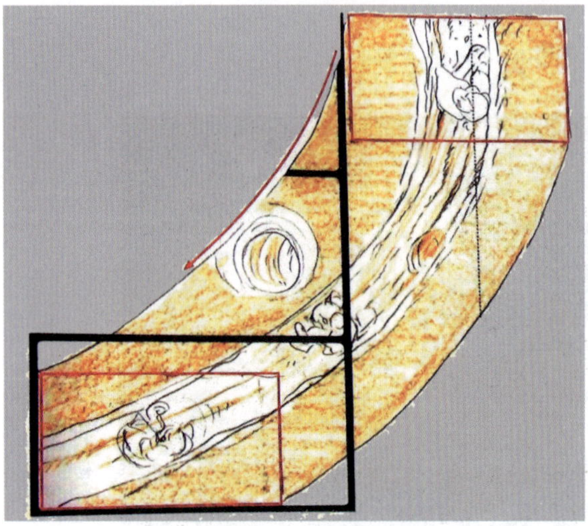

图 22-22　日本动画电影《龙猫》斜下弧形移动镜头

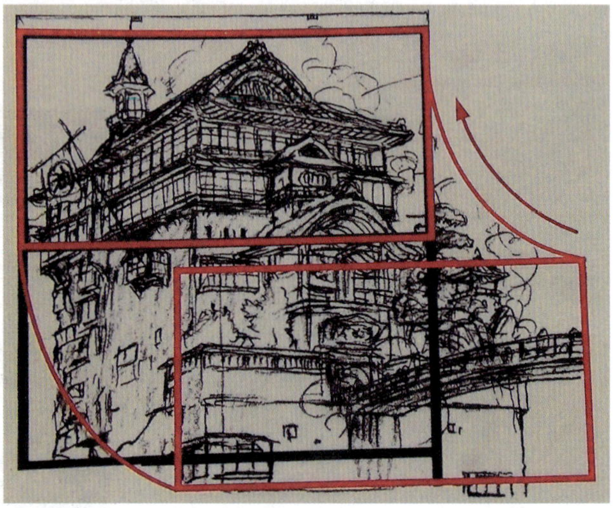

图 22-23　日本动画电影《千与千寻》斜上弧形移动镜头

22.2.5 边推（拉）边移动

镜头的推拉与移动相结合。在移动过程中把景物推进与拉开。这样不仅可改变画面的视距，同时又改变画面的位置，在操作时，必须以需要推拉的规格中心十字线的距离放好以后，以距十字中心线的距离为移动距离。而不能以规格框为移动距离，这样做移动距离容易产生偏差，如图 22-24 和图 22-25 所示。

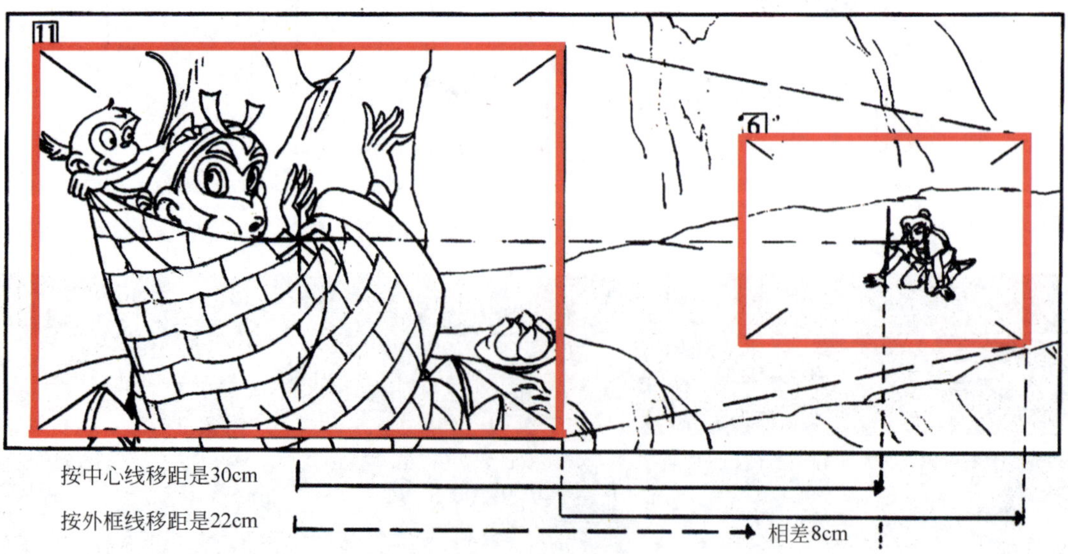

图 22-24　中国动画电影《宝莲灯》边推（拉）边移动镜头

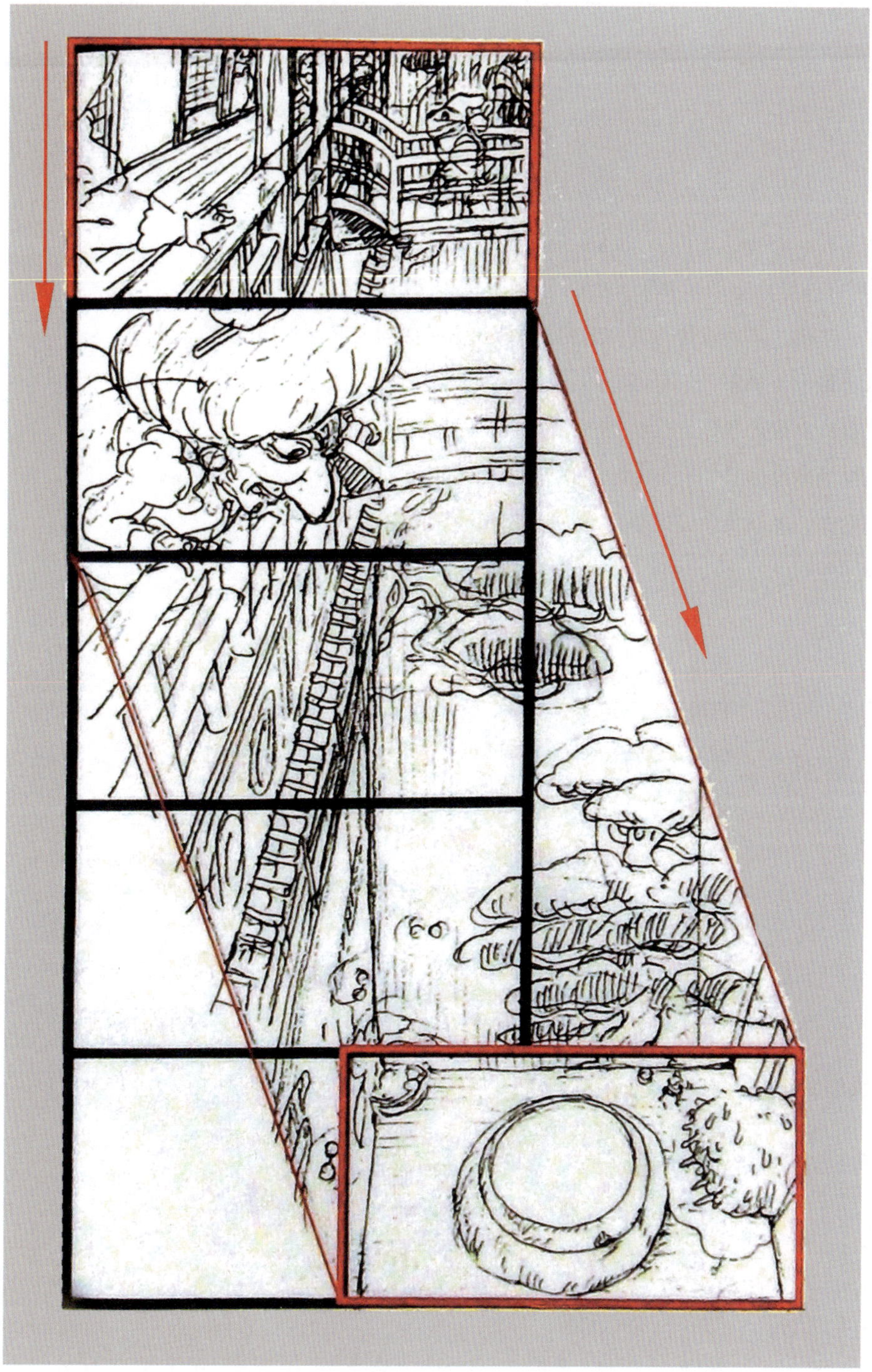

图 22-25　日本动画电影《千与千寻》直移加斜移镜头

以上镜头的运动都有灵活掌握，在动画片的创作中，不管使用何种镜头的处理手法，都要依据剧本和导演的创作意图而定，决不能一味地秀技巧。只有合理地使用镜头语言，才能取得良好的艺术效果。

参 考 文 献

[1] 严定宪，林文肖．动画技法 [M]．北京：中国电影出版社，2001．

[2] 陈聿强．艺用人体结构运动学 [M]．上海：上海人民美术出版社，2002．

[3] 赵前，何嵘．动画片场景设计与镜头运用 [M]．北京 ：中国人民大学出版社，2005．

[4] 王璎．动画场景设计 [M]．上海：东方出版中心，2008．

[5] 关金国．动画角色设计 [M]．上海：上海交通大学出版社，2009．

[6] 顾严华．动画场景设计 [M]．上海：上海交通大学出版社，2009．

[7] 王懿清，刘刚田．动画角色设计 [M]．南京：南京大学出版社，2011

参考片目 ：

《大闹天宫》 导演 ： 万籁鸣

《哪吒闹海》 导演 ： 严定宪

《山水情》 导演 ： 特伟，马克宣

《阿凡提》 导演 ： 曲建芳，蔡渊澜

《九色鹿》 导演 ： 钱家骏，戴铁朗

《金猴降妖》 导演 ： 特伟，严定宪，林文肖

《葫芦兄弟》 导演 ： 胡进庆，葛桂云

《蝴蝶泉》 导演 ： 阿达，常光希

《宝莲灯》 导演 ： 常光希

《红孩儿大话火焰山》 导演 ： 王童

《花木兰》 导演 ： 托尼 · 班克罗夫特

《狮子王》 导演 ： 罗杰 · 阿勒斯，罗伯．明科夫

《小马王》 导演 ： RONALD，W.LUKAS

《僵尸新娘》 导演 ： PETE KOZACHIK

《机器人 9 号》 导演 ： 申 · 阿克

《埃及王子》 导演 ： 西蒙 · 威尔士，布伦达 · 查普曼，史蒂夫 · 西克纳

《美女与野兽》 导演 ： 加里 · 特鲁茨代尔，科尔 · 怀斯

《人猿泰山》 导演 ： 凯文 · 李玛，克里斯 · 巴克

《阿凡达》 导演 ： 詹姆斯 · 卡梅隆

《铁臂阿童木》 导演 ： 手冢治虫

《千与千寻》 导演 ： 宫崎骏

《龙猫》 导演 ： 宫崎骏